"十四五"时期国家重点出版物出版专项规划项目

中国石榴

◎冯玉增 等 编著

U0272142

中国农业科学技术出版社

图书在版编目（CIP）数据

中国石榴 / 冯玉增等编著 . -- 北京：中国农业科学技术出版社，2023.6
ISBN 978-7-5116-6390-0

Ⅰ.①中…　Ⅱ.①冯…　Ⅲ.①石榴—果树园艺 ②石榴—文化—中国
Ⅳ.① S665.4

中国国家版本馆 CIP 数据核字（2023）第 149624 号

责任编辑　白姗姗
责任校对　李向荣
责任印制　姜义伟　王思文

出 版 者	中国农业科学技术出版社
	北京市中关村南大街 12 号　　邮编：100081
电　　话	（010）82106638（编辑室）　（010）82106624（发行部）
	（010）82109709（读者服务部）
网　　址	https：// castp.caas.cn
经 销 者	各地新华书店
印 刷 者	北京建宏印刷有限公司
开　　本	185 mm × 260 mm　1/16
印　　张	17.75
字　　数	380 千字
版　　次	2023 年 6 月第 1 版　2023 年 6 月第 1 次印刷
定　　价	120.00 元

《中国石榴》编著者名单

主 编 著：冯玉增　　赵　阳　　李玉英　　肖升光

　　　　　李　芳　　王红波　　肖永新　　王蓓蓓

副主编著（按姓氏笔画排序）：

　　　　　于新伟　　卫红光　　王　磊　　王云瑶

　　　　　王金铭　　王海宾　　王霞辉　　方子菡

　　　　　石清茹　　田玉广　　冯晓静　　吕　蒙

　　　　　刘　冰　　刘小平　　安春明　　许肖云

　　　　　孙春红　　花　杰　　李　艳　　李怡忱

　　　　　邹慧倩　　张　莹　　张　敏　　张新安

　　　　　陈春艳　　邵清良　　范晓粉　　郑　岩

　　　　　姚　岗　　殷姗姗　　高小峰　　高玲玲

　　　　　席百珍　　常牛山

自序

石榴是外来树种。经学者考证及众多历史书籍记载，石榴在西汉时期经由古丝绸之路传入我国，已有 2 000 多年的种植历史。果实成熟于中秋、国庆两大节日期间，历来被我国人民视为馈赠亲友的喜庆、吉祥之物，象征繁荣昌盛、和睦团结，寓意子孙满堂、后继有人，民间称石榴为"吉祥树"。经长期的自然和人为选择，其花有红、黄、白各色，花期长达 2 个月，红花绿叶，生机盎然；果实圆润似灯笼，吉祥如意；籽粒如珍珠玛瑙，饱含琼浆玉液；曲干扭枝，苍劲古朴自然；一树一景，一园一业。

石榴是经济产业链最完整的果树树种之一，近年来发展迅速。

自 20 世纪 80 年代初以来，我从事石榴系统研究工作 40 余年，完成了全国石榴品种资源的调查、收集、保存、鉴定工作；系统进行了石榴的植物学特征、生长发育规律、良种选育、苗木繁殖、整形修剪、抗逆栽培、高产优质栽培技术，以及贮藏保鲜和病虫害防治等全面的研究；选育石榴新品种 9 个，其中软籽类品种 4 个，普通型品种 5 个；获得河南省、市科技进步奖 10 多项；发表研究论文 60 余篇，出版石榴专著 10 余部；主持制定了《石榴苗木培育技术规程》（LY/T 1893—2010）等 10 余项标准。

我曾于 2000 年在河南科学技术出版社出版了《石榴优良品种与高效栽培技术》一书。其中包含了植物学特征和生物学特性、石榴良种选育等内容，但是不够系统和完整。

所以，我一直以来有个想法：想编著出版一部能反映中国石榴起源、历史、传播、研究、生产、加工、销售、新品种选育、石榴文化等全面系统的专著，作为工具书，奉献给喜爱石榴的"石榴人"。

经过几年不懈的辛勤努力，我编写了《中国石榴》一书。本书稿完成后，被中国农业科学技术出版社列入"十四五"国家重点图书出版规划项目中的《现代农业学术经典书系》。

本书吸纳并借鉴最新研究成果，重点丰富了石榴的植物学特征与生物学特性、石榴良种选育，石榴的起源、传播、在我国的栽培历史及石榴优良品种等，篇幅所限，国内不同产区介绍一至数个重点品种，同时考虑受众人员，较为详细介绍了石榴的"三优三高"栽培技术，即通过优良栽培环境、优良品种、优良栽培技术，实现石榴高产、高质、高效的目的。

全书内容全面，重点突出；技术先进，力求突破；图文并茂，科学实用；语言简练，浅显易懂。既是一部科普书，也是一部工具书。

本书的编写、参考和引用了国内外研究领域的最新研究成果、新技术和成功的实践经验。由于篇幅所限，不一一列出，敬请谅解，在此向他们表示诚挚的感谢。

由于水平所限，不当之处恳请读者朋友批评指正。

冯玉增

2023 年 5 月

目录

第一章 概　述

　　石榴为亚洲中部国家古老果树之一，于西汉时期，沿丝绸之路传入我国，距今已有 2 000 多年的栽培历史。石榴色雅、果丽、韵胜、格高。世界上有 70 多个国家生产石榴，目前在全国 20 余个省、自治区、直辖市有栽培。石榴枝繁叶茂，花艳果美，其花有红、黄、白各色，自南至北旬平均气温高于 14℃时开始现蕾开花，花期长达 2 个月，沿黄地区盛开于 5 月。石榴果实皮色有红、黄、白、青、紫等，果实"千膜同房，千籽如一"，形似灯笼，缀满枝头，直至 9 月底 10 月初成熟，花果双姝，神、态、色、香俱为上乘，历来被我国人民视为馈赠亲友的喜庆、吉祥之物，象征繁荣昌盛、和睦团结，寓意子孙满堂、后继有人，民间称石榴为"吉祥树"，是典型的果树和观赏植物。

　　石榴可发展空间大，既可在适生地区栽植不同规模的专业果园、石榴林、石榴岭，又适合在宅院、"四旁"丛植、列植、孤植，也可作为道路、工矿厂区、公园绿化树种。它树姿古雅，冠美枝柔，疏影横斜，千姿百态，自然成景；花繁久长艳丽，花型文雅雍容，花香隽永，异彩纷呈；果实丰润；冠大者，姿可赏，果可食；冠小者，玲珑可爱，特别适合制作果树盆景。近年城市郊区发展休闲农业、观光果园，石榴都是优选树种。石榴被称作"地球美丽的衣裳"，是西班牙、利比亚等国的国花。国内许多地区予以大力发展，河南新乡，山东枣庄，陕西西安，湖北黄石、十堰，安徽合肥，浙江嘉兴等地把石榴定为"市花"，作为市区重要绿化观赏树种予以发展。

　　石榴树生长健壮，耐干旱、耐瘠薄，好栽培，易管理，对土壤、气候适应性强，无论丘陵平原、滩涂、还是沙土、壤土、黏土等，均可选择适宜品种进行栽培。由于其始果早、产量高、经济效益显著，近年来发展迅速，但市场仍供不应求。

　　目前我国石榴品种有近 400 个，其中软籽（核）类品种 20 余个，除具备普通石榴的优良特性外，其核软可咀嚼吞咽，更是果品中的极品。

第一节　石榴的经济及生态价值

一、石榴的经济价值

1. 石榴是吉祥果品

石榴是我国人民十分喜爱的果树之一。果实成熟于中秋、国庆两大节日期间，历来被我国人民视为馈赠亲友的喜庆、吉祥果品，象征繁荣昌盛、和睦团结，寓意子孙满堂、后继有人。

2. 石榴果实营养丰富，果用石榴风味酸甜爽口

石榴果实中含有丰富的糖类、有机酸、矿物质和多种维生素。石榴籽粒出汁率一般为87%～91%，果汁中可溶性固形物含量为15%～19%，含糖量为10.11%～12.49%，含酸量一般品种为0.16%～0.40%，而酸石榴品种为2.14%～5.30%，每100 g鲜汁含维生素C 11 mg以上、蛋白质1.5 mg、磷105 mg、钙11～13 mg、铁0.4～1.6 mg，还含有人体所必需的天门冬氨酸等17种氨基酸。石榴果皮、隔膜及根皮树皮中含鞣质22%以上。

3. 石榴树全身是宝，具有很高的药用价值

其果实性味甘酸、涩温无毒，具有杀虫收敛、涩肠止痢等功效，可治疗久泻、便血、脱肛、带下、虫积腹痛等症；果皮也为强力治痢良药；根皮中含有石榴皮碱，具有驱蛔作用；石榴的果皮、根皮等对痢疾杆菌、绿脓杆菌和伤寒杆菌等有一定抑制作用。石榴汁和石榴种子油中，含有丰富的维生素 B_1、维生素 B_2 和维生素C，以及烟酸、植物雌激素与抗氧化物质——鞣花酸等，可防治癌症和心脑血管疾病，预防衰老和更年期综合征。用叶片浸水洗眼，有很好的医疗保护作用。

叶片经炮制，是上等茶叶，长期饮用具有降压、降血脂功效。

石榴根皮、果皮及隔膜富含鞣质，是印染、制革工业的重要原料。

4. 石榴适应性强，易管理，收益高

石榴树具有早结果、早丰产、早收益，结果年限长、收益率高等优点，且具有耐干旱、耐瘠薄、对环境条件适应性强的特点，容易管理、易获高产，因此在我国栽培分布较广。北至河北迁安、顺平、元氏，山西临汾、临猗，西至甘肃临洮，东至我国台湾，南至南海边均有栽培，而以河南、山东、陕西、安徽、四川、云南、江苏、新疆等地栽培较多。其中河南开封、荥阳，山东枣庄，安徽怀远、淮北，四川会理、攀枝花，陕西临潼、乾县，云南蒙自、建水、开远，山西临猗，新疆叶城等都是石榴的著名产地。

5. 石榴供应期长，比较效益高

南方的云南、四川等地8月即可上市；北方黄河流域早熟品种8月下旬，晚熟品种 9 月、10 月上市，由于其耐贮藏，供应期可延至翌年 5 月，在水果周年供应上占有重要地位。

6. 石榴花期长，花果双妹，是很好的观赏植物

石榴开花始于 5 月，盛花 6 月，谢花 7 月，边开花，边结果，花果同树。其干形扭曲，自然成景，幼树生机盎然，成龄树雍容典雅，老树苍劲古朴，花多色艳，叶片翠绿，果形美观，是典型的果树和环境绿化植物。古今中外，装饰园林庭院几乎都离不开石榴树，石榴最初引入我国，就是在皇家园林作为观赏植物栽培的。世界上已有西班牙、利比亚等国将石榴作为国花，在西班牙国土上到处都有石榴种植。我国河南新乡，山东枣庄，陕西西安，湖北黄石、十堰，安徽合肥，浙江嘉兴等地把石榴定为"市花"，作为市区重要绿化观赏树种予以发展。

7. 石榴适宜加工，附加值高

石榴籽粒可以加工成石榴汁、石榴酒、石榴醋、石榴露等，是一种高级清凉保健饮品。石榴叶可制作茶叶。石榴深加工经济附加值很高。

8. 石榴汁具有很高的保健、美容价值

据最新医学研究证明，饮用石榴汁的医疗保健作用优于红葡萄酒。添加有石榴成分的美容护肤品，美容效果非常好，为时尚护肤佳品。

二、石榴的生态价值

石榴是经济价值很高的生态树种。石榴树耐干旱、耐盐碱、根系发达、枝繁叶茂，是山区丘陵水土保持、平原沙区防风固沙、盐碱滩涂地区发展果树的优选树种。石榴树对二氧化硫、氯气、硫化氢、二氧化碳等有害气体均有较强的吸抗作用，因而可以净化空气，是工厂矿区、城市道路、城市居民生活区的良好绿化树种。家中放置一盆石榴盆景，不但能净化室内空气，绿的叶、红的花、艳丽的果，为家居住室平添了几分高雅和生机。因此，发展优质石榴，既具有较高的经济价值，又具有较高的生态意义。

第二节　我国石榴生产现状

石榴生产已成为我国果树生产的重要组成部分，对调整农业种植结构、增加农业产值，为农业发展积累资金、改善果品消费结构、丰富人民生活、繁荣市场均起着越来越重要的作用。近年来，我国石榴生产表现出如下特点。

一、面积、产量迅速增长

据相关资料统计，目前全国石榴栽培面积约 12 万 hm²①，年产量超过 120 万 t。石榴生产已从传统的"四旁"、庭院，走向田间，走向规模化、集约化栽培。石榴生产虽然发展很快，但较其他果树发展仍较慢，目前全国石榴总产量不足水果总产量的 0.1%，市场供应量极其有限。

二、花色品种增多

近年来，各地在利用优良种质资源的同时，新培育出一批优良品种，推广应用于生产，品种利用日趋多样化，软籽、半软籽、普通硬籽，在不同品种的不同适宜产区予以发展。按栽培目的可分为以下几类。

1. 鲜食类

鲜食石榴占主导地位，占石榴总面积的 80% 以上，各地都有自己的主栽品种，这些品种的特点是果实大，果色艳，风味甜或酸甜，产量高，经济价值高。软籽类品种栽植量较少，其商品价值尚未充分展现。

2. 赏食兼用类

赏食兼用品种占 15% 以上，主要作为生态观光园及工厂、矿区、街道绿化栽培。此类品种多为重瓣花，既可观花、观果，也可鲜食，但此类品种坐果率相对较低，果实较小。在观光果园，以赏食兼用为目的的品种更受青睐。

3. 加工类（酸石榴类）

酸石榴品种有少量规模种植，由于其风味酸或涩酸不能鲜食，多作为加工品种发展，主要为石榴加工企业的原料基地，面积很小。

4. 观赏类

此类品种株型小，花期长，有些花果同树，有些有花无果，纯以观赏为目的，适于盆景栽培。

三、栽培方式向集约化迈进

已由原来的"四旁"、山区丘陵、沙荒地栽植，向肥沃农田集约化栽植、城郊观光农业发展。

四、优质栽培正在兴起

传统的种植方式正在改变，面向人民生活健康的优质果品栽培发展迅速。

---

① 1 hm²=15 亩，1 亩 ≈ 667 m²。

第三节 我国石榴生产存在的主要问题

一、区域布局不尽合理

石榴适应性较强、区域分布较广，但是并不是所有的地方都适宜栽植，有的在非适生区域盲目栽植，受自然因素影响，产量很低。随着城市扩张和工业建设的加快，石榴生产的环境受到威胁，部分优生产区受到工业污染，生态环境遭到破坏。有些老园区树龄老化、品种退化、丰产性降低，传统产区的优势面临丧失。

二、科技兴榴意愿不强，缺乏技术支撑

我国近年石榴生产发展较快，特别是软籽石榴发展迅速，一些大的公司看到了发展软籽石榴高收益的巨大商机，流转上万亩土地，投资数千万元甚至上亿元，组建了相应的管理队伍，但不重视石榴研究，科研经费不足，研究人员缺乏，科研条件差。而我国石榴研究整体水平偏低，真正懂得石榴系统管理技术的人才偏少。

三、品种多、乱、杂，良种普及率不高

我国石榴品种繁多，有近400个，区域特色明显。每个品种都有它适应的范围，南方产区品种引种到北方产区表现为抗冻能力差；北方产区品种引种到南方产区表现为病害严重。在品种利用方面，一些传统老产区，仍以多年种植的老品种为主，品种多、乱、杂。

选用品种缺乏科学性，早、中、晚熟品种搭配不尽合理。

我国石榴栽植区域虽然南北跨度较大，但是栽培品种的成熟期大多在中秋节前后，过分集中上市会导致产品滞销，因此拉开成熟时间，是品种选育及利用的必然。

四、良种繁育体系不健全，苗木市场混乱，苗木质量不能保证

国家林业和草原局早在2010年就发布实施了国家行业技术标准《石榴苗木培育技术规程》（LY/T 1893—2010），但在石榴苗木实际生产和销售过程中并没有按国家行业标准去执行，石榴良种苗木繁育体系也很不健全，造成苗木品种良莠不齐，大量劣质品种和苗木投向市场，给生产带来巨大损失。

五、栽培管理技术标准化普及率不高，商品果率低

我国各石榴主产区虽然在标准的制定上下了很大功夫、也认定了一批标准化示范基地，但是商品果率仍较低，疏果留果没有一定的量化标准，高标准的鲜果很难形成

批量销售。我国石榴产区整形修剪缺乏标准、果农整形修剪自由化，整形修剪技术应规范化、操作简易化。虽然在不少产区推广了果实套袋技术，对于防治果实病虫害、减少农药残留、防止裂果等效果显著，但是选择果袋、套袋的时间、套袋的方法掌握得还不全面，套袋后由于果袋的质量、套袋的技术不规范，果实日灼、病变、虫害等时有发生。特别是在一些新石榴产区，由于缺乏技术，管理不善，造成大面积新栽幼树、适龄树不能投产，产量低，病虫为害重，年年栽树年年死，形成了不同程度的低产劣质园。

六、病虫害严重，防治不及时、不规范

石榴生长期病虫害发生严重，特别是零星产区管理不到位，病虫害发生更为严重；贮藏期病害严重影响了外观和果实质量。原因一是缺乏科学的病虫害预测预报；二是果农病虫害防治知识缺乏；三是病虫害发生规律及防治技术研究、推广滞后；四是果农缺乏病虫害防治科学知识，乱用药、用高毒性农药等现象也较为严重。病虫害防治主要是靠化学药剂，生物防控技术应用不够广。

七、基础设施建设落后，施肥灌水技术需要改进

石榴多种植于丘陵浅山区，生产设施差，水利、交通多有不便。多数石榴种植区对土壤的肥力、水分状况缺乏详细的分析，不是按需施肥、测土配方施肥、量化施肥，而是根据经验施肥，且重施氮肥，忽视有机肥和配方施肥。我国大多数地区土壤有机质的含量在 1% 以下，而要进行优质石榴生产，土壤有机质含量必须达到 2% 以上。大多数施用的农家肥为人畜粪便、不经过腐熟，盲目施用会造成石榴根系肥害且肥效利用率低。

八、质量管理还需加强

我国石榴生产质量意识不强、标准化生产起步较晚，要确保石榴质量安全仍有一定的难度，即使被认定的产地，被认证的产品，由于缺乏有效的监督管理办法和完善的检测手段，很难达到标准化的要求。

九、贮藏保鲜技术不过关

石榴保鲜贮藏技术有待提高，贮藏的条件比较落后。贮藏中果实褐变严重，干腐病、黑斑病扩散较快。贮藏保鲜时间短，贮藏、运输中的冷链系统还不完善，出库的果品货架期短。

十、加工等产后措施配套不完善

很多产区还没有相应的加工企业，或企业规模小，造成资源潜力在深度和广度上

挖掘得不够，大量的残次果不能充分利用而烂掉，导致石榴的附加值低。

十一、市场营销机制不完善，流通、市场交易渠道不畅

我国石榴市场营销不规范，农村的石榴协作组织机制不健全，对农户生产的监督管理缺乏力度。各地举办的博览会、展销会都是政府组织，生产基地只能提供样品，宣传的效果很差。由于品牌意识不强，包装标识不规范，产品很难引起市场关注，虽然宣传了却缺乏知名度。对于产地品牌和产品品牌缺乏保护意识，假冒伪劣产品扰乱市场，优质难优价。国际市场信息了解不足，出口销售还缺乏经验，出口量极其有限。

十二、支撑环节存在不足

一是政府支持政策、资金不到位，国家及地方政府普遍对石榴科研、生产支持力度不大；二是科研人员缺乏，科研条件差，科学研究滞后，品种更新换代慢，新的栽培技术、贮藏、加工、销售等技术不能及时有效支撑石榴生产；三是种植户投入不足。

第四节　优质健康石榴的经济效益、发展前景和趋势

一、经济效益

近年来，一些地区石榴生产发展迅速，已成为区域经济的主导产业。国内石榴主产区，如河南郑州下辖的荥阳、巩义，南阳下辖的淅川，陕西西安临潼区、渭南潼关，山东枣庄峄城区，四川会理、攀枝花郊区，云南巧家、蒙自、永胜，安徽怀远、淮北烈山区等地，均已建成数千公顷集中连片的石榴商品基地。

石榴树管理技术简单，结果早，产量高，见效快。优良品种一年生苗定植当年见花，2 年见果，3 年单株产量可达 5 kg 以上，5 年进入丰产期，单株产量超过 25 kg，每亩密度一般在 80～110 株，单产达 2 000～3 000 kg。许多主产区的石榴已成为当地农村的一项骨干产业，"一亩园十亩田，二亩石榴数万元"，依靠石榴收入年超过数万元、脱贫致富的农户并不鲜见。特别是近年来软籽石榴品种的大面积推广，极大推动了石榴生产的发展。

国内许多石榴主产区，立足资源优势，大力发展以石榴为主的经济林，着力变资源优势为经济优势，取得了显著成效。各主产区通过举办各种形式的"石榴节""石榴博览会"等节会，以"互联网+"为平台，招商引资。以县域或企业注册商标，推出品牌效应，扩大影响。面积较大的石榴产区，开发生产了石榴酒、果汁、榴叶茶等系列产品，基本形成了生产、销售、贮藏、加工一体化，林、工、商协调发展的格局，对促进石榴生产、科研和市场开发起到了巨大的推动作用。

二、发展前景

1. 国际市场潜力大

石榴是国际市场需求量较大的果品，它是制作果汁、果酒、果醋、冰激凌、色拉、酸奶、提取色素的重要原料。作为时下流行的健康美容果品，日本、韩国、美国、欧盟等发达国家或地区每年都大量进口。石榴属于比较典型的劳动密集型种植业，在欧美等一些发达国家，因其劳动力成本高，发展受到了极大的限制，主要依赖进口。目前世界市场上的石榴主要来自伊朗、以色列等中东国家。应利用我国的自然资源优势，大力发展具有区位优势的石榴生产，将国内优质高档石榴销往国外，既缓解我国农业种植结构调整的压力，又可以出口创汇，增加农民收入。

2. 国内市场需求量增加

随着人们生活水平的提高，石榴鲜果的需求量不断扩大。尤其随着城市人口消费饮食结构的变化，人们对新鲜水果需求量的增多，也是石榴市场潜力所在。

目前全国只有河南、山东、陕西、安徽、四川、云南、江苏、陕西、新疆、河北等地的部分地区规模种植，形成商品产量，但全国石榴总产量不足水果总产量的0.1%。南方很多地方都不适宜栽种，而北方由于冬季寒冷石榴树不能越冬故不能栽种，全国能栽种石榴的地方不多，面对14亿人口的消费群体，石榴的消费需求非常庞大。所以石榴市场紧缺、价格高，为市场紧缺的珍稀果品。

3. 栽培技术简单，效益高，为种植结构调整开辟了新路

（1）品种优良化。全国各石榴主产区在对资源调查基础上，选择利用了一批适合当地生产的优良品种资源，并相继开展了优良品种选育工作，培育出一批性状更加优良的品种，据统计约有50个，同时还从国外引进了几个优良品种，在各产区正逐步实现品种良种化。

（2）栽培技术先进化。我国石榴生产已逐渐步入发展的新阶段，栽培技术日趋成熟，商品生产逐步扩大，一些主产区制定了自己的地方标准和生产操作规程，疏花疏果技术、套袋技术、生草覆盖、节水灌溉、配方施肥、叶面施肥等绿色、有机食品标准化生产技术得到普及和推广，果品质量明显提高。

（3）生产商品化。石榴生产已逐步从庭院栽培、"四旁"栽培等粗放的自然生长，向规模化、集约化方向发展，加之一些加工企业的带动，使石榴的生产逐渐步入商品化新阶段。

4. 易贮藏、好运输，市场供应范围大

石榴属于耐藏果品，科学贮藏可以存放到翌年5月，错开季节上市，价格成倍增加。既适合城市郊区集约栽培，应时上市，更适合老、少、边、穷、交通不便地区发展种植，且运输方便，可以长途运输，为"长腿果品"。

5.加工增值效益高

石榴除鲜食外，还可以深加工，且加工后附加值较高，目前国内仅有的几家加工企业的石榴加工产品价高畅销，供不应求。

石榴全身都是宝，鲜食、加工、外销、内销，市场非常广阔。

三、发展趋势

1.软籽、半软籽品种是石榴发展的趋势

自1986年"突尼斯软籽"石榴品种引入我国，并首先在河南石榴产区种植成功后，国内才有真正的软籽石榴品种。其核软可食的特性，比普通的硬籽石榴优点突出，近10年种植面积在全国范围内迅速扩大，目前主要分布在河南、四川、云南等省，其他省区有较零散分布。

软籽、半软籽石榴品种是未来石榴的发展方向，特别是酸甜适口、风味浓郁、抗逆性强、早实、丰产、稳产、耐贮藏的优良软籽、半软籽品种。软籽、半软籽石榴在我国发展潜力巨大，销售市场前景广阔。

软籽石榴品种的发展，会改变"突尼斯软籽"品种一统天下的情况，向不同成熟期、不同口感风味、不同籽核硬度等方向发展。

2.区域分布明显，软籽和普通硬籽石榴并存

目前，云南、四川、河南等石榴主产区以软籽石榴为主；山东、安徽、陕西、山西、新疆等传统的老石榴产区仍以普通硬籽石榴品种为主，但在全国石榴面积占比及石榴果品市场占有率很低。在没有新的适应性更广、结果性好、抗寒性强的软籽石榴品种出现前，预估软籽和普通硬籽石榴并存现象还会长期存在。

3.石榴发展重心会南移，"南果北卖、东卖"是常态

云南、四川一些地区为石榴的适宜栽培区。目前，仅四川、云南两省石榴总产量已占全国总产量的近60%。云南适宜发展石榴的县市都在积极发展软籽石榴，并把石榴作为当地的支柱产业重点发展。

预计今后全国石榴产业发展，石榴种植面积会南增北减，鲜果产能的重心进一步南移。

石榴"南果北卖"的趋势已渐明显，近几年，8月下旬至9月中旬的全国石榴市场，均为云南、四川产区生产的石榴，这是自然地理优势所决定的。云南、四川适宜地区石榴生产的快速发展，对全国石榴产业的发展产生积极的影响，同时，也对北方传统石榴产区产生冲击，倒逼北方的石榴生产调整发展思路和发展战略。

4.规模经营占主导

随着我国农业生产形势的转变，传统的一家一户、小规模种植经营模式已经不适应市场的发展变化。大面积、规模化、标准化、品牌化的经营模式将占主导地位。目前在河南、云南、四川等石榴主产区，涌现出大量公司化种植石榴的企业，种植规模小的数百亩，大的上万亩。这些石榴种植企业，完全按规范化的公司运营，管理规范，有自己的技术团队、生产团队、销售团队，有自主品牌，包含了研发、生产、贮藏、销售（线上线下）、加工等全产业链条，并围绕石榴产业开发了旅游服务产业，具有很强的市场竞争力。

5. 以石榴为媒的观光旅游产业前景好

随着人民生活水平的提高，旅游、休闲消费正成为人民生活的一部分，以石榴及其他果树为主体建立的休闲观光果园，正成为消费新宠。这些果园建设在远离喧嚣的城市郊区，以果树为主，包含果品采摘、果树认养、果树文化、果树种植体验，以及农家乐就餐、住宿等功能。近几年，以石榴为主体的旅游观光果园发展很快，其休闲、娱乐、观赏、游览设施俱全，果园不再单纯是果树，而是趋向公园化，以便更好地满足现代人的休闲需求。

6. 优质果品是未来发展方向

随着石榴种植面积扩大，产量增加，市场竞争日趋激烈，高质高效更趋明显，低质低效、粗放管理、品质低劣的果品，将逐渐被市场淘汰。

四、发展建议

发展优质石榴生产，对促进我国石榴产业走上健康发展道路，发展创汇农业，促使我国果品市场与国际市场接轨，提高产品的国际竞争能力，增加农民收入有重要意义。

1. 明确发展方向

石榴树能忍受的极限低温为-15℃，当温度降至-16℃以下时，地上部分出现严重冻害甚至整株死亡。因此，我国石榴生产应在现有分布区域内适度发展，在适宜发展地区，历史上出现过-15℃以下低温的地区要注意冬季防寒。在适宜栽植以外地区发展要慎重，主要考虑冬季低温影响，不要盲目引种。

石榴生产发展方向：一是选择向阳的山坡梯地，西北面有山林阻挡寒流，利用山麓的逆温层带种植石榴，防止冻害发生。二是利用浅山、丘陵、平原荒地、滩地发展石榴生产，增加收益，既为老、少、边、穷地区开辟一条致富之路，又可提高土地利用率，保持水土维持生态平衡，达到土地永续利用、实现农业可持续发展的目的。三是在交通便利、土质肥沃的平原农区，发展集约型高效果园、观光园。

2. 发展优良品种

尽快实现石榴生产良种化，提高市场竞争力。新发展石榴园及大型商品基地，必须保证良种建园，石榴的发展方向是软籽类品种和半软籽类品种。对现有石榴生产中的劣种树，通过高接换种、行间定植良种幼树、衰老树一次性淘汰等方法尽快实现更新。本书推介的优良品种各地可选择利用。在试验示范的基础上优先发展软籽和半软籽品种。

3. 推广标准化、规范化栽培技术，发展优质生产，提高市场竞争力

要大力推广普及石榴标准化、规范化栽培技术，科学防治病虫害，规范施用农药、化肥，尽量不用或减少使用除草剂，全面提高石榴产量和果品质量，大力发展优质石榴生产，提高优质石榴的市场竞争力。

4. 推进产业化发展

石榴是商品性极高的果品，又可以搞深加工，石榴的发展也必须走产业化的道路，以市场为导向，以企业为龙头，走"公司＋基地＋农户"的路子，大力发展农工贸、产供销一体化的经营服务体系，推进石榴生产产业化进程。

5. 创品牌，提高商品价值

国内许多产区的石榴历史上即为名产，如陕西乾县的"御石榴"因唐太宗和长孙皇后喜食而得名；山东枣庄的软籽石榴和冰糖籽石榴以及河南荥阳的河阴石榴，曾被选作晋京贡品。近年我国石榴生产发展迅速，各产区要注意创立自己的精品名牌，改进包装、贮运技术，提高商品质量，以优质品牌石榴开拓国内、国际市场。

6. 发展保护地栽培

在我国北方石榴产区，冬季石榴树易出现冻害的地区，可以发展塑料大棚、玻璃温室等保护地栽培；在南方多雨地区，可以发展避雨栽培。

第二章 石榴的起源、传播、栽培历史与分布

第一节 石榴的起源与学名

一、石榴的起源

石榴原产古代波斯地区，即现在的伊朗、阿富汗、乌兹别克斯坦、阿塞拜疆、格鲁吉亚等中、西亚地区，为中、西亚古老果树之一。据瓦维洛夫 Н.И.Вавилов（1926）和茹科夫斯基 П.М.Жуковский（1970）对栽培植物起源研究，把世界果树分为 12 个起源中心，石榴属于"前亚细亚起源中心"，其栽培历史悠久。伊朗史前已有关于石榴栽培的记载。在 20 世纪 40 年代，考古学家在伊拉克发现距今四五千年前乌尔王朝废墟的苏布阿德皇后墓中死者头冠上有石榴图案，它代表了两河流域的古代文明。距今 3 000 年前，埃及法老王第 18 世墓壁上画有结果的石榴树图案。8—10 世纪荷马史诗、希腊神话不止一次提到火红的石榴，还说中亚很多地方石榴一年四季开花。著名的植物育种学家茹考夫斯基报道说，在地中海罗德斯岛上看到保存至今象征石榴丰收的一尊女神像。在今伊朗东北部高原、格鲁吉亚等国海拔 300～1 000 m 地带还分布有大片石榴野生丛林。

据我国古书《博物志》（张华，232—300 年）记载：汉张骞出使西域（公元前138—前 125 年）从涂林（"涂林"一词是梵语 Darim 音译）安石国带回安石榴（据考证，安石国即安息国音变，在今伊朗东北部扎格罗斯山，张骞赴西域时为全盛期，领有伊朗高原全部及周边地区，包括现在的小亚细亚东部、亚美尼亚、阿塞拜疆、美索不达米亚、叙利亚、伊朗高原、阿富汗、阿姆河以南的大呼罗珊和今印度河以西的巴基斯坦等地）。这从另一个侧面证明了石榴的原产地。学术界普遍认为以上地方是石榴的原产地。

1983 年我国学者对西藏果树资源考察发现，在三江流域海拔 1 700～3 000 m 的察隅河两岸的荒坡上，分布有古老的野生石榴群落，其中无食用价值的酸石榴占 99.4%，甜石榴仅占 0.6%。三江流域是十分闭塞的峡谷区，人工传播十分困难，但该地区是否是石榴的原产地之一有待进一步研究。

二、石榴的学名及别称

我们说的石榴，一般指普通石榴，拉丁名为：*Punica granatum* L.，来源于 *Pomum*

（苹果）*granatus*（多籽的）。在古埃及，石榴名为 Arhumani。古罗马人称石榴为 *Malum punicum*，即伽太基苹果。英文名为：pomegranate。中文通用名：石榴（《雷公炮炙论》，公元 588 年）。植物学家林奈最终将石榴命名为 *Punica granatum* L.。

还有一种野生石榴，植物学上称为原石榴，拉丁名为：*Punica protopunica* Balf.。

石榴的别称：

安石榴（《博物志》）、若榴（《广雅》）、丹若（《古今注》）、金罂（《坦斋笔衡》）、天浆（《酉阳杂俎》）、丹榴（《本草纲目》）、若木（《齐民要术》）、安息榴、若留、海石榴、海榴、沃丹、冉若、金樱、金庞、金乃、榭榴、树榴、栶榴、钟石榴等，还有不同地方的方言名称，如东北地区称石榴为"山力叶"；湖北咸宁地区称石榴为"字榴"；西藏称石榴为"森珠"（西藏语）；浙江一些地区称石榴为"金杏"；陕西一些地方称为"西安榴"；福建一些地区称石榴为"西榴"；新疆维吾尔语称石榴为"阿娜尔""阿娜尔汗"（石榴姑娘）、"阿娜尔古丽"（石榴花）。

三、石榴在我国的历史记载

史书关于石榴的起源及栽培记载有很多。

最早有关石榴来源的记载是：西晋《博物志》（张华，232—300 年），书中记载，汉张骞（公元前 138—前 125 年）出使西域从涂林安石国带回安石榴。

20 世纪 70 年代长沙马王堆汉墓出土的经书中，曾有石榴的阐述。历史资料和现代考古均证明石榴传入我国已有 2 000 余年的历史了。

著录较早的记载唯有《西京杂记》（刘歆，公元前 50 年至公元 23 年）记载的"初修上林苑，群臣远方，各献名果异树，……安石榴十株。"

东汉张衡（79—139 年）在《南都赋》中记有"乃有樱梅山柿，侯桃梨栗。樗枣若留，穰橙邓橘"。若留即为石榴。

西晋文学家潘岳（247—300 年）的《河阳庭前安石榴赋》形容石榴为"安石榴者，天下之奇树，九州之名果也"。

《齐民要术》（贾思勰著，成书于北魏末年，534—544 年）对有关石榴的繁殖、栽培、嫁接，已总结出较为丰富的管理经验。说明当时石榴作为果树生产已相当普遍，栽培技术已达到了一定水平。

《王祯农书》（成书于 1313 年前后），记载有石榴采收、采后处理及对贮藏环境要求等内容。

《群芳谱》[明代王象晋（1561—1653 年）成书于 1621 年]有同样记载，称石榴为："一名若榴、一名丹若、一名金罂、一名金庞、一名天浆"。

据《花史》（明代吴彦匡）记载，西晋时期在洛阳的石崇金谷园植有石榴，名"石崇榴"，石崇是当时有名的仕族。

历朝历代有关咏石榴的诗词、歌赋有数百首之多，如唐代诗人元稹诗曰："何年安石国，万里贡榴花。迢递河源道，因依汉使槎。"元代诗人马祖常在《赵中丞折枝图其二石榴》中也曰："乘槎使者海西来，移得珊瑚汉苑栽"，以珊瑚作为石榴的美称。

《本草纲目》"安石榴"篇（明代医学家，李时珍，1518—1593 年），是我国众多的古籍中，对石榴记载最详尽的，该书总结前人著作及自己的发现，对石榴的产地、分类、药用价值等进行叙述。

古书记载的石榴品种形态特征如表 2-1 所示。

表 2-1　古书记载的石榴品种形态特征

品种	形态特征	产地	备注
山石榴	果实绝小	积石山	今甘肃积石山保安族东乡族撒拉族自治县
红花、黄、白花石榴	花红、黄、白色		
千叶石榴	花瓣多，不结实		
酸甜石榴	味酸及甜		
白石榴	籽白如水晶		
南召石榴	皮薄如纸	南召县	今河南南召
四季石榴	四季开花		
火石榴	花赤色如火		
海石榴	树高 33~66 cm，果大如盘	富阳	今浙江富阳
苦石榴	味苦		
并蒂石榴	并蒂开花 2 朵		

我国传统中医药学对石榴的药用价值记载也较详细，石榴根、皮、花和果具有性甘、温、酸、涩、无毒的药理作用，可治疗多种疾病，见表 2-2。

表 2-2　《本草纲目》中石榴药用

药用部分	药性	主治疾病
甘石榴果	甘、酸、温、涩、无毒	咽喉燥渴、乳痈
酸石榴果	酸、温、涩、无毒	赤白痢、小便不禁、捻须令黑、漏精、筋骨风、腰足不遂、行步挛急疼痛、明目止泪
酸榴根皮		小儿风痫、耳聋、疔肿恶毒、驱蛔虫、痔积及久痢等，以及妇科闭经不通
千叶榴花		心热吐血、齿鼻出血

第二节 传 播

一、石榴在中国的传播

石榴传入我国的历史和路线，据许多古代文献资料考证认为，石榴在汉代由汉使张骞出使西域从涂林安石国带回后，沿着丝绸之路由西向东传播，先传入我国的新疆，再由新疆向内地传入陕西，先在皇家园林作为观赏树种栽种，随着生态环境的变化、自然和人为选择，新的适合食用的新品种出现，逐渐发展为果树大田栽培；生产上栽培先在新疆叶城、附疏一带的古丝绸之路，继而发展到陕西，以后至河南、山东、安徽等地，并逐渐传布至全国适宜栽培地区。

日本学者菊池秋雄的《果树园艺学》有石榴疑系公元 3 世纪从伊朗传入印度，再由印度传入我国西藏，由西藏传入四川、云南等地，直至东南亚各国。至今在云南、四川及西藏部分地区盛产石榴。这可能是另一个传播路线。

二、石榴在世界的传播

公元前 138—前 125 年，西汉张骞从西域（今中亚的伊朗、阿富汗等地）将石榴引入我国，当时臣属于汉朝的安国（今乌兹别克斯坦的布哈拉）、石国（今乌兹别克斯坦的塔什干），种植石榴已较普遍；石榴传入内地后，人们便把这种从西域传入的珍稀果品命名为"安石榴"，简称"石榴"；史学家也认为此时在新疆古丝绸之路上已有了石榴的种植。石榴又由中国传至日本、朝鲜等其他国家。在日本，石榴作为果树，栽培技术上改进并不多，但作为花木栽培，却育成了一些新类型、新品种，在花卉园艺方面的贡献比较多。石榴从中国传入日本的年代不详，只在日本平安朝时代的末期至镰仓时代出现过"石榴"（音译）的名称。石榴传入中国后伴随佛教僧侣活动传入东南亚的柬埔寨、缅甸等地。在 15 世纪早期，石榴传至印度尼西亚。

公元前 9 世纪，建国于迦太基（今突尼斯北部，临突尼斯湾，扼东西地中海要冲）、以善于航海与经商著称的古腓尼基人，将石榴传到了埃及和突尼斯；大约在同一时期，也将石榴传播到了希腊和土耳其西部、罗马帝国和西班牙。据文献记载，在公元前 4 世纪时，石榴由地中海地区传播到欧洲，公元前 334 年前后亚历山大远征军把石榴传到印度；15 世纪航海家哥伦布将石榴从西班牙带至美洲，先传至墨西哥，后传至中美洲及南美洲各地；在 1769 年，由塞拉神父带领的方济会传教士将石榴从西班牙带到加利福尼亚海岸线的南部和北部地区。随着人们航海、战争、宗教等活动，石榴被传到世界更广大的地区。

7 世纪，唐代高僧玄奘法师的《大唐西域记》中有"石榴、甘桔，诸国皆树"等记载。

关于石榴的加工利用，中外古书也有很多记载，如古希伯来人从石榴树皮中提取单宁制革，从树皮中提取染料染布；古印度人把石榴的汁液制成饮料，在祭祀仪式上作贡品；古人利用石榴籽粒汁液酿造酱油，使酱油上色和辣味等。

第三节　石榴在中国的栽培历史

一、中国石榴栽培史

石榴自西汉张骞从西域原产地引入我国后，先在皇家园林作为观赏树种栽培，后逐渐作为果树生产，至今已有 2 000 多年的栽培历史。古书对石榴的产地、品种、分类、果实风味、加工利用、药用价值等栽培技术和利用都有详细叙述。

引种初期，石榴作为观赏植物主要栽植于京城长安的御花园"上林苑"和骊山的温泉宫（今华清池）内。后来，石榴由观赏逐渐转入食用，由皇帝的御用之物成为平民普遍种植的果树，并逐步由长安推广到全国各地。

除《西京杂记》中说上林苑有"安石榴十株"，以及后世张华等称张骞出使西域带回石榴之外，在与西汉有关的文献中不见有石榴的著述。

到东汉两晋南北朝时期，从石榴受到大量士人学者讴歌中可以看出石榴已经被广泛种植，而成为东汉魏晋南北朝时期人们园篱中的佳果。此前已在现在的陕西、河南民间广泛栽培。

东汉张衡（79—139 年）的《南都赋》中有"梬枣若榴，穰橙邓橘"，则说明此时石榴在洛阳的栽培渐渐普及，并向周边区域拓展。曹植（192—232 年）的《弃妻诗》中也有"石榴植前庭，绿叶摇缥青"的句子。魏晋年间，函谷关之外的华北平原之间赋咏石榴的学者蜂起，计有南顿人（今河南）应贞、荥阳人（今河南洛阳与郑州之间）潘岳叔侄、安平人（今河南）张载兄弟、泥阳人（今山西西南部）傅玄、谁人（今河南）夏侯湛等分别都有《石榴赋》或《安石榴赋》问世。石榴除了往河南的东传路线之外，据左思（250—305 年）的《蜀都赋》"蒲陶乱溃，若榴竞裂"，说明还有一条沿古蜀道的南传路线。

东晋葛洪（283—363 年）著《抱朴子》中记有"苦者出积石山，或云即山石榴也"。

在东晋期间，石榴以河南为中心向北向南继续传播。陆翙的《邺中记》记载"石虎苑中有安石榴，子大如碗盏，其味不酸"，"邺"即今河北临漳，是后赵的都城所在，石虎即后赵的皇帝，说明东晋时期，河北已经出现了本土化的名优品种。另一则资料源自《晋隆安起居注》曰："武陵临沅县，安石榴子大如碗，其味不梳，一蒂六实。"

武陵郡在今湖南北部，说明在东晋时期，湖南也已出现了本土特色名优品种。东晋时如上述所说已有河北、湖南的两个地方品种，加上汉明帝时的"白马甜榴"，这一时期的石榴名优品种已经不少于5个。

南朝周景式著《庐山记》曰："香炉峰头有大磐石，可坐数百人，垂生山石榴，三月中作花，色似石榴而小淡，红敷紫萼，辉晔可爱"（庐山在今江西境内）；《京口记》载有"龙刚县有石榴"（龙刚县始设置于晋，属桂林郡，见《晋书·地理志下》）；《襄国志》曰："龙岗县有好石榴"（襄国即今河北邢台，为东晋十六国时后赵石勒所都，石虎迁都于邺，改为襄国郡，《襄国志》是后赵的京都志），说明当时石榴分布范围已相当广泛。

元嘉二十七年（450年）拓跋焘向南攻打至建康（今南京）时还曾要求当地人献上石榴（《宋书·张畅传》）。

上述资料都说明，石榴在东汉魏晋南北朝时期由关中向东、向南扩展。向东的传播线路是主要的，第一步由西汉国都长安（今陕西）传播到东汉都城洛阳（今河南），第二步以洛阳为次级策源中心分别向北部河北、山东和向南部湖北、湖南扩展，说明石榴在全国的栽培分布已相当广泛。

隋唐时期，随着国力强大，石榴受到人们的喜爱，曾出现"苜蓿榴花遍近郊"的盛况。石榴栽培至唐代进入全盛时期，曾一度出现石榴"非十金不可得"和"榴花遍近郊"的盛况。《全唐诗》中至少有93处描写石榴，或者与石榴有关。如《全唐诗·卷五》录有武则天一首《如意娘》："看朱成碧思纷纷，憔悴支离为忆君。不信比来长下泪，开箱验取石榴裙。"说明到武则天时石榴文化已深入人心。柳宗元写有《新植海石榴》诗："弱植不盈尺，远意驻蓬瀛。月寒空阶曙，幽梦彩云生。粪壤擢珠树，莓苔插琼英。芳根闭颜色，徂岁为谁荣？"晚唐诗人皮日休也在他的《石榴歌》中称赞食用石榴时像"嚼破水精千万粒"，并且认识到石榴的药用价值："能医乳痈。"

五代十国时期虽然局势动荡、战争频仍、民生凋敝，老百姓困苦不堪，但石榴仍然受到人们的喜爱，五代诗人黄滔（840—911年）曾作诗一首《奉和文尧对庭前千叶石榴》："一朵千英绽晓枝，彩霞堪与别为期。移根若在芙蓉苑，岂向当年有醒时"，称赞从别处移栽来的石榴开花时的缤纷艳丽。

宋元时期，石榴的栽培、采收、储藏和加工技术日趋精细，并得到全面推广。栽培范围进一步扩大，苏颂（1020—1101年）称："安石榴，本生西域，今处处有之"（《本草纲目》）；品种大量增加，仅《洛阳花木记》一书就记载了9个不同的品种："千叶石榴、粉红石榴、黄石榴、青皮石榴、水晶浆榴、朱皮石榴、重台石榴、水晶甜榴、银含棱石榴。"对石榴其他利用价值的认识加深，除药用外，"染墨亦良"；关于石榴的贮藏记有"藏榴之法，取其实有棱角者，用熟汤微泡，置之新瓷瓶中，久而不损"（《农桑通诀》）。古人已知用于贮藏的石榴对其采收成熟度、采后处理及贮藏环境都有严格的要求。在周密撰写的《癸辛杂识》有详细描述："凡玉工描玉用石榴皮汁描之，则见水不去。"还知道石榴多食之害："损肺及齿"（《三元延寿参赞书》，成书于1291年），并告诫："汁能恋膈成痰，病患固宜戒也"（《本草蒙鉴》）。

明清时期，石榴生产的各项技术已经发展成熟，对石榴的利用方式也变得多种多样，除传统的食用和最早发现的药用外，还可酿酒、盆栽，观赏其艳丽的花朵。此外，对云南、新疆等地区的石榴记载逐渐增多，说明石榴分布范围已经扩大到全国，并且培育出了优良石榴品种"阿迷石榴"。新疆的石榴，数南疆从喀什到和田一带的最好；而南疆的石榴，数皮山县的皮亚曼乡、叶城县的伯西热克乡和疏附县的伯什克然木乡3个地方的品质最佳，种植历史也最长。皮亚曼种植石榴已有数百年历史。

古书记载的果实形态和物候期有："榴五月开花，有红、黄、白三色。单叶者结实。千叶者不结实，或结亦无子也。实有甜、酸、苦三种"（《本草纲目》）。李时珍曰："榴者瘤也，丹实垂垂如赘瘤也。"《事类合璧》云："榴大如杯，赤色有黑斑点，皮中如蜂巢，有黄膜隔之，子形如人齿，淡红色，亦有洁白如雪者。"李时珍曰："榴受少阳之气，而荣于四月，盛于五月，实于盛夏，熟于深秋。"

二、河南石榴栽培史

据古农医书和地方志记载，河南省是我国石榴栽培最早的地区之一，有2 000多年的历史。

西晋时河南已栽培石榴，据《花史》记载，石崇金谷园（在今洛阳）有石榴，名石崇榴。到宋代河阴石榴驰名京师，享誉海内。《东京梦华录卷二·饮食果子》中记有河阴石榴，由宋至元，河阴石榴一直盛名不衰，《琐碎录》记："河阴石榴名三十八者，其中只有三十八子也。"《河南通志》记："安石榴峪在河阴县西北二十里，汉张骞出使西域涂林安石榴归植于此。"《河阴县志》（1692年）记："石榴峪去县西北二十里，汉张骞出使西域得涂林安石榴归植于此。河阴石榴味甘而色红，且巨，由其种异也，有一株盈抱者，相传为张骞时故物。""河阴石榴名三十八子盖一房""渣殊软子稀而大且甘""土产石榴，自古著名。"石榴在河南西部和中部的栽培历史悠久。

傅玄《安石榴赋》曰："虎宿中而纤条结，龙辰升而丹华繁。其在晨也，灼若九日栖扶桑；其在夕也，爽若烛龙吐潜光。"《酉阳杂俎》称赞南召石榴"南诏石榴，子大，皮薄如藤纸，味绝于洛中。"石榴在豫南早有栽培。在豫东《开封府志》《祥府县志》的"地理物产"部分也有关于石榴栽培的记载。

第四节　分　布

一、石榴在世界的分布

石榴主要分布在亚热带及温带地区，现在亚洲、非洲、欧洲、美洲等地均有分布，几乎遍及全世界。中国、伊朗、阿富汗、伊拉克、亚美尼亚、阿塞拜疆、格鲁吉亚、印度、土库曼斯坦、乌兹别克斯坦、哈萨克斯坦、吉尔吉斯斯坦、巴基斯坦、沙特阿拉伯、孟加拉国、约旦、朝鲜、韩国、日本、印度尼西亚、泰国、越南、缅甸、柬埔寨、黎巴嫩、叙利亚、埃及、突尼斯、利比亚、摩洛哥、阿尔及利亚、阿曼、苏丹、尼日利亚、以色列、俄罗斯、乌克兰、土耳其、西班牙、法国、英国、意大利、克罗地亚、希腊、美国、墨西哥、智利、秘鲁、阿根廷、乌拉圭等70多个国家都有规模不等的石榴商品化生产。

石榴还被称作"地球美丽的衣裳"，是西班牙、利比亚等国的国花，西班牙50万km²的土地上随处可见石榴树。

现在，亚洲的中国、印度，欧洲沿地中海各国，非洲的许多国家，石榴栽培较多，但仍以原产地伊朗及附近地区分布较广，中国种植面积最大，为12万~13万hm²；伊朗种植面积约7万hm²，年产石榴63万t，是伊朗主要出口水果，年出口欧洲超过2 000 t，主要栽培品种为"马拉斯"，果大者500 g以上，果面浓红，皮薄，籽粒粉红、鲜红色，味酸甜。9月开始成熟，10月采收最多。

有学者把世界石榴起源与分布划分为三大起源和多样化中心：第一大中心包括原产地的伊朗、阿富汗等石榴自然生境地区。第二大中心，即地中海和东亚，是石榴向东和向西传播过程中形成的。然而，第一和第二大中心并不是同步形成的，它们通过人类活动，有目的或自然的，由中心区域以有性繁殖或（和）无性繁殖的方式扩散到周边地区，并成为这些地区品种演化的基础。第三大中心，即美洲和南部非洲，与第二大中心的形成过程相似。

目前，中国保存石榴种质资源近400个，伊朗德黑兰省瓦腊敏研究中心保存180多个，美国国家石榴种质资源圃保存300多个，日本保存资源60多个。

二、石榴在中国的分布

1. 石榴在我国分布范围

石榴在我国20余个省、自治区、直辖市均有分布，种植分布较多的有河南、陕西、山东、安徽、四川、云南、新疆；局部地区有一定规模种植的有湖北、重庆、江苏、浙江、河北、甘肃、山西；零星分布种植、面积相对较小的有湖南、江西、福建、广东、贵州、广西、海南、北京、天津、宁夏、西藏、台湾等。

分布范围：北界为河北的迁安（年平均气温9.3℃，极端最低气温-19℃）、顺平（年平均气温12℃，极端最低气温-23℃）、元氏（极端最低气温-23.5℃）；山西的临汾、临猗（年平均气温13.7℃）。西界为甘肃临洮、积石山，西藏贡觉、芒康一线。南界至海南最南端乐东、三亚；东界至黄海和南海边。水平分布的地理坐标为东经98°~122°，北纬19°50′~37°40′，横跨热带常绿果树带、亚热带常绿果树带、云贵高原常绿落叶果树混交带、温带落叶果树带和干旱落叶果树带。

石榴生态适生范围较广，在高原盆地、河谷阶地、湖中岛屿、黄淮平原、黄土丘陵、山岳地带地貌上均有踪迹。在气候方面，横跨了边缘热带（海南）、南亚热带、中亚热带、北亚热带、中温带、干旱暖温带 6 个气候带；年平均气温在 10.2～18.6℃（分布区北界极端最低气温为 -23.5～-18℃），≥10℃年积温为 4 132.9～6 532℃，年日照时数为 1 770～2 665 h，年降水量为 55～1 600 mm，无霜期 151～365 d。在土壤方面，适应 20 余个土种，pH 值 5.5～8.5。物候表现出从常绿至落叶。

2. 石榴在我国水平分布特点

石榴树的生长对环境条件有特殊的要求，在同一自然区域内，虽然自然生态条件差别不大，但只有满足石榴温度需求的特殊区域才适宜其生长，在我国石榴的分布形成了特有的、明显的、区域性分布特点。如河北石家庄元氏县石榴产区就是一个典型的小气候类型，该产区地处太行山东麓，位于河北中南部，东经 114°11′～114°38′，北纬 37°40′～37°55′，距石家庄市 30 km，全域年平均温度 12.5℃，极端最高温度 42℃，极端最低温度 -22.8℃，平均年降水量 528 mm，年日照 2 662 h，平均无霜期 191 d，海拔 50～1 131 m，石榴分布在海拔 100～200 m 的背风向阳丘陵山坡，是我国石榴成片栽培的北界。本区是太行山前，面向东南方的一个温暖的特殊小气候，正常年份石榴可以正常越冬而不受冻害，在这个小气候外围，无论是东、南、西、北、上、下都不能种植石榴。从河北石家庄元氏县一直往西南到山西运城临猗县石榴栽培区，中间相距 800 km，均不能露地成片种植石榴。在我国黄淮地区的多个石榴产区，如陕西临潼、潼关产区，山西运城临猗县产区，河南荥阳、巩义、灵宝产区，山东枣庄峄城产区，安徽怀远、淮北产区等，都是特殊的具有区位特点的石榴生长区，均为丘陵的中上部或低山区的中部偏下区域。

3. 石榴在我国的垂直分布

石榴的垂直分布与水平分布一样主要受人工传种和气候因素影响，符合一般植物的垂直分布规律。垂直分布如图 2-1 所示。

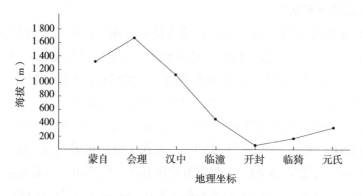

图 2-1　中国石榴垂直分布简图

在我国，石榴分布在海拔 20～2 900 m，其垂直分布介于亚热带果树（柑橘等）和温带果树（如梨等）种植区域之间。如云南红河蒙自、建水和丽江永胜及曲靖会泽县，四川凉山会理，石榴分布在海拔 1 300～1 800 m，比柑橘分布 1 200～1 400 m 还高，但比梨分布高度低。又如在重庆巫山县和奉节县石榴分布在海拔 600～1 000 m 处，与枣树、柿树相近。西藏三江流域野生石榴分布在海拔 1 700～2 000 m 的察隅河两岸的荒坡上、沟谷中。陕西西安临潼区、咸阳礼泉县，河南荥阳、巩义，山西运城临猗县等产区，石榴主要分布在黄河两岸海拔 100～600 m 的黄土丘陵上。山东枣庄峄城区、安徽淮北烈山区，主要分布在海拔 100～150 m 的低山东南坡的中下部地带。安徽蚌埠怀远县石榴分布在海拔 50～100 m 的淮河两岸及低山中下部。石榴垂直分布范围与温度有关，特别是与冬季极端最低温度密切相关。一般而言，在高纬度地区垂直分布较低，如河北石家庄元氏县石榴分布在海拔 100～200 m 的丘陵；山西运城临猗县石榴分布在海拔 100～200 m 的丘陵台地的中上部。在低纬度地区垂直分布较高，如云南巧家、元谋、禄丰、会泽产区和四川会理产区分布在海拔 1 300～1 800 m 地带。由于石榴水平分布地域广阔，地形复杂多变，常有区域性小气候。石榴垂直分布的高低主要取决于产地地形和基准气候带，即随纬度的增加，分布上限降低，其南北海拔高差超过 2 000 m（会理与开封）。

4. 石榴在我国的自然分布

石榴在我国还有一个特殊的分布区域，即西藏东南部"三江"流域中下游的昌都地区左贡县、林芝地区察隅县等地，有少量分布。在察隅河两岸海拔 1 700～3 000 m 的山坡上、沟谷内有野生群落，其中酸石榴占 99.4%，无食用价值，甜石榴占 0.6%，有一二百年生的大树，树高 5～6 m，最高达 11 m 以上，干周 1～2.5 m，最大 4.35 m，有灌木状、乔木状，有纯生林和杂木混生林，多为散生。"三江"流域是十分闭塞的峡谷区，不可能人工传播，应该属于自然分布。该地区是否是石榴原产地之一有待进一步研究。

全国除西藏东南部"三江"流域一带的自然分布外，其他石榴分布区都属于以经济为目的的栽培分布。

第三章　石榴的植物学特征与生物学特性

第一节　石榴的植物学特征

石榴树树体分地上和地下两部分。地上部分即主干和树冠。主干是指根茎（地表以上）到第一主枝分枝处之间的树干。主干的高度由品种、树形而定。一般品种定干高度 50～60 cm。树冠由骨干枝、辅养枝和结果枝组构成，骨干枝包括主枝和侧枝；辅养枝辅助主枝、侧枝及整个树体的生长，在幼树整形期间枝量大，幼树生长快；结果枝组是树冠上最主要的部分，着生在主、侧枝上面。地下部分为根系。

一、根

（一）根系特征

石榴根系发达，扭曲不展，上有瘤状突起，根皮黄褐色。

石榴根系分为骨干根、须根和吸收根三部分。骨干根是指寿命长的较粗大的根，粗度在 8 mm 以上，相当于地上部的骨干枝。须根是指粗度在 8 mm 以下的多分枝的细根，相当于地上部 1～2 年生的小枝和新梢。第三类根就是生长在须根（小根）上的白色吸收根，形如豆芽的叫永久性吸收根，它可以继续生长成为骨干根。还有形如白色棉线的细小吸收根，称作暂时性吸收根，它数量非常大，相当于地上部的叶片，寿命不超过一年，是暂时性存在的根。但它数量大、吸收面积广，是主要吸收器官，它除了吸收营养、水分外，还大量合成氨基酸和多种激素，主要是细胞分裂素。这种激素输送到地上部，促进细胞分裂和分化，如花芽、叶芽、嫩枝、叶片以及韧皮部形成层的分裂分化，幼果细胞的分裂分化等。总之，吸收根的吸收合成功能与地上部叶片的光合功能，两者都是石榴树赖以生长发育的最主要的功能。须根上生出的白色吸收根，无论是豆芽状的，还是细小白线状的，其上具有大量的根毛（单细胞），是吸收水分和养分的主要器官。因其数量巨大，吸收面积也巨大（图 3-1）。

石榴根系中的骨干根（主根和侧根）和须根，将吸收根伸展到土层中，大量吸收水分和养分，并与来自叶片（通过枝干）运来的碳水化合物共同合成氨基酸和激素。所以，根系中的吸收根，不但是吸收器官，也是合成器官。在果园土壤管理上采用深耕、改土、施肥和根系修剪等措施，为吸收根创造好的生长环境，就是依据上述科学规律进行的。

（二）根系的类型

根据石榴根系的发生和来源可分为3类。

1. 茎源根系

由扦插和压条繁殖所形成的个体根系属于此类型。其根系来源于母体茎上的不定根，特点是根系在土壤中分布较浅，生理年龄较老，生活力相对较弱，但个体间比较一致，没有明显的主根，由生长粗大的侧根（骨干根和半骨干根）构成根系主要骨架，在侧根上形成大量细小的须根。

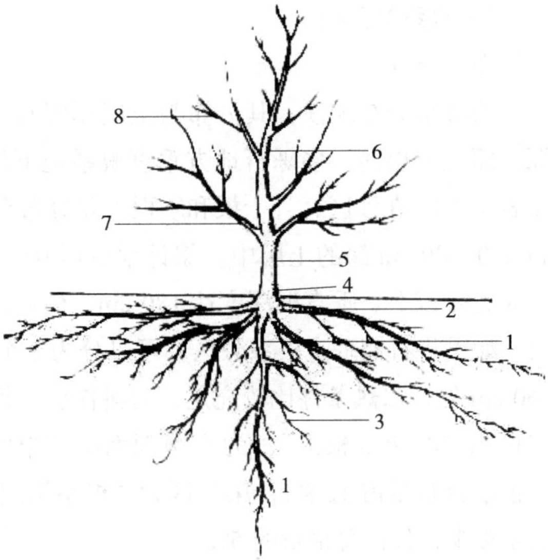

2. 实生根系

由实生繁殖和用实生砧木嫁接的石榴根系，根系由主根、侧根、须根构成，其特点是主根发达，根系较深，生理年龄较轻，生活力强，对外界环境有较强的适应能力。实生根系个体间差异比茎源根系大。

图3-1　石榴根系分布

1.主根　2.侧根　3.须根　4.根颈　5.主干　6.中心干
7.主枝　8.侧枝

3. 根蘖根系

由石榴根际萌蘖形成的根系。其根系特点与茎源根系相似。

无论哪种根系，须根都是根系中最活跃的部位。石榴须根系分生长根、输导根和吸收根等。

生长根为初生结构的根，具有较大的分生区，有吸收、输导水分和养分的能力，其功能是促进根系向新土层推进，延长和扩大根系分布范围，增加吸收面并形成侧分枝——吸收根。生长根比吸收根粗，生长较快，一定时间生长后颜色转深，再进一步发育为具有次生结构的输导根，随着年龄增大而逐渐加粗变成骨干根或半骨干根，主要担负着水分、营养物质的输导任务，并具有固定作用和吸收能力。

在生长根和输导根生长与逐步形成过程中，根系不断延长和扩大生长，生长根上大量形成侧分枝，数量庞大、体积细小、具有高度生理活性，成为白色初生结构的吸收根，是石榴根系从土壤中吸收水分和营养物质的最主要部位。吸收根数量多，寿命比生长根短。吸收根的多少与石榴树的营养状况密切相关。

石榴根系的根毛，也是根系吸收养分和水分的主要部位，根毛数量庞大，主要位于根系的吸收区，但寿命很短。

（三）根系的分布

1. 垂直分布

石榴根系分布较浅，其分布与土层厚度有关，土层深厚的地方，其垂直根系地下较深，而在土层薄、多砾石地方垂直根系地下较浅。据冯玉增（1991）进行的根系调查（表3-1），在沙区，骨干根和须根主要分布在0～60 cm深的土层中，半骨干根主要分布在0～80 cm深的土层中。累计根量以0～60 cm深的土层中分布最集中，占总根量的82.2%以上。垂直根深度达180 cm，树冠高：根深比为3：2，冠幅：根深比亦为3：2。如果将石榴垂直根系分区，可以分为3个区：第一区"上层多根区"，其范围为0～60 cm处，水热条件比较充足，为耕作层，根系分布总量占整个垂直剖面的82.2%；第二区为"心土少根区"，为土壤剖面的"犁底层"，其范围是地表以下60～100 cm处，根系分布量占12.8%；第三区为"根系深层分布区"，其范围在地表100 cm以下，其根量极少，仅占总根量的5%。

表3-1　石榴根系垂直分布（冯玉增，1991）

深度（cm）	骨干根（g）		半骨干根（g）		须根（g）		合计	
	湿重	%	湿重	%	湿重	%	湿重	%
0～20	98.3	44.9	91.6	27.5	73.2	27.5	263.1	32.1
21～40	62.2	28.4	73.1	21.9	86.3	32.4	221.6	27.1
41～60	58.5	26.7	57.0	17.1	72.6	27.2	188.1	23.0
61～80	—	—	40.8	12.3	25.3	9.5	66.1	8.1
81～100	—	—	29.1	8.7	9.1	3.4	38.2	4.7
101～120	—	—	16.8	5.1	—	—	16.8	2.1
121～140	—	—	10.1	3.0	—	—	10.1	1.2
141～160	—	—	9.4	2.8	—	—	9.4	1.1
161～180	—	—	5.2	1.6	—	—	5.2	0.6
合计	219.0	100.0	333.1	100.0	266.5	100.0	818.6	100.0

注：①品种为白花重瓣石榴，定植8年，无性繁殖苗。②树高2.75 m，冠幅2.7 m，最大干周19 cm。

2. 水平分布

石榴根系在土壤中的水平分布范围较小（表3-2），其骨干根主要分布在冠径0～60 cm范围内，半骨干根主要分布在冠径100 cm范围内，而须根的分布范围在20～120 cm处，累计根量分布范围为0～120 cm，占总根量的90%以上，冠幅：根幅为1.3：1，冠高：根幅为1.25：1，即根系主要分布在树冠内土壤中。

表 3-2 石榴根系水平分布（冯玉增，1991）

深度（cm）	骨干根（g）		半骨干根（g）		须根（g）		合计	
	湿重	%	湿重	%	湿重	%	湿重	%
0～20	122.5	39.7	80.5	21.9	25.7	8.7	228.7	23.5
21～40	86.5	28.0	58.2	15.9	33.3	11.3	178.0	18.3
41～60	38.5	12.4	54.4	14.8	45.1	15.2	138.0	14.2
61～80	25.0	8.1	51.2	14.0	50.0	16.9	126.2	13.0
81～100	21.5	7.0	46.0	12.5	52.8	17.8	120.3	12.4
101～120	11.3	3.6	35.6	9.7	39.6	13.4	86.5	8.9
121～140	3.6	1.2	17.5	4.8	24.6	8.3	45.7	4.7
141～160	—		12.1	3.3	17.0	5.7	29.1	3.0
161～180	—		11.5	3.1	6.2	2.1	17.7	1.8
181～200	—				1.7	0.6	1.7	0.2
合计	308.9	100.0	367.0	100.0	296	100.0	971.9	100.0

注：①品种为铁皮石榴，8年生，无性繁殖苗。②树高2.5 m，冠幅2.6 m，最大干周30 cm。

二、茎和枝

（一）茎和枝的形态

石榴为落叶灌木或小乔木，主干不明显。树干及大的干枝多向一侧扭曲，有散生瘤状突起。石榴是多枝树种，冠内枝条繁多，交错互生，没有明显的主侧枝之分。枝条多为一强一弱对生，少部分为一强两弱或两强一弱轮生。嫩枝柔韧有棱，多呈四棱形或六棱形，先端浅红色或黄绿色，随着枝条的生长发育，老熟后棱角消失近似圆形，逐渐变成灰褐色。自然生长的树形有近圆形、椭圆形、纺锤形等，枝条抱头生长，扩冠速度慢，内膛枝衰老快，易枯死，坐果性差。

（二）根蘖

石榴根基部容易发生不定芽而形成根蘖。根蘖主要发生在石榴树基部距地表5～20 cm处的入土树干和靠近树干的大根基部，由根蘖萌芽形成旺盛的徒长枝。单株多者可达50个以上甚至上百个，并可在一次根蘖上发生多个二次、三次及四次根蘖，一次根蘖旺盛、粗壮，根系较多，二年生长度可达2.5 m以上，径粗1 cm以上，二三次根蘖生长依次减弱，根系较少。石榴枝条生根能力较强，将树干基部裸露的新生枝条培土后，基部即可生出新根。一些丛生树干若截去一两个树干后，其树桩上可生出丛生枝条，经培土后都可生出新根。石榴的这种生根特性为压条繁殖和扦插繁殖及树体更新提供了有利条件。根蘖苗可作为繁殖材料直接定植到果园中。生产上大量根蘖苗丛生在树基周围，不但通风不良，还耗损较多树体营养，对石榴树生长结果不利，应及时清除。

（三）徒长枝

石榴树易发生徒长枝，一年内即可生长1～2 m，径粗达1 cm以上，多直立生长，是石榴树上长势旺盛的枝。在强的徒长枝的中上部，各节腋芽多发生二次枝或三次枝，轮生或对生，二三次枝长势逐渐减弱，和主枝几乎成直角生长。徒长枝由于其长势旺盛，分枝多，使冠内枝条交错互生，容易密蔽，导致通风透光不良，且消耗大量养分，扰乱树形，对开花坐果不利。在二次枝上有二次开花现象，是整形修剪的重点（图3-2）。

三、芽

石榴芽可为3种，即顶芽、腋芽和混合芽。顶芽位于枝条的顶端，在生长季节里可以延长生长，无刺品种在冬季往往冻死，而有刺品种一般无顶芽，秋末冬初顶端形成针刺。腋芽瘦小，扁三角形，位于叶腋间，芽的颜色随萌动开始变化，由紫红色（红花品种）或灰白色（白花品种）变为浅红色或浅绿色，冠径的扩大和树体的增高，主要靠强的腋芽发育生长。如果当年营养充足，条件适宜，顶芽或腋芽可形成混合芽，翌年抽生结果枝结果，如果条件不适宜，仍为叶芽，翌年生长为营养枝（图3-3）。

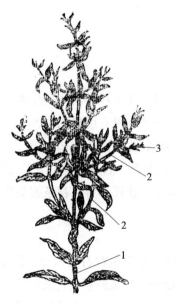

图3-2　石榴的徒长枝

1.徒长枝（一次枝）2.二次枝　3.三次枝

图3-3　石榴枝和芽（落叶状态）

1.短枝　2.结果母枝　3.发育枝　4.二次枝
5.结果痕　6.徒长枝　7.叶芽　8.混合芽

四、叶

（一）叶片的功能和颜色

叶是行使光合作用制造有机营养物质的器官。石榴不同时期的叶片大小、颜色、形状有所不同。一般石榴叶片呈倒卵圆形或长披针形，全缘，先端圆钝或微尖，叶形的变化随着品种、树龄及枝条的类型、年龄、着生部位等而不同。叶片质厚，叶脉网状（图 3-4）。

图 3-4　石榴叶片及叶脉形状
（冯玉增，1991）

幼嫩叶片的颜色因品种不同而分为浅紫红色、浅红色、黄绿色 3 色，其幼叶颜色与生长季节也有关系，春季气温低幼叶颜色一般较深，而夏、秋季幼叶相对较浅，成龄叶深绿色，叶面光滑，叶背面颜色较浅无茸毛，也不及正面光滑。

（二）叶片着生方式

一年生枝条叶片多对生；强的徒长枝上 3 片叶多轮生，3 片叶大小基本相同，也有 9 片叶轮生现象，每 3 片叶一组包围 1 个芽，其中，中间位叶较大，两侧叶较小；叶腋间有 1 个腋芽，但芽较瘦小，偶有叶片互生现象。二年生及多年生枝条上的叶片生长不规则，多 3~4 片叶包围一芽，轮生，芽较饱满，轮生的叶片大小不同，一般有 1~2 片，较小。

（三）叶片的大小和重量

1. 叶片的大小

因品种、树龄、枝龄的不同而有差别，白花重瓣品种叶片较大，最大长×宽为 11.04 cm×2.66 cm，而大红甜品种叶片较小，最大长×宽为 7.82 cm×2.22 cm（表 3-3）。幼龄树、一年生枝叶片较大，老龄树和多年生枝上叶片较小。观赏类品种如月季石榴等叶片更小。

表 3-3　石榴不同品种叶片的大小（冯玉增，1991）

项目	白花重瓣	红花重瓣	大白甜	大红甜
最大长（cm）	11.04	8.74	8.96	7.82
最大宽（cm）	2.66	2.52	2.26	2.22

2. 叶片的重量

叶片的重量与叶片大小呈正相关，以大白甜、大红甜品种为例，正常生长的叶片，平均单叶重（从枝顶端四叶以下测出）鲜重 0.079~0.14 g，干重 0.038~0.07 g，叶片的重量对生产有一定影响，若以百叶重计算（以大白甜品种为例，表 3-4），树冠外围的叶较重，树冠内部的叶较轻；一年生枝条的叶较重，二年生枝条的叶较轻；坐果大的叶较重，坐果小的叶片轻；坐果枝叶重，坐果枝对生的未果枝叶轻。石榴树主要是外围坐果，外围叶重，光合能力自然强，有利于果实增重；坐果大的叶片重及坐果枝叶片重与植物营养就近向生长库供应的生物特性有关，即保证生殖生长。所以在栽培技术上采取措施来提高叶片质量，可达到树体健壮、结果良好的目的。

表 3-4　石榴的百叶鲜重（冯玉增，1991）

项目	叶片部位		枝龄（外围）		坐果大小		果枝与营养枝	
	二年生枝外围	二年生枝内膛	一年生枝叶	二年生枝叶	重百克以上	重50 g以下	果枝叶	对生未果枝叶
百叶鲜重（g）	16	13	19	16	13.8	13.4	12.1	10.7

五、花

（一）花器构造

1. 花器的基本构造

石榴花为子房下位的两性花。发育正常的石榴花花器的最外一轮为花萼，花萼内壁上方着生花瓣，中下部排列雄蕊，花器官中间是雌蕊。萼片5～8裂，多5～6裂，联生于子房，肥厚宿存，石榴成熟时萼片有圆筒状、闭合状、喇叭状或萼片反卷紧贴果顶等几种方式，其色与果色近似，一般较淡。萼片形状是石榴品种分类的重要依据，同一品种萼片形状基本是固定的，但也有例外，即同一品种、同一株树由于坐果期早晚不同，萼片形状有多种，如大白甜石榴，萼片形状因坐果早、中、晚，分为闭合状、圆桶状和喇叭状3种；同一品种，因产地的不同、自然生态条件的不同，萼筒成熟时的形状也不同，如突尼斯软籽石榴品种，在河南西部产区，果实成熟时萼筒多呈筒状，而在云南、四川产区则多为闭合状（图3-5）。

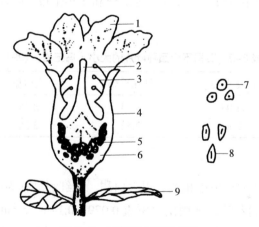

图 3-5　石榴完全花的构造

1.花瓣　2.雌蕊　3.雄蕊　4.萼筒　5.心皮　6.花托　7.花粉粒　8.胚珠　9.托叶

2. 花冠颜色

石榴的花冠由数目不等的花瓣组成，其色有鲜红、乳白、浅紫红等三基色。红花重瓣品种随花瓣展开，由原来的鲜红色逐渐变化为红瓣脉白瓣膜，极具观赏价值，瓣质薄而有皱褶。一般品种花瓣与萼片数相同，一般 5～8 枚，多数 5～6 枚，在萼筒内壁呈覆瓦状着生。一些重瓣花品种花瓣数多达 23～84 片，花药变花冠形的多达 92～102 片，花瓣数及颜色也是石榴品种分类的重要依据。

3. 雌蕊

花冠内有一个雌蕊，居于花冠正中，花柱长 10～12 mm，略高、同高或低于雄蕊；雌蕊初为红色或淡青色，成熟的柱头圆形具乳状突起，上有茸毛（图 3-6）。

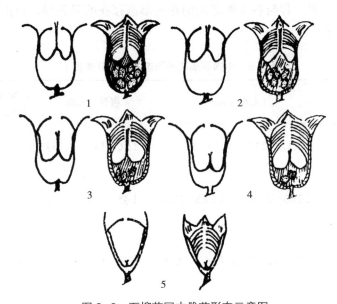

图 3-6　石榴花冠内雌蕊形态示意图

1. 雌蕊高于雄蕊　2. 雌、雄蕊相平　3. 雌蕊退化 1/3　4. 雌蕊退化 1/2　5. 雌蕊完全退化

4. 雄蕊

雄蕊花丝多为红色或黄白色，成熟花药及花粉金黄色（彩图 3-1）。花丝长为 5～10 mm，着生在萼筒内壁上下，下部花丝较长，上部花丝较短，使花药在萼筒内呈“﹀”形，稍低且包围在花柱周围（两性完全花）。花药数因品种不同差别较大，一般 130～390 枚不等，一般花瓣 5～8 片的单瓣花品种花药为 260～330 枚。同一品种花性不同，花药数不同，一般单瓣花品种的完全花花药数 300～330 枚，多于败育花花药数 260～270 枚；而重瓣花品种的花药数在完全花和败育花两种花中差别较大，为 130～390 枚，完全花与败育花花药数与一般单瓣花品种正好相反，其完全花花药数（130～300 枚）少于败育花花药数（350～390 枚）。

5. 花药

石榴的花药由 4 个花粉囊组成，每个花粉囊形成单列的孢原细胞。药壁的发育方式为双子叶型，由 5 层细胞组成，即表皮层、纤维层、中层（2 层）和腺质绒毡层。小孢子四分体呈四面体型，亦见两侧对称型，小孢子母细胞减数分裂时，胞质分裂基本为同时型。正常花粉粒为两细胞型，有异常 4 核花粉和异常连体花粉，可能是树体长期营养不良和花芽发育期间短期低温刺激的综合作用。

据赵先贵等对中国石榴科花粉形态特征研究，石榴的花粉形态为圆球形至长球形，其大小值变化范围为极轴 × 赤道轴为（7.0～31.3）μm ×（6.0～23.0）μm，极轴与赤道轴的比值为 1.0～1.71；3 孔沟，极面观为三裂圆形，内孔明显或不明显，其孔径变幅为 1～5 μm；外壁的厚度变化为 1～2.2 μm，分为厚度相等的内外两层；在扫描电镜下观察，表面凹凸不平。种与各变种之间的花粉形态存在明显差异，是孢粉学分类的重要依据，见表 3-5。

表 3-5 中国石榴花粉形态特征（赵先贵）

分类单位	大小（μm）	极轴/赤轴	外壁厚（μm）	孔径（μm）
石榴（*P.granatum* L.）	（23.8～29.3）×（18.8～23）	1.16（1.06～1.56）	1.3～2.0	2.0～4.0
白石榴（*P.granatum* 'Albescens' DC.）	（21.3～23.8）×（14.5～17.5）	1.45（1.31～1.59）	1.3～2.2	1.0～2.0
重瓣白花石榴（*P.granatum* 'Multiplcx' Sweet）	（23.8～27.5）×（16.3～22.5）	1.28（1.11～1.54）	1.5～2.0	3.0～5.0
千瓣红花石榴（*P.granatum* 'Flore Plena'）	（7.0～22.8）×（6.0～22.5）	1.41（1.00～1.71）	1.0～2.0	1.0
玛瑙石榴（*P.granatum* 'Lagrellet' Vanhoutte）	（8.8～31.3）×（8.8～20）	1.30（1.00～1.56）	1.0～2.0	1.0
月季石榴（*P.granatum* 'Nana'）	（22.5～27.3）×（18～22.5）	1.24（1.12～1.48）	1.1～1.8	1.2～4.2
重瓣月季石榴（*P.granatum* L.var.*nanapers*）	（23.8～27.5）×（18～22.5）	1.22（1.11～1.53）	1.2～1.8	3.0～5.0

尹燕雷等利用日立 S-570 扫描电镜对山东省 20 个石榴（*Punica granatum*）品种花粉的亚微形态特征观察结果见图 3-7。

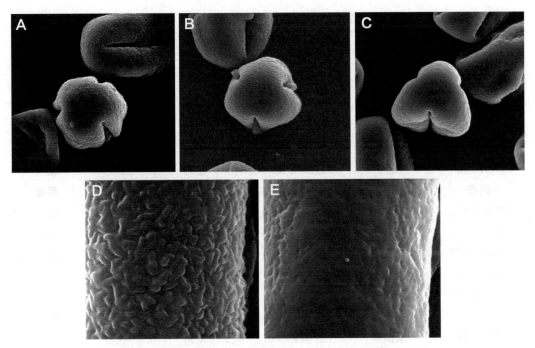

图 3-7 扫描电镜下石榴品种花粉的形态特征观察（尹燕雷）

注：A. 三裂圆形，孔膜不突 B. 三裂圆形，孔膜外突 C. 三角形 D. 粗疣 E. 细疣

花粉粒赤道面观大都呈长球形（极轴/长赤道轴为 1.29～1.96）。极面观呈两种类型：①三裂圆形，品种有泰山红、青皮马牙甜、小青皮酸、粉红单瓣、粉红重瓣、牡丹石榴、青皮大籽、谢花甜。在三裂圆形中，又分孔膜不突（如泰山红、青皮马牙甜、粉红重瓣、青皮大籽）和孔膜外突（如小青皮酸、粉红单瓣、牡丹石榴、谢花甜）两种。②三角形，极面观 3 条萌发沟以等间距分布，沟长且裂至两极，品种有三白甜、冰糖冻、三白酸、红皮马牙甜、怀远玉石籽、怀远青皮甜、大红皮甜、大红皮酸、大青皮甜、大青皮酸、小红皮甜、岗榴。

20 个石榴品种花粉表面纹饰的基本类型为疣状突起，但表面纹饰的疣状突起又分为两种类型：①细疣颗粒状纹饰，不规则块状突起，花粉表面比较平滑，有颗粒状突起，颗粒分布均匀，品种有大红皮酸、粉红重瓣、谢花甜、小红皮甜、小青皮酸、红皮马牙甜、青皮马牙甜、怀远玉石籽、怀远青皮甜。②粗疣颗粒状纹饰，表面粗糙，由不规则的块状突起组成，颗粒突起清晰，分布不均匀，品种有大红皮甜、大青皮酸、大青皮甜、粉红单瓣、泰山红、三白甜、冰糖冻、三白酸、牡丹石榴、青皮大籽、岗榴。

20 个石榴品种花粉粒大小有差异，花粉粒最大的是大青皮甜 28.57 μm×17.66 μm，最小的为冰糖冻 23.08 μm×14.03 μm（表 3-6）。

表 3-6　石榴品种的花粉形态特征

品种	花粉形状	花粉粒大小（μm）	极轴 / 赤道轴	孔膜形态	疣状突起
三白甜	三角形	24.75 × 14.75	1.68	不突	粗疣
冰糖冻	三角形	23.08 × 14.03	1.64	不突	粗疣
三白酸	三角形	24.10 × 13.85	1.74	不突	粗疣
大红皮甜	三角形	25.97 × 15.45	1.68	不突	粗疣
大青皮甜	三角形	28.57 × 17.66	1.61	不突	粗疣
大青皮酸	三角形	25.26 × 16.45	1.54	不突	粗疣
岗榴	三角形	25.71 × 16.10	1.59	不突	粗疣
红皮马牙甜	三角形	23.16 × 15.00	1.54	不突	细疣
怀远玉石籽	三角形	25.89 × 15.13	1.71	不突	细疣
怀远青皮甜	三角形	27.18 × 19.74	1.37	不突	细疣
大红皮酸	三角形	25.79 × 17.11	1.51	不突	细疣
小红皮甜	三角形	26.75 × 15.32	1.75	不突	细疣
泰山红	三裂圆形	27.89 × 15.53	1.80	不突	粗疣
青皮大籽	三裂圆形	25.64 × 13.07	1.96	不突	粗疣
牡丹石榴	三裂圆形	24.10 × 18.70	1.29	外突	粗疣
粉红单瓣	三裂圆形	26.75 × 15.06	1.78	外突	粗疣
粉红重瓣	三裂圆形	23.85 × 15.64	1.52	不突	细疣
青皮马牙甜	三裂圆形	23.59 × 15.13	1.56	不突	细疣
小青皮酸	三裂圆形	25.45 × 15.73	1.62	外突	细疣
谢花甜	三裂圆形	23.33 × 15.13	1.54	外突	细疣

（二）花序类型

石榴无论顶生还是腋生均为有限的聚伞花序，花序的发生属于假二歧分枝，中心花首先发育，接着是侧位花发育。其花蕾着生方式为：在结果枝顶端着生 1～9 个花蕾不等，品种不同，着生的花蕾数不同，同一品种花蕾着生方式也有较大差异，其着生方式也多种多样（图 3-8）。

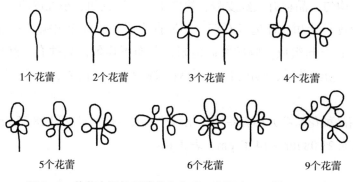

图 3-8　花蕾在果枝顶端着生方式示意图（冯玉增，1991）

石榴中 7、8、9 个花蕾的着生方式较多，但有一个共同点：即中间位蕾一般是两性完全花，发育得早且大多数成果，侧位蕾较小而凋萎，也有 2～3 个发育成果的但果实较小。生产上疏蕾、疏花对调节树体营养、减少消耗、提高坐果率和果重有一定意义（彩图 3-2）。

六、果实

石榴果实由下位子房发育而成，成熟果实球形或扁圆形；皮为青色、黄色、红色、黄白色等；果底平坦或尖尾状或有环状突起，萼片肥厚宿存；果皮厚 1～3 mm。富含单宁，不具食用价值，果皮内包裹着由众多籽粒，聚居于多心室子房的胎座上，室与室之间以竖膜相隔；每果内有籽核 100～700 粒，同一品种同株树上的不同果实，其内子房室数、籽粒数不因坐果早晚、果实大小有大的变化，基本恒定，而粒重却是随着坐果期推迟、果实变小而降低。

还有一种俗称为"哑巴石榴"的品种，果瘦长椭圆形，外形发育正常，但无籽粒（空子房）或很少几粒，由富含单宁的果皮和横隔膜及胎座填充其内，只作种质资源和水土保持树种保存。

七、种子

石榴是多籽树种，一般品种果实内含种子（籽粒）几百粒，籽粒呈多角体，食用部分为肥厚多汁的外种皮，成熟籽粒分乳白色、紫红色、鲜红色，由于其可溶性固形物成分含量有别，味分甜、酸甜、涩酸等；内种皮形成种核，有些品种核坚硬（木质化），而有些品种核硬度较低（革质化），成为可直接咀嚼的软籽类品种。籽粒一般在发育成熟后才具有食用价值，其可溶性固形物含量也由低到高，但在河南开封发现一种被当地群众称为"落花红甜石榴"品种，特早熟，籽粒刚发育不久即具有食用价值。品种不同含仁率不同，铁皮石榴含仁率 85% 以上，大红甜品种 90% 以上，同一品种同一株树上由于坐果时间不同，含仁率也有差别，坐果早的含仁率高，坐果晚的含仁率低，如大红甜品种 6 月 9 日开花坐的果含仁率 95%，而 7 月 2 日开花坐的果含仁率 91%。因果实内有一部分籽粒发育不良，其种仁也发育不好。籽粒颜色比皮色颜色单调些（彩图 3-3）。

石榴籽粒因种核（内种皮）木质素含量的不同，表现为籽核硬度的不同，石榴籽粒硬度为数量性状遗传，与内种皮木质素含量呈正相关。巩雪梅等用 YD-1 型果实硬度计，测定石榴籽核硬度，将石榴籽核硬度划分为软籽（籽核硬度 < 3.67 kg/cm²）、半软籽（籽核硬度 3.67～4.20 kg/cm²）和硬籽（籽核硬度 > 4.20 kg/cm²）3 类；安广池等用 GW-1 型谷物硬度计测定籽核硬度，将石榴石榴籽核硬度划分为软籽（籽核硬度 0～4.5 kg/cm²）、半软籽（籽核硬度 4.6～7.5 kg/cm²）、普通硬籽（籽核硬度 7.6～10.5 kg/cm²）、硬籽（籽核硬度 > 10.6 kg/cm²）4 类；Melgarejo 等利用石榴籽核中纤维含量，按从软到硬的顺序，将石榴籽核硬度按 1～10 分打分，并将石榴品种分为软籽、半硬籽、硬籽石榴。石榴籽核硬度性状不同品种间差异显著，而且同一品种、同一株树不同部位籽核硬度也有差异，其中树冠北面及内膛果实籽核较软，南面与西面果实籽核较硬，东面果实籽核硬度居中。

测定仪器不同，籽核硬度测定数值也不同。

第二节　石榴的生物学特性

一、石榴的生命周期

石榴在其整个生命过程中，存在着生长与结果、衰老与更新、地上部与地下部、整体与局部等矛盾。其生长表现在解剖形态上是细胞、组织和器官数量的增加与体积的增大。起初是树体（地上部与地下部）旺盛的离心生长，随着树龄的增长，同化作用和代谢作用的水平和方向发生变化。由于各器官所处的部位不同，部分枝条的一些生长点开始转化为生殖器官而开花结果。随着结果数量的不断增加，大量营养物质便由同化器官转向果实和籽核，从整体上改变了生长与结果的消长关系，此时，生长趋于缓慢，生殖占据优势，衰老也随之增加。由于部分枝条和根系的死亡引起局部更新，逐渐进入整体衰老更新过程。所以在生产上，根据石榴树一生中生长发育的规律性变化，将其一生划分为 5 个年龄时期，即幼树期、结果初期、结果盛期、结果后期和衰老期（图 3-9）。

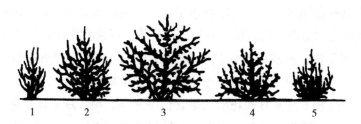

图 3-9　石榴树的生命周期

1. 幼树期　2. 结果初期　3. 结果盛期　4. 结果后期　5. 衰老期

（一）石榴树的生命周期

1. 幼树期

幼树期是指从苗木定植到开始开花结果，或者从籽核萌发到开始开花结果。此期一般无性繁殖苗（扦插、分蘖苗等）2 年开花结果，有性繁殖苗 3 年开始开花结果。

这一时期的特点是：以营养生长为主，树冠和根系的离心生长旺盛，开始形成一定的树形；根系和地上部生长量较大，光合和吸收面积扩大，同化物质积累增多，为首次开花结果创造条件；年生长期长，具有3次（春、夏、秋）生长，但往往组织不充实，而影响抵御灾害（特别是黄淮地区的冬季冻害）的能力。

管理上，要从整体上加强树体生长，扩穴深翻，充分供应肥水，轻修剪多留枝，促根深叶茂，使尽快形成树冠和牢固的骨架，为早结果、早丰产打下基础。

石榴生产中多采用营养繁殖的苗木，阶段性已成熟，亦即已具备了开花结果的能力，所以定植后的石榴树能否早结果，主要在于形成生殖器官的物质基础是否具备，如果幼树条件适宜，栽培技术得当，则生长健壮、迅速，有一定树形的石榴树开花早且多。

依据河南封丘县园艺站早期丰产试验，三年生幼树平均树高达 2.3 m，冠幅 2.6 m×2.9 m，株产可达 6 kg。李云联等早期丰产试验，栽植密度 3 m×4 m，定植翌年开花结果，第三年产量 6 400 kg/hm²，第四年为 11 250 kg/hm²，第五年 22 100 kg/hm²。

2. 结果初期

从开始结果到有一定经济产量为止，一般树龄 5～7 年。实质上是树体结构基本构成，前期营养生长继续占优势，树体生长仍较旺盛，树冠和根系加速发展，是离心生长的最快时期。随着产量的不断增加，地上地下部生长逐渐减缓，营养生长向生殖生长过渡并渐趋平衡。

结果特点是：单株结果量逐渐增多，而果实初结小，渐变大，趋于本品种果实固有特性。

管理上，在运用综合管理的基础上，培养好骨干枝，控制利用辅养枝，并注意培养和安排结果枝，促进树冠加速形成。

3. 结果盛期

从有经济产量起经过高额稳定产量期到产量开始连续下降的初期为止，一般可达 60～80 年。

其特点是：骨干枝离心生长停止，结果枝大量增加，果实产量达到高峰，由于消耗大量营养物质，枝条和根系生长都受到抑制，地上（树冠）地下（根系）亦扩大到最大限度。同时，骨干枝上光照不良部位的结果枝，出现干枯死亡现象，结果部位外移；树冠末端小枝出现死亡现象，根系中的末端须根也有大量死亡。树冠内部开始发生少量生长旺盛的更新枝条，向心更新。

管理上，运用好综合管理措施，抓好 3 个关键：一是充分供应肥水；二是合理地更新修剪，均衡配备营养枝、结果枝和结果预备枝，使生长、结果和花芽形成达到稳定平衡状态；三是坚持疏蕾疏花疏果，得到均衡结果目的。

4. 结果后期

从稳产高产状态被破坏，到产量明显下降，直到产量降到几乎无经济效益为止，一般有 10～20 年的结果龄。

其特点是：新生枝数量减少，开花结果消耗养分多，而末端枝条和根系大量衰亡，导致同化作用减弱；向心更新增强，病虫害多，树势衰弱。

管理上，疏蕾花疏果保持树体均衡结果；果园深翻改土，增施肥水，促进根系更新，适当重剪回缩，利用更新枝条延缓衰老。由于石榴蘖生能力很强，可采取基部高培土的办法，促进蘖生苗的形成生长，以备老树更新。

5. 衰老期

从产量降低到几乎无经济收益时开始，到大部分枝干不能正常结果以至死亡时为止。

其特点是：骨干枝、骨干根大量衰亡。结果枝越来越少，老树不易复壮，利用价值已不太大。

管理上，将老树树干伐掉，加强肥水，培养蘖生苗，自然更新。须提前做好更新准备，在老树未伐掉前，更新的蘖生苗即可挂果。

石榴树各个年龄时期的划分，反映着树体的生长与结果、衰老与更新等矛盾互相转化的过程和阶段，各个时期虽有其明显的形态特征，但又往往是逐步过渡和交错进行的，并无明显的界限，而且各个时期的长短也因品种、苗木（实生苗、营养繁殖苗）、立地条件、气候因子及栽培管理条件而不同。

（二）石榴树的寿命

石榴树的寿命正常情况下在 100 年左右，甚至更长，在河南开封有 240 年的大树（经 2～3 次换头更新）。另据西藏自治区农牧科学院调查，该区有 100～200 年生的大树；山东枣庄峄城区石榴园保存有 400 余年生大树。有性（籽核）繁殖后代易发生遗传变异，不易保持母体性状，但寿命较长；无性繁殖后代能够保持母体的优良特性，但寿命比有性繁殖后代要短些。

石榴树"大小年"现象，没有明显的周期性，但树体当年的载果量、修剪水平、病虫为害及树体营养状况等都可影响翌年的坐果。

加强管理，合理修剪及施肥浇水，控制载果量，可以有效地避免石榴树产量年度间高低大幅度变化，达到高产稳产的目的。

二、石榴的年生长发育

（一）根系在年周期内的生长动态

黄淮产区，石榴根系在春季的 3 月上中旬，当旬 30 cm 地温稳定通过 8℃左右时，开始活动。

据对定植 3 年的大红甜品种，采用定期取根法观察的结果，石榴根系在一年内有 3 次生长高峰（图 3-10）：第一次在 5 月 15 日前后达最高峰，第二次在 6 月 25 日前后，第三次在 9 月 5 日前后。从 3 个峰值看地上地下生长存在着明显的相关性。5 月 15 日前后地上部开始进入初花期，枝条生长高峰期刚过，处在叶片增大期，需要消耗大量的养分，根系的高峰生长有利于扩大吸收营养面，吸收更多营养供地上所需，为大量开花坐果做好物质准备，以后地上部大量开花、坐果，造成养分大量消耗，根据植物体内有机物的运输规律，有机物优先供应给"代谢库"——生殖器官，而抑制了地下生长。6月25日前后大量开花结束进入幼果期，又出现一次根的生长高峰，当第二次峰值过后，根系生长趋于平缓，吸收营养主要供果实生长。第三次生长高峰出现正值果实成熟前期，此期与保证果实成熟、果实采收后树体积累更多养分及安全越冬有关。随着落叶和地温的下降，根系生长越来越慢，至12月上旬旬30 cm地温稳定通过8℃左右便停止生长，被迫进入休眠。在年周期生长中，根系活动明显早于地上部活动，即先发根后萌芽。

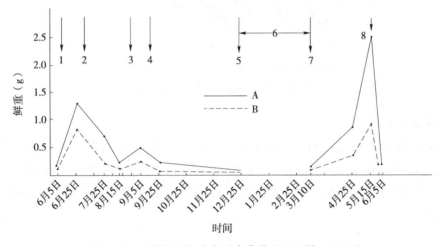

图3-10　石榴根系年生长动态曲线（冯玉增，1988）

A. 输导根　B. 吸收根

1. 开花盛期　2. 开花末期　3. 果实成熟前期　4. 果实成熟期　5. 根系停止活动
6. 根系被迫休眠期　7. 根系开始活动　8. 初花前期

（二）干与枝的生长

1. 干的生长

据对定植3年的大红甜和大白甜品种的地径生长进行连续观测，石榴树干径粗生长从4月下旬开始，直至9月15日前后一直为增长状态，大致有3个生长高峰期，即5月5日前后、6月5日前后和7月25日前后，进入9月后生长明显减缓，直至9月底，径粗生长基本停止（图3-11）。

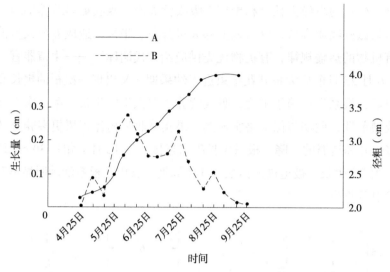

图 3-11　石榴树干径粗年生长曲线（冯玉增，1988）

A.径粗增长曲线　B.径粗生长动态

2. 枝条的生长

对大红甜品种和大白甜品种强枝和弱枝的长度生长量调查（图3-12），其生长曲线高峰值出现在5月5日前后，4月25日至5月5日生长最快，10 d平均净生长6.27 cm，5月15日后生长明显减缓，至6月25日后春梢基本停止生长，此时石榴进入盛花期。

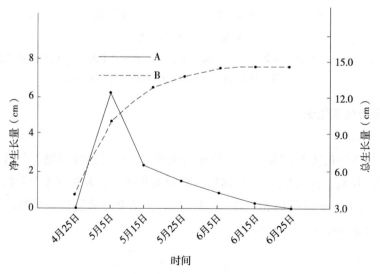

图 3-12　石榴枝条长度年生长曲线（冯玉增，1988）

A.生长动态　B.增长曲线

定位观测的15个枝条中2个顶端形成花蕾，占13.3%，4个顶端停止生长，占

26.7%，均没有夏、秋生长。对整个果园观测，石榴枝条的夏、秋生长不是所有枝条上都发生，只有一小部分徒长枝进行，因而不同品种、同品种不同树的载果量不同，其夏、秋梢生长的比例也不同，白花重瓣和红花重瓣品种及载果量小、树体生长健壮的，其夏、秋梢生长得多且生长量大；而一般花瓣数品种（如大红甜、大白甜品种，花瓣数5～8片）和树体生长不及载果量大的，其夏、秋梢生长量小或整株树没有夏、秋梢生长。夏梢生长始于7月上旬，秋梢生长始于8月中下旬。

（三）芽的生长

春梢顶部的芽停止生长后，一部分顶端不再生长，冬季干死，少部分顶端形成花蕾，而在基部多形成刺枝；个别夏梢顶端的芽可形成花蕾开花；而秋梢停止生长后，顶端多形成针刺，刺枝或针刺枝端两侧各有一个侧芽，条件适合时发育生长以扩大树冠和树高。刺枝和针刺的形成有利于枝条的安全越冬。

（四）叶的生长

春季石榴叶片从萌芽到展叶需10 d左右，展叶后叶片逐渐生长、定型，大约需30 d，但在生长旺盛期，这个时间大为缩短。叶片的生长速度受树体营养状况、肥水条件、叶片着生部位及生长季节影响很大。正常情况下，一般一片叶的功能期（春梢叶片）可达180 d左右；夏、秋梢叶片的功能期相对缩短。生产上应控制肥水，保证叶片健壮生长，尽量延长叶片的功能期。

石榴幼嫩叶片的颜色因品种不同而异。有研究者对不同叶色石榴杂种单株叶片色素含量进行了测定和比较。分析结果表明，在生长期间，石榴单株叶绿素、类胡萝卜素和花青素含量的变化影响叶色。不同叶色石榴单株在不同的生长期，其叶绿素和类胡萝卜素含量均存在显著差异，不同叶色石榴单株间花青素含量存在显著差异，叶绿素/类胡萝卜素的值不存在显著差异。

石榴生长期叶片叶绿素含量的比较表明，不同石榴单株在生长期间叶片叶绿素的变化趋势基本一致，生长初期叶绿素含量较低，随后逐渐缓慢升高，最高峰在8—9月，进入秋季逐渐降低。进入生长旺盛期后，叶绿素含量的变化趋势趋于一致，叶片颜色表现也趋于一致。石榴生长期叶片叶绿素/类胡萝卜素值的变化表明，在生长初期不同石榴单株叶片叶色表现明显不同时，叶绿素/类胡萝卜素值差异较明显，后期叶色表现一致时，叶绿素/类胡萝卜素值无显著差异，表明类胡萝卜素是在叶片进入秋季呈现黄色的主要色素。

（五）开花习性

1. 花芽分化

花芽主要由上年生短枝的顶芽发育而成，多年生短枝的顶芽，甚至老茎上的隐芽也能发育成花芽。蔡永立等将安徽怀远主栽品种粉皮石榴花芽分化期分为叶芽期、花蕾分化期、花萼分化期、花瓣分化期、雄蕊分化期、雌蕊分化期、胚珠分化期7个时期。在当地，花芽的形态分化从6月上旬开始，一直到翌年末茬花开放结束，历时

2～10个月不等，既连续，又表现出 3 个高峰期，即当年的 7 月上旬、9 月下旬和翌年的 4 月上中旬。与之对应的花期也存在 3 个高峰期。头批花蕾由较早停止生长的春梢顶芽的中心花蕾组成，花芽分化到花瓣期越冬，翌年 5 月上中旬开花；第二批花蕾由夏梢顶芽的中心花蕾和头批花芽的腋花蕾组成，花芽分化到初萼期越冬，翌年 5 月下旬至 6 月上旬开花，此两批花结实较可靠，决定石榴的产量和质量；第三批花蕾主要由秋梢于翌年 4 月上中旬开始形态分化的顶生花蕾及头批花芽的侧花蕾和第二批花芽的腋花蕾组成，年前处于原基或初前状态越冬，一般不足两个月即可完成花芽分化，于 6 月中下旬，迟到 7 月中旬开完最后一批花。此批花蕾因发育时间短，完全花比例低，果实也小，在生产上应加以适当控制。

石榴花芽形态分化较复杂。李绍稳等对石榴花芽形态分化也进行了较系统研究，将花芽形态分化过程分为：未分化期、分化初期、花萼分化期、花瓣分化期、雄蕊分化期、雌蕊分化期 6 个时期。

观察怀远县七年生大笨子品种材料，在极短枝顶芽上定期（间隔 10 d）采样，每次采 20～30 个芽，用 FAA 液固定。做石蜡切片，厚度 8 μm；番红固绿对染，常规显微摄影。

其花芽形态分化过程如图 3-13 所示。

未分化期（7 月上旬）叶芽生长点狭小，不突出；在生长点范围内细胞体积小，且形状相似；生长点中央区细胞层数少（图 3-13A）。

分化初期（7 月上旬至 8 月上旬）狭小的生长锥开始变宽变平，顶端呈平台状；细胞层数增加，纵向有很大程度的生长（图 3-13B）。

花萼分化期（7 月底至 10 月上旬）生长锥周围产生一圈突起，在图片上为两个乳突（图 3-13C）；中心部分相对向中央凹陷。该分化状态首先在 7 月 29 日的样品中观察到。此后，突起继续生长，顶端向中央内收，并且开始肥大，直至萼片原始体形成（图 3-13D），此为花萼分化后期。最早见于 8 月 30 日样品中。

花瓣分化期（9 月底至翌年 4 月中旬）在花萼内侧有一圈小突起，中间向内凹陷，此即为花瓣原基开始分化（图 3-13E）。而后花芽分化进入缓慢分化期。经过秋冬，直至翌年春天（4 月 1 日左右），花瓣分化才结束（图 3-13F）。

雄蕊分化期（4 月上旬至 5 月下旬）随着越冬芽开始萌发（4 月上旬），可见在小花蕾内，长长的萼筒壁上有一排突起（图 3-13G），此为雄蕊原基，经过 10 d 左右的快速发育，可见四室花粉囊的造孢细胞（图 3-13H）。

雌蕊分化期（4 月中旬至 6 月上旬）原生长锥原基向上突起，说明在刚产生雄蕊原基的同时，雌蕊也开始发育，可见从雄蕊到雌蕊原基的形成，需时较短。雌蕊逐渐形成子房（包括花柱）（图 3-13I），在 5 月 7 日的切样中，倒生胚珠已清晰可见（图 3-13J）。

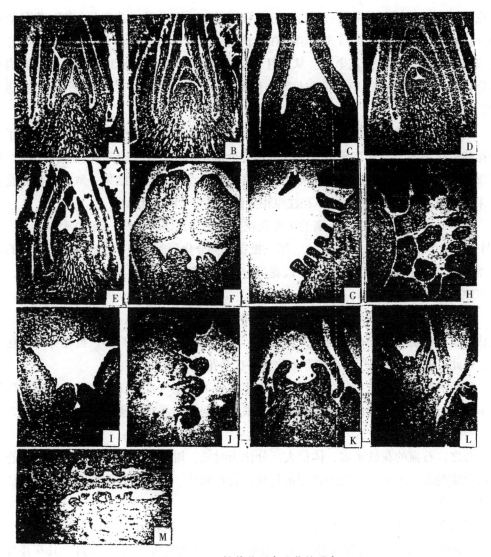

图 3-13 石榴花芽形态分化的观察

A. 未分化期 B. 分化初期 C. 花萼分化期 D. 花瓣分化期 E. 雄蕊分化期 F. 雌蕊分化期 G. 雄蕊原基分化期 H. 造孢细胞分化期 I. 雌蕊原基（心皮原基）分化期 J. 倒生胚珠形成期 K. 第二批花花萼分化期 L. 侧花分化发育期 M. 胚珠发育停止

　　李绍稳等认为，石榴结果新梢有两种类型，一种为极短梢，该梢由极短枝顶芽发育而来，发梢后仅生长 0.2～0.5 cm，1～3 对叶；花顶生，两性，开花最早，属头批花，多数是正常花，可着果，是当年的主要着果花。另一种是长梢，长至 10～15 cm 时着生顶花，两性，多数也能坐果，是第二批花，为当年的次要坐果花。在 5 月 7 日取样切片镜检中发现，在结果梢生长的同时，于顶花的两侧又连续进行侧花的分化（图 3-13L），此为第三批花。因此，第二、第三批花的开花期间隔往往不明显。第三批花大多退化，能坐果的寥寥无几。而第二、第三批花花芽的形态分化较迟。第二批花花芽分化于秋天果实采收后进行，分化程度较浅。有的处于花萼分化期，有的尚在始分化状态。翌年春萌芽后先抽梢，在抽梢的同时继续进行花芽分化。在1个月左右完成花器的发育，并开花坐果。从4月27日的切样中说明，此时第二批花花芽尚处在分化期（图3-13K）。第三批花花萼分化是在抽梢的同时在第二批花的两侧连续进行（图3-13L）。

关于退化花的构造及形成。邵则恭等关于石榴花器构造观察的报道详细介绍了石榴花的退化结构。退化花有不完全退化和完全退化两种。不完全退化花胚珠数少，但经授粉受精能坐果。完全退化花无胚珠。这与李绍稳等观察的结果一致，退化花是在胚珠发育到珠被时停止发育的，花柱也相应停止发育（图3-13M）。

据李绍稳等研究认为，石榴的头批花花芽形态分化历时较长，约10个月，从当年7月上旬至翌年5月上旬。而第二、第三批花花芽分化历时较短，仅有1个多月。石榴花器各部分分化历时差异也很大，以花瓣分化历时较长，并以花瓣分化状态越冬，翌春萌芽后则分化迅速进行。

不少研究者认为，某些果树可能存在两个花芽分化高峰期，一是在初夏，二是在初秋。石榴的花芽也存在这两个分化高峰，而且在翌年仲春还有第三批花芽的分化高峰，因此石榴显现出周年多次花芽分化并多次开花结果现象。

石榴的完全退化花在分化过程中，由于珠被不能正常发育，可能导致大孢子母细胞不能进行正常减数分裂，或胚囊败育，最终引起雌性器官的子房、柱头不能正常发育而萎缩，此时雄蕊依然正常发育，从而形成空的子房室。

总之，石榴的花数量多，体积大，分化历时长，树体必须贮备大量的营养才能分化出优质的花。因此，必须加强肥水管理，合理修剪，特别是夏季修剪，才能保证头批花的正常分化。

石榴花芽分化是很复杂的问题，个别当年形成的二次枝上有花蕾形成，并于8月、9月开花现象。而月季石榴品种，只要温度适宜，从初春可开花至12月，其花芽分化过程更复杂。

花芽分化与温度的关系：石榴原属亚热带果树，花芽分化要求较高的温湿条件，其最适温度为月均温20℃±5℃，低温是花芽分化的限制因素，月均温低于10℃时，花芽分化逐渐减弱直至停止。

根据石榴花芽分化结果，即石榴花发育情况，可分为3种：两性正常花、中间型花和退化花（雄花）（图3-14）。

两性正常花： 花冠较大，花萼尾部（子房）明显膨大，雌蕊粗壮高于雄蕊，解剖后胚珠饱满，易完成受精作用，俗称雌花、果花、葫芦状花。

中间型花： 介于正常花和退化花之间，花冠较大，花萼圆筒状，雌蕊和雄蕊等高或略高，俗称为筒状花、不完全退化花，其解剖发现与正常花相比，胚珠数要少些。这类花若营养充足、授粉良好，也可坐果，正常发育。

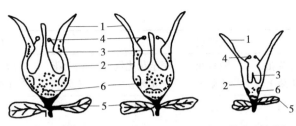

（两性）正常花　　　中间型花　　　退化花（雄花）

图3-14　石榴不同类型花的纵剖面

1.萼片　2.萼筒　3.雌蕊　4.雄蕊　5.托叶　6.心片

退化花（雄花）：花冠小，花萼呈钟状，萼筒呈喇叭形，雌蕊瘦小，明显低于雄蕊、畸形或萎缩至肉眼不可见，只有雄蕊着生于萼筒内侧，雌性器官完全或部分退化，不能完成正常的受精作用而凋落，俗称雄花、狂花。

在新疆的皮亚曼石榴上发现有单性雄花现象，占比仅约0.24%。此类花通常着生于侧位，在花期的中期始现，一般与几朵退化花同时开放。其特点为花萼呈柱形、细长，只有雄蕊着生于萼筒内侧，而无任何雌性器官的痕迹。原因可能是在花芽分化期由于树体营养的分配不均使得雌性器官完全没有分化。据观察一束退化花中并生一朵或两朵单性雄花，未见整束单性雄花的现象。

生产上应充分利用正常花结果，中间型花补充。在满足授粉的前提下，尽早疏除退化花（彩图3-4、彩图3-5、彩图3-6、彩图3-7）。

不同品种其正常和败育花比例不同。大红甜品种总花量大，完全花比例也高，平均为43.9%，即完全花与败育花之比接近4∶5，而大白甜品种总花量虽较少，但完全花比例却较高，平均为50.3%，即两种花之比接近1∶1（表3-7）。而红花重瓣和白花重瓣两品种总花量小，完全花比例也较低，分别为18.9%和8.7%。

同一品种花期前后其完全花和败育花比例不同，大红甜品种完全花比例由前期的76.9%下降到后期的20.3%；而大白甜品种则由83.3%下降到11.1%。两个品种都表现为：盛花期（6月6—10日）完全花的比例较高，占花量的76.9%～83.3%，随着花期推迟，完全花的比例下降，6月21—25日前下降为13.3%～20.3%，6月26日后花量极少，且多为雌性败育花（表3-7）。

表3-7　三年生树龄不同石榴品种开花规律（冯玉增，1991）

日期	大红甜			大白甜		
	完全花（朵）	败育花（朵）	完全花比例（%）	完全花（朵）	败育花（朵）	完全花比例（%）
5月20—31日	3	2	60.0	2	0	—
6月1—5日	0	1	—	10	0	—
6月6—10日	30	9	76.9	35	7	83.3

日期	大红甜			大白甜		
	完全花（朵）	败育花（朵）	完全花比例（%）	完全花（朵）	败育花（朵）	完全花比例（%）
6月11—15日	54	33	62.1	27	21	56.3
6月16—20日	37	55	40.2	14	23	37.8
6月21—25日	13	51	20.3	4	26	13.3
6月26—30日	0	20	0	2	9	18.2
7月1—15日	0	4	0	1	8	11.1
合计	137	175	43.9	95	94	50.3

石榴开花动态较复杂，一些特殊年份由于气候的影响并不完全遵循以上规律，有与之相反的现象，即前期败育花量大，中后期完全花量大，也有前期完全花量大，中期败育花量大，而到后期又出现完全花量大的现象。

影响开花动态的因素很多，除地理位置、地势、土壤状况、温度、雨水等自然因素外，就同一品种的内因而言，与树势强弱、树龄、着生部位、营养状况等有关。树势及母枝强壮的完全花率高；同一品种随着树龄的增大，其雌蕊退化现象愈加严重；生长在土质肥沃条件下的石榴树比生长在立地条件差处的完全花率高；树冠上部比下部、外围比内膛完全花率高。

2. 蕾期与花的开放时间

以单蕾绿豆粒大小可辨定为现蕾，现蕾至开花需5~12 d，春季蕾期由于温度低，经历时间要长，可达20~30 d；簇生蕾主位蕾比侧位蕾开花早，现蕾后随着花蕾增大，萼片开始分离，分离后3~5 d花冠开放。花的开放一般在8时前后，从花瓣展开到完全凋萎，不同品种经历时间有差别，一般品种（花瓣5~8片）需经2~4 d，而重瓣花品种（23片以上）需经3~5 d。另据观察，石榴花的散粉时间一般在花瓣展开的第二天，当天并不散粉。在科研和生产实践中，作杂交或人工辅助授粉时要注意掌握采粉时间。

另据杨尚尚等对泰山红石榴的观察，在山东泰安，泰山红石榴花期一般在5月中下旬至6月中旬，初花期为5月10日左右，盛花期为5月25日左右，末花期为6月15日左右。观察包括两性花（彩图3-8A，彩图3-8B）和不完全花（彩图3-8G，彩图3-8H）；当花朵完全开放时，两性花的柱头约为1.53 cm，高于周围的花药（彩图3-8B），不完全花的柱头约为0.75 cm，低于周围的花药（彩图3-8H）。雄蕊260~300枚，花丝长度0.2~0.7 cm，颜色为红色。

泰山红石榴从开花到萎蔫经历3个形态变化时期：①从花蕾绿豆大小肉眼可辨至萼片刚开裂（彩图3-8C，彩图3-8I），花蕾膨大，花药呈现白色，需8~12 d；②萼片开裂至花瓣完全展开（彩图 3-8D，彩图 3-8J），需 2～3 d，花药呈淡黄色，未散粉。③花瓣完全展开（彩图 3-8E，彩图 3-8K）至完全凋落（彩图 3-8L）或坐果（彩图 3-8F），需 2～3 d，花药开始散粉，随花朵开败，花粉散尽，花药呈干缩，花丝萎蔫，两性花如果授粉成功便能坐果，不完全花则凋落。

据观察，泰山红石榴花的散粉时间一般在花瓣展开的第二天，当天不散粉。花粉散粉集中在 8—17 时（22～30℃，空气相对湿度 25%～40%），花药从开始散粉到散粉完毕一般需要 1～2 d。

3. 石榴的授粉规律

据冯玉增（1988）进行的石榴授粉规律研究，石榴自花、异花都可授粉结果，以异花授粉结果为主。

（1）石榴雄蕊的发育。雄蕊花丝多为红色或黄白色，成熟花药及花粉金黄色。据蔡永立对石榴花药发育及解剖结构的研究，石榴雄蕊数量多，每个成熟花药有 4 个花粉囊。蔡永立采集安徽怀远地方品种"粉皮石榴"为样本，压片采用两种方法：①花药经爱氏苏木精整染、脱水、透明后装片；②花药先经 1 mol/L HCl、60℃离析 30 min 后，醋酸洋红装片，相差显微镜观察并摄影。观察结果见图 3-13。

药壁的发育和小孢子的形成。石榴花芽分化的时间大致可分为年前 2 批和年后 1 批，但雄蕊原基的分化均发生于年后春季芽萌动后，头批花蕾于 4 月上中旬分化出花药和花丝。石榴的雄蕊多数成熟花药有 4 个花粉囊，在幼嫩花药的横切面上，为一团尚未分化的细胞，外层为一层细胞形态大小较一致的表皮细胞，然后在 4 个角隅处表皮内侧各发育出一个孢原细胞（图 3-15A）；孢原细胞平周分裂成两个细胞，外层为周缘细胞，内层为造孢细胞（图 3-15B），周缘细胞再进行一次平周分裂后，再经多次垂周分裂扩展为两层次生周缘层，其中内层细胞较外层细胞发达，包裹在造孢细胞的周围，此时造孢细胞尚未分裂，但已充分发育（图 3-15C）；然后造孢细胞第一次垂周分裂形成两个次生造孢细胞（图 3-15D）。两层次生周缘层细胞再各行一次平周分裂，从而形成四层壁细胞，其中，最外一层细胞发育为纤维层，即药室内壁，中间 2 层发育为中层，最内一层发育为绒毡层，因此，两层次生周缘层的衍生细胞各有一层参与中层的形成，而非中层自身分裂的结果；绒毡层细胞的来源相同，属于同质型绒毡层（图 3-15E）。在药壁发育的同时，次生造孢细胞也不断分裂形成次生造孢组织。在次生造孢组织发育为小孢子母细胞的过程中，中层细胞逐渐解体，结果绒毡层细胞包裹着小孢子母细胞游离在囊中，在小孢子母细胞行将减数分裂，绒毡层最发达（图 3-15F）。随着减数分裂的进行，绒毡层细胞内的营养逐渐被吸收，至四分体形成时，绒毡层的细胞发生明显的退化（图 3-15G）。随着小孢子的发育，绒毡层细胞逐渐解体（图 3-15I），当成熟花粉粒形成时，绒毡层细胞则完全消失（图 3-15J）。在小孢子整个发育过程中，绒毡层细胞始终维持在原位，因此，它是属于腺质绒毡层一类。成熟花药的药壁只保留一层细胞壁特别加厚的纤维层，表皮层也逐渐萎缩消失（图 3-15J）。

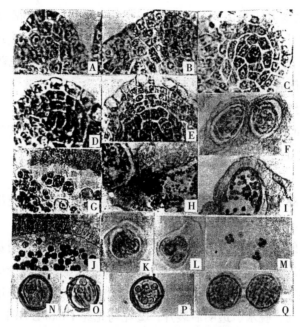

图3-15　石榴花药发育及解剖结构图版说明

A.未分化花药，示孢原细胞　B.初生造孢细胞和周缘细胞　C.两层次生周缘细胞和一个造孢细胞　D.造孢细胞第一次分裂　E.5层药壁形成　F.花粉母细胞和腺质绒毡层　G.四分体期绒毡层开始退化　H.同一花药不同花粉囊中减数分裂的进程不同　I-J.小孢子发育、绒毡层退化、纤维层加厚　K.花粉母细胞外的胼胝质壁　L.四分体外的"尾状"胼胝质壁　M.四分体型和两侧对称型四分体　N.单核靠边期　O.2核花粉粒　P.4核异常花粉　Q.异常连体花粉粒

　　小孢子母细胞在进行减数分裂前，核物质合成旺盛，表现为细胞着色较深。小孢子母细胞壁之间连接的性质已不同于次生造孢细胞，发生了明显的变化（图3-15F），在小孢子母细胞的四周沉积一层胼胝质（图3-15K）。减数分裂的结果形成四面体型的四分体（图3-15G，图3-15L，图3-15M），但也见少量两侧对称型四分体（图3-15M）。胞质分裂基本属于同时型。压片观察到四分体四周的胼胝质壁并非完全规则地包裹着四分体，而是呈一种"尾状"结构（图3-15L）。在同一花粉囊内，小孢子母细胞的减数分裂过程基本同步，但在花药不同的花粉囊中小孢子母细胞的减数分裂并非完全同步，可差几个时相，甚至一个减数分裂过程（图3-15H）。各花粉囊之间的发育显示出一定的独立性。

　　雄配子体的发育如下。

　　正常花粉粒的发育。包裹在四分体四周的胼胝质被分解后，小孢子从中游离出来。刚刚游离出来的小孢子核位居中央，液泡不明显，细胞壁呈收缩状态为小孢子收缩期（图3-15I）。随着小孢子从四周汲取养料，细胞体积逐渐增大，液泡逐渐发育为大液泡，并将细胞核挤到边上，此期为单核靠边期（图3-15N）。然后核不均等分裂为二，从而形成2核花粉，并进而发育为2细胞花粉粒（图3-15O）。随着核的分裂，小孢子的壁也逐渐形成，成熟花粉粒的外壁具有 3 个萌发孔沟。

非正常花粉粒的形成。不正常发育的小孢子，细胞核连续进行两次分裂形成四个大小相近的核，从而形成 4 核异常花粉粒（图 3-15P）。另外还观察到有些小孢子从四分体中并非完全独立地游离出来，两个小孢子粘连在一起形成异常连体花粉粒（图 3-15Q）。

雌、雄蕊发育的进程及其与花器形态的相关性如下。

雄蕊。雄蕊的发育进程与花器形态的相关是：①花蕾 I 期（纵径<0.5 cm）：花药和花丝分化，孢原细胞第一次分裂；②花蕾 II 期（纵径 0.5~1.0 cm）：药壁两层，初生造孢细胞至次生造孢组织；③花蕾 III 期（纵径 1.0~1.5 cm）：小孢子母细胞时期，中层退化；④花蕾 IV 期（纵径 1.5 cm）：四分体至成熟花粉粒，绒毡层消失，纤维层加厚。

雌蕊。雌蕊的发育进程与花器形态的相关是：①花蕾 I 期（纵径<0.5 cm）：胎座发育，胚珠原基尚未出现；②花蕾 II 期（纵径 0.5~1.0 cm）：胚珠原基形成并分化出珠心、珠柄，珠柄伸长但未弯曲，孢原细胞形成；③花蕾 III 期（纵径 1.0~1.5 cm）：内、外珠被发生，周缘细胞和造孢细胞至胚囊母细胞，退化胚珠解体；④单核胚囊至成熟胚囊。

通过对石榴花药发育及解剖结构的研究认为，石榴的花为雄蕊多数，花药具 4 个花粉囊；每个花粉囊形成单列的孢原细胞。药壁的发育方式为双子叶型，由 5 层细胞组成即表皮层、纤维层、中层（2 层）和绒毡层。绒毡层为同质的腺质绒毡层。

小孢子母细胞进行减数分裂时，四周逐渐沉积胼胝质壁，具有重要的生物学意义，在植物发育途径发生转变的关键时刻，胼胝质的形成起到一种隔离的作用，使新形成的减数细胞免受孢子体的影响，从而顺利地转向配子体的发育途径。包裹四分体的胼胝质壁并非规则，而有一个"尾状"结构，这并非是胼胝壁的简单变形，其中很有可能存在配子体与配子体物质或信息联系的通道，也就是说胼胝质壁可能并非完全隔开孢子体与减数细胞之间的联系。

四分体为四面体型，但也见两侧对称型，胞质分裂基本为同时型。

石榴的正常花粉粒为 2 细胞型，在小孢子发育过程中出现许多异常花粉，如异常4 核花粉粒和异常连体花粉粒。Sunderland 发现在花粉的整个群体中就存在一小部分发育异常的花粉粒，认为这是一种正常现象。在多核花粉中最典型的就是 Nemec 首次发现的 8 核胚囊状花粉粒，Nemec 认为这是由于生殖核退化，而由营养核经 3 次分裂形成的。Stow 则认为胚囊状花粉粒是小孢子核经 3 次连续分裂产生的，而不是由营养核或生殖核形成的。在石榴的多核花粉中，已观察到 4 核异常花粉粒，尚未观察到进一步形成 8 核胚囊状花粉的情况，其发育方式倾向于 Stow 的观点，即由小孢子核分裂而成。

关于异常连体粉也见于其他植物中。熊治廷认为其产生机制可能是经减数分裂后，子核间没有或未形成完整的细胞板，因此细胞壁的形成也受到相应的阻碍，这可能是外界偶然因素（如射线、化学诱变等）影响的结果。

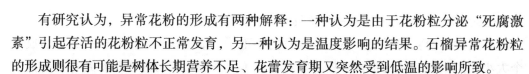

有研究认为，异常花粉的形成有两种解释：一种认为是由于花粉粒分泌"死腐激素"引起存活的花粉粒不正常发育，另一种认为是温度影响的结果。石榴异常花粉粒的形成则很有可能是树体长期营养不足、花蕾发育期又突然受到低温的影响所致。

（2）石榴花粉的萌发特性。尹燕雷等采用离体培养法测定了山东20个主栽石榴品种花粉的萌发率，并对4℃干燥贮藏条件下的花粉活力变化进行了研究。

品种不同，其花粉萌发活力不同，在供试的20个石榴品种中，花粉萌发率为14.43%～68.15%，大青皮甜的萌发率最高为68.15%，青皮马牙甜萌发率最低为14.43%。供试的20个石榴品种中，萌发率在60%以上的有冰糖籽、三白酸、大红皮甜、大青皮甜、岗榴、小红皮甜、青皮大籽7个品种；萌发率在40%～60%的有谢花甜、大青皮酸、红皮马牙甜、怀远玉石籽、怀远青皮甜、大红皮酸、泰山红、牡丹石榴、粉红单瓣甜、小青皮酸10个品种；萌发率在40%以下的有三白甜、粉红重瓣、青皮马牙甜3个品种。

石榴花粉萌发率随贮藏时间延长而降低，但不同石榴品种的花粉活力变化趋势不同。起始时发芽率为14.43%～68.15%，到30 d以后，逐渐降为0～41.31%。石榴花粉贮藏5 d后，萌发率降幅最大的是青皮马牙甜，为起始的18.23%；降幅最小的是怀远青皮甜，为起始的99.11%。贮藏30 d后降幅最小的是怀远青皮甜，为起始的70.89%，而青皮马牙甜、怀远玉石籽、粉红重瓣则降为0。有的品种花粉活力降低较慢，如冰糖籽、三白酸、大红皮甜、大青皮甜、岗榴、小红皮甜、青皮大籽等品种；而有的品种随着时间的变化，花粉活力迅速降低，如青皮马牙甜、牡丹石榴、怀远玉石籽等品种（表3-8）。

表3-8　石榴品种花粉萌发率（%）（尹燕雷）

品种	贮藏时间（d）						
	0	5	10	15	20	25	30
大青皮甜	68.15	59.30	56.72	51.61	51.38	43.80	33.71
大红皮甜	66.67	40.58	36.52	25.61	24.60	24.53	23.68
冰糖籽	65.71	44.92	43.56	36.59	23.60	21.92	13.89
小红皮甜	64.19	62.96	61.54	59.26	54.54	52.68	34.78
青皮大籽	63.63	57.65	36.17	34.85	31.72	25.93	25.41
岗榴	60.69	52.04	50.00	48.46	41.55	41.28	36.79
泰山红	58.11	31.54	26.04	25.29	22.40	20.54	12.62
谢花甜	48.49	23.02	22.58	20.00	19.18	16.17	16.13
红皮马牙甜	40.24	38.77	28.77	20.83	15.21	14.28	13.93
三白甜	37.21	27.75	18.92	11.65	8.61	8.45	6.41
青皮马牙甜	14.43	2.63	2.14	2.07	1.94	0	0

品种	贮藏时间（d）						
	0	5	10	15	20	25	30
三白酸	60.53	40.76	37.5	31.02	20.66	17.21	17.11
大青皮酸	55.88	54.17	42.74	41.77	41.33	32.32	21.43
小青皮酸	55.23	39.84	33.33	28.87	27.78	25.66	13.56
大红皮酸	51.85	44.26	25.00	23.02	18.51	18.47	17.44
怀远青皮甜	58.27	57.75	51.43	48.54	45.53	42.62	41.31
怀远玉石籽	42.85	14.46	12.17	6.97	3.61	1.98	0
牡丹石榴	51.51	17.14	12.05	9.42	9.16	7.96	7.83
粉红单瓣甜	41.03	25.39	17.50	20.56	37.09	22.28	20.00
粉红重瓣	19.40	8.63	8.33	2.55	2.45	1.50	0

花粉生活力是指花粉具有存活、生长、萌发或发育的能力，花粉具有萌发活力是完成受精的必要条件，也是决定坐果率高低的前提。石榴在开花时期如遇低温、阴雨等不良气候条件会影响授粉而降低产量。生产上为促进坐果、提高产量，常采用液体喷授方法，并在溶液中添加促进花粉萌发和花粉管生长的物质，如硼酸、蔗糖以及一些植物生长调节物质。

据杨尚尚等选用不同试材，对泰山红石榴品种花粉萌发率影响研究，对泰山红石榴花粉萌发影响为：蔗糖＞pH 值＞硼酸。综合分析，最佳的培养条件组合为：10% 蔗糖、0.005% 硼酸、pH 值 7.0。

蔗糖是花粉粒萌发及花粉管壁合成的主要营养物质，又是参与花粉代谢与跨膜运输的碳源，因此，蔗糖浓度对花粉萌发有显著影响。硼酸在花粉萌发中的主要作用是可以增加糖的吸收、运转和代谢，促进构成花粉管壁的成分——果胶物的合成。花粉生活力直接影响授粉、受精乃至坐果的成败。石榴花粉的活力因品种不同及环境条件不同而有差异。

（3）自花授粉。自交结实率 33.3%。品种不同，自交结实率不同，重瓣花品种结实率高，一般单瓣花品种结实率低。如白花重瓣和红花重瓣品种自交坐果率为 50%，一般单瓣花品种（5～8 片）自交坐果率为 23.5%。自交结实同样可以结籽，正常发育，坐果后与同期异花坐果的体积大小基本相同。在河南开封产区，据对 5 月 28 日自交的红花重瓣品种果实在 7 月 11 日调查，横径为 3.48 cm，纵径 3.2 cm，籽粒百粒重 8.0 g，可溶性固形物含量 3.0% 左右。

（4）异花授粉。结实率 83.9%，其中授以败育花花粉的结实率 81%；授以完全花花粉的结实率 85.4%。在异花授粉中，白花品种授以红花品种花粉的结实率 83.3%。杂交试验证明，完全花、败育花其花粉均具有受精能力，花粉发育都是正常的；不同品种间可以杂交，其花粉具有受精能力。

（六）结果习性

结果习性包括结果母枝和结果枝的关系，坐果率、果实生长，落花与坐果的关系，坐果早晚与经济产量和品质的关系、果形指数等。

1.结果母枝与结果枝

结果枝条多一强一弱对生，结果母枝一般为上年形成的营养枝，也有 3～5 年生的营养枝，营养枝向结果枝转化的过程，实质上也就是芽的转化，即从叶芽向花芽转化。营养枝向结果枝转化的时间因营养枝的状态而有不同，需 1～2 年或当年即可完成，因在当年抽生新枝的二次枝上有开花坐果现象。徒长枝生长旺盛，分生数个营养枝，通过整形修剪等管理措施，使光照和营养发生变化，部分营养枝的叶芽分化为混合芽，抽生结果新梢而开花结果（彩图 3-9）。

石榴在结果枝的顶端结果，结果枝在结果母枝上抽生，结果枝长 1～30 cm，叶片 2～20 个，顶端形成花蕾 1～9 个。结果枝坐果后，果实高居枝顶，但开花后坐果与否，均不再延长。结果枝上的腋芽，顶端若坐果，当年一般不再萌发抽枝。结果枝叶片由于养分消耗多，衰老快，落叶较早（图 3-16）。

图 3-16　石榴的开花与结果状态

1.短营养枝抽生新梢　2.短结果母枝抽生结果枝　3.结果枝　4.新梢

果枝芽在冬春季比较饱满，春季抽生顶端开花坐果后，由于养分向花果集中，使得结果枝比对位营养枝粗壮。其在强（长）结果母枝和弱（短）结果母枝上抽生的结果枝数量比例不同。强（长）结果母枝上的结果枝比率平均为 83.7%，明显高于弱（短）结果母枝上的结果枝比率（仅为 16.3%），品种不同二者比例有所变化，分别为 75.0%～88.3% 和 11.5%～25.0%，总的趋势相同（表 3-9）。生产上，整形修剪尽量保留 1～2 年生的强（长）枝。

表 3-9　石榴结果母枝状况对结果枝数影响的调查（冯玉增）

品种	株数	树龄	强（长）结果母枝上的结果枝		弱（短）结果母枝上的结果枝	
			果枝数	（%）	果枝数	（%）
大白甜	12	4	69	88.3	9	11.5
大红甜	15	4	159	81.5	36	18.5
站街黄	9	4	63	87.5	9	12.5
大果青皮酸	3	3	18	75.0	6	25.0
合计			309	83.7	60	16.3

2. 坐果率

石榴花期较长，花量大，花又分两性完全花和雌性败育花两种。生产上石榴落花现象很明显，败育花因不能完成正常受精作用而落花是正常的，两性完全花坐果率见表 3-10。

表 3-10　石榴坐果率调查（冯玉增）

株数	调查花朵数（个）		坐果数（个）		坐果率（%）	
	6月7日	6月16日	6月7日	6月16日	6月7日	6月16日
28	204	256	188	212	92.2	82.8

注：①调查品种有大红甜、大白甜、红花重瓣、白花重瓣、大果青皮酸、站街黄 6 个品种。②调查花数均为完全花。

据冯玉增对盛花前期（6月7日）和盛花后期（6月16日）开放的完全花连续观察，前期完全花比例高坐果率亦高，为 92.2%，随着花期推迟，完全花比例下降（表3-10），坐果率也随着降低，为 82.8%，即石榴完全花之平均坐果率在 82.8%～92.2%，趋势是先高后低。就石榴全部花计算，坐果率则较低，如以完全花比例较高的大白甜品种为例，完全花比例平均为 51.1%，坐果率也只有 45% 左右；而完全花比例较低的白花重瓣品种完全花比例仅有 8.7%，坐果率就更低，只有 7% 左右，即不同品种完全花比例不同，坐果率不同。同一品种树龄不同坐果率不同，成龄树后，随着树龄的增大，正常花比例减少，退化花比例增大，其坐果率降低。

3. 果实的生长

（1）雌蕊分化、发育及其结构。花芽分化过程中原始体顶端依次形成花萼原基、花瓣原基、雄蕊和心皮原基。心皮原基分化生长逐渐向内合拢、愈合，形成子房、花柱和柱头合而为一的独特的合心皮雌蕊。子房中具有独特的 2 种不同类型胎座，下部为中轴胎座，通常为 3 室（子房室），上部为侧膜胎座，比较发达，构成子房的主体部分，通常 5～10 室，2 种胎座所居位置有交叉，其交叉部分中轴胎座居内，侧膜胎座居外，每室胎座发育的程度有所不同。

子房室形成的同时，在心室胎座上形成具有两层珠被的、厚珠心型的倒生胚珠。造胞细胞分裂发育，以蓼型方式发育成胚囊，胚囊中卵细胞完成受精后随着果实的成熟发育成味美多汁的籽粒。

雌蕊的质量受心皮分化发育程度的直接影响：正常发育的类型子房肥大，室多，花柱长而挺直，为可育雌蕊；而非正常发育的类型，子房瘦小，室少，花柱细短而弯曲，柱头小，为不育雌蕊。

（2）果实的生长。石榴从受精坐果到果实成熟采收的生长发育需要110～120 d，果实发育大致可以分为幼果速生期（前期）、果实缓长期（中期）和采前稳长期（后期）3个阶段，其横径累积生长曲线呈"～"状，按果实生长图型应为"双S"形曲线，即生长特点是：在两个速长期间有一个缓长期（图3-17）。幼果期出现在坐果后的5～6周时间内，此期果实膨大最快，体积增长迅速，横径生长量要占整个果实生长量的55%～60%，也是日平均增长速度最快时期。果实缓长期出现在坐果后的6～9周时间，历时20 d左右，此期果实膨大较慢，体积增长速度放缓，横径生长量占整个果实生长量10%左右，为日平均增长速度最慢时期。采前稳长期，即果实生长后期、着色期，出现在采收前6～7周时间内，此期果实膨大再次转快，体积增长稳定，较果实生长前期慢、中期快，横径生长量占整个果实生长量的30%～35%，日平均生长量大于中期、小于前期，直到成熟采收横径增长没有停止，果皮和籽粒颜色由浅变深，达到本品种固有颜色。在果实整个发育过程中横径生长量始终大于纵径生长量，其生长规律与果实膨大规律相吻合，即前、中、后期为快、缓、较快。但果实发育前期纵径绝对值大于横径，而在果实发育后期及结束，横径绝对值大于纵径。

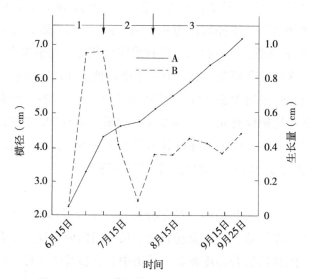

图3-17　大红甜品种石榴果实横径年生长曲线（冯玉增）

A.石榴果实累积生长曲线　B.石榴果实生长动态曲线

1.幼果速生期　2.果实缓长期　3.采前稳长期

（3）坐果早晚与经济产量和品质的关系。石榴花期自 5 月 15 日前后大量开花至 7 月中旬（开封地区）结束，经历了长达约 60 d 的时间，在花期内现蕾、开花、坐果及幼果发育同步进行，花开有前后，坐果有早晚，石榴坐果早晚对产量和品质有较大的影响，见表 3-11。

表 3-11　石榴不同坐果期果实重量、品质调查（冯玉增）

始花期	果重（g）	果实形状			可溶性固形物（%）	心室数（个）	可食部分			皮、隔膜	
		纵径（cm）	果径（cm）	果形指数			果粒数（个）	果粒重（g）	百粒重（g）	重（g）	占果重比例（g）
6 月 5 日前	120.0	5.44	6.0	0.91	16.5～17.5	上 7 下 3	243.0	63.7	26.2	56.3	46.9
6 月 6 日	115.8	5.32	5.82	0.91	15.5～16.2	上 4.7 下 2	208.7	53.8	25.8	62.0	53.5
6 月 16 日	88.0	4.83	5.12	0.94	16.2～17.2	上 5 下 1.8	230.3	50.7	22.0	37.3	42.4
6 月 26 日	81.5	4.77	5.11	0.93	16.1～17.1	上 5.2 下 1.2	265.0	46.6	17.6	34.9	42.8
7 月 1—7 日	68.4	4.77	4.76	0.94	15.4～16.1	上 6 下 1.5	230.0	38.0	16.5	30.4	44.5

注：①6 月 6—15 日间坐果的在 9 月 20 日前后几乎全部开裂，最早开裂在 9 月 16 日，故品质较低，其他日期坐果的开裂现象少。②其余果实于 9 月 30 日一次采收。③试验为人工授粉。

坐果早晚对果重的影响明显，在花期内坐果越早果重越大，也就是说随着花期推迟，坐果推迟，果重明显下降，6 月 25—30 日，坐果的果重仅为 6 月 5 日前坐果果重的 67.93%，而 7 月 1—7 日坐果的果重只有 6 月 5 日前果重的 56.97%，6 月 25 日后坐果的小，商品价值降低；果形指数的变化为 0.91～0.94，呈增大趋势；可溶性固形物含量随着果期的推迟而降低，降低幅度为 1.1～1.4 个百分点；心室数、果粒数变化不规则，即心室数、果粒数是由品种特性决定的，并不因坐果的早晚、果实的大小发生变化；单果粒重、百粒重则随坐果早晚、果实大小而变化，即随着坐果的早晚而增减，果重的增加主要靠粒重的增加；果实生长量及隔膜的重量在果实中所占的比例在前期果重中为 46.91%～53.54%，高于中后期果的 42.37%～44.47%，随着坐果期推迟，石榴皮变薄。

从表 3-10 石榴开花规律和表 3-11 看出，在长达 2 个月的花期内具有连续开花、结果习性，开花、坐果就数量而言呈低—高—低的趋势，中间没有间歇停顿界限，石榴的品质也因石榴坐果的早晚呈规律性降低趋势。

另据对石榴果实内不同部位籽粒品质的测定，位于果顶部位的籽粒品质稍高于果底部位的籽粒品质，可溶性固形物含量相差 0.2～0.5 个百分点。

（4）果形指数。果实细胞分生组织和根、茎不同，没有形成层，属于先端分生组织，所以当其最初细胞分裂时，表现为果实的纵轴生长快，导致果实纵径和横径的比值较大（石榴的蕾花期）。随着果实发育，横径生长超过纵径，在前面"果实年生长"部分已讨论了果实的纵横生长，其生长规律与之吻合，不再赘述（图 3-18）。

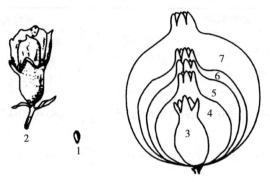

图 3-18　石榴果实发育过程（黄淮地区）

1. 3 月下旬　2. 5 月中旬　3. 5 月下旬　4. 6 月上旬　5. 7 月中旬　6. 8 月中旬　7. 9 月上旬

对选出的 15 个有代表性的河南石榴品种进行纵横径测量和果形指数求算，$0.9 <$ 果形指数 < 1.0。进行 F 值测验，并利用 LSR 法进行品种间的差异显著性比较，各品种间果形指数（形状）达极显著差异（$F=39.53 > F_{0.01}=2.7$），所以利用果形指数进行品种分类是科学的。

（5）果实的颜色发育。石榴果皮的颜色因品种不同各异。以石榴成熟时的颜色分为紫色（紫果石榴）、深红色（大红袍石榴等）、红色（大红甜石榴等）、蜡黄色（马牙黄石榴等）、青色（青皮酸石榴等）、白色（大白甜石榴等）、紫黑色等。籽粒颜色比果皮颜色单调些。颜色是品质分级标准之一，果实鲜艳，果面光洁，果实商品价值高（彩图 3-10）。

决定果实颜色发育的色素主要有叶绿素、胡萝卜素、花青素以及黄酮素等。石榴果实的颜色随着果实的发育有 3 个大的变化：第一阶段，花期花瓣及子房为红色或白色，直至授粉受精后花瓣脱落，果实由红或白色渐变为青色，需要 2～3 周；第二阶段，在幼果生长的中后期和果实缓长期，果皮青色；第三阶段在 7 月下旬、8 月上旬，因坐果期早晚有差别，开始着色时间也不同，随果实发育成熟，花青素增多，颜色发育为本品种固有特色。

据冯玉增报道，树冠上部、阳面及果实向阳面着色早，树冠下部、内膛、阴面及果实背光面着色晚。

影响着色的因素有树体营养状况、透光、水分、温度等。如果树徒长，氮肥使用量过大，营养生长特别旺盛则不利着色；树冠内膛郁蔽透光率差影响着色；一般干燥地区着色好些，在较干旱的地方，灌水后上色较好；水分适宜时有利于光合作用进行，而使色素发育良好；昼夜温差大时有利着色，石榴果实接近成熟的9月上中旬着色最快，颜色变化明显，与温差大有显著关系。

（七）籽粒及果肉风味

据对河南19个有代表性的品种进行的含糖量、含酸量测定，以及口感评价，石榴风味大致可分为5类，即浓甜（含糖量10.9%以上，含酸量0.3%以下，糖酸比40∶1以上）；甜（含糖量10%以上，含酸量0.4%以下，糖酸比30∶1以上）；酸甜（含糖量8%以上，含酸量0.4%以下，糖酸比30∶1以下）；酸（含糖量6%以上，含酸量3%～4%，糖酸比2∶1以上）；涩酸（含糖量6%以下，含酸量3%～5%，糖酸比1∶1以下）（表3-12）。只以籽粒含糖量不能决定风味，如落花红甜品种含糖量只有4.09%，风味甜；而黄酸石榴含糖量5.56%，含酸量高达4.89%，风味涩酸。

表 3-12　石榴籽粒风味评价（冯玉增）

品　种	含糖量（%）	含酸量（%）	糖酸比	评价
大白甜	10.9	0.156	70∶1	浓甜
河阴软籽	11.58	0.233	50∶1	浓甜
白花重瓣	12.41	0.286	43∶1	浓甜
落花红甜	4.09	—	—	甜
铜皮	12.84	0.358	36∶1	甜
薄皮	12.4	0.371	35∶1	甜
铁皮	10.59	0.327	32∶1	甜
范村软籽	11.01	0.342	32∶1	甜
大红袍	10.9	0.358	30∶1	甜
大红甜	10.11	0.342	30∶1	甜
青皮	9.19	0.321	29∶1	酸甜
红花重瓣	9.75	0.385	25∶1	酸甜
马牙黄	8.42	0.399	21∶1	酸甜
南召酸	8.47	3.38	3∶1	酸
大果青皮酸	7.89	3.95	2∶1	酸
大红酸	6.47	3.686	2∶1	酸
黄酸石榴	5.56	4.891	1∶1	涩酸
小果青皮酸	4.09	3.80	1∶1	涩酸
小果红酸	2.24	3.825	0.6∶1	涩酸

第三节 物候期

石榴树每年都有与外界环境条件相适应的形态和生理机能的变化，并呈现一定的生长发育规律性，即石榴树的年生命周期。这种与季节性气候变化相适应的石榴树器官的动态时期称为生物气候学时期，简称物候期。我国南北方气候差异较大，石榴生态分布范围较广，分布北界为河北的迁安（年平均气温 9.3℃，极端最低气温 -19℃）、顺平（年平均气温 12℃，极端最低气温 -23℃）、元氏（极端最低气温 -23.5℃）及山西的临汾、临猗（年平均气温 13.7℃）以北地区；南界至海南最南端乐东、三亚；东界至黄海和南海边；西界为甘肃的临洮、积石山至西藏贡觉、芒康一线，以及内陆省区高海拔地区；全国 20 余个省、自治区、直辖市有石榴分布。水平分布的地理坐标为东经 98°～122°，北纬 19°50′～37°40′，横跨热带常绿果树带、亚热带常绿果树带、云贵高原常绿落叶果树混交带、温带落叶果树带和干旱落叶果树带。立地方面，在高原盆地、河谷阶地、湖中岛屿、黄淮平原、山岳丘陵上均有种植。在气候方面，横跨了边缘热带（海南岛）、南亚热带、中亚热带、北亚热带、中温带、干旱暖温带 6 个气候带。气候环境条件的变化，如温度、雨量等气象因子，在一定范围内能改变物候期的进程。因此，石榴在全国不同产区物候表现的时间节点也有较大差异，年生长周期内树体地上地下、萌芽、开花、坐果期等也有很大差别。采用不同的管理措施就会影响物候期，从而达到控制生长和结果的目的。

石榴在亚热带和温带地区表现为落叶果树，因此，可明显地分为生长期和休眠期。从春季开始进入萌芽生长后，在整个生长季中都属于生长阶段，表现为营养生长和生殖生长两个方面。到冬季为适应低温和不利的环境条件，树体处于休眠状态，为休眠期。在生长期和休眠期之间又各有一个过渡期，即从生长期过渡到休眠期，由休眠期过渡到生长期。

一、石榴的年生命周期

（一）基本特点

石榴在温带及亚热带地区为落叶果树，每年有一个从萌芽、开花、结果到落叶休眠的年生长周期。在这个周期中有两个明显的不同阶段，即相对静止的休眠期和非常活跃的生长期；两个生长阶段，因气候环境的差异，时间有很大的不同。两个阶段紧密联系，互为基础。

1. 休眠期

石榴在冬季为适应低温和不利的环境条件，树体落叶处于休眠状态，从落叶到萌芽止，为休眠期，在我国黄淮产区大约经过 5 个月时间（当年 10 月下旬或 11 月上旬到翌年3月下旬或4月上中旬）。

石榴树的不同树龄和树体各器官及不同部位休眠期不完全一致，一般幼树比成年树停止生长晚，进入休眠也晚。同一株树的枝芽及小枝比树干进入休眠早。根茎部休眠最晚而解除最早。同一枝的皮层与木质部进入休眠比形成层早。

2. 生长期

石榴从萌芽至落叶为生长期。在生长期里，包含了营养生长（枝叶与根系生长）、生殖生长（开花坐果、果实生长与花芽分化）和营养积累3个方面。在整个生长季节它们相互依存又相互制约。

根系与枝叶生长有时同步进行，有时交替生长，反映了营养分配中心的转移。春季根系最早开始活动，给萌芽提供必要的水分、营养及促进细胞分裂和生长的激素。新梢开始迅速伸长生长，二者基本同步。这时期生长所需的营养，主要是上年树体贮藏的营养。新梢经过短暂缓慢生长后进入迅速生长期。在这段时间出现1～2次生长高峰。这时期的营养，主要来自当年同化的营养。根系伸长与新梢生长这时基本上交替进行。此后一段时间大量新梢迅速生长，嫩茎幼叶合成的生长素自上而下运输到根部，表现为地上地下同步生长。

8月下旬地上营养生长放缓，9—10月根系再次生长。此时期叶片光合强度虽已降低，但因没有新生器官的消耗，可以大量积累营养。在正常落叶前，叶片营养回流，贮藏于芽、枝干和根系中，因而秋季保叶对养根、壮芽和充实枝条具有重要的意义。既要使枝叶生长茂盛，又不能贪青，以利于树体营养的贮藏，并减少营养损失。

生殖生长完全是消耗性的生长发育。开花坐果耗费的营养是树体的贮藏营养，在春季新梢停止生长后，石榴树进入开花坐果期，是当时营养分配的中心。花芽当年第二次分化与果实迅速生长重叠，是当年产量与翌年产量相矛盾的时期，所以应加强肥水供应。10月以后多数品种已采收，树体进入营养积累期，此时保叶不仅壮芽、壮枝，还为翌年结果奠定基础。

（二）不同器官的生长顺序

石榴年生长物候期的顺序基本相同，但不同品种、不同地域，由于遗传性不同，各器官生长发育的先后顺序也有差异。

1. 根系活动与萌芽先后的顺序

石榴树发根比萌芽早，时间相差15～20 d。

2. 展叶与开花的顺序

春季先展叶后开花，由于石榴开花期较长，在开花的中后期，展叶与开花同步进行。

3. 根系与新梢生长的顺序

据冯玉增研究，根系生长与新梢生长交替发生。春、夏、秋梢停长之后每次都出现一次根系生长高峰。

4. 花芽分化与新梢生长的顺序

石榴的花芽分化在每次新梢停长之后各有一次分化高峰，一年中一般有 3 次，分别为当年 4—5 月、6—7 月、9 月。

5. 果实发育与新梢生长的关系

新梢生长往往抑制坐果和果实发育。抑制新梢生长（如用摘心、环切、使用抑制剂等），往往可以提高坐果率和出现果实生长高峰。

二、石榴树的休眠期

石榴树的休眠是为适应不良环境，如低温、高温、干旱所表现的一种特性，石榴树落叶主要是对冬季低温形成的适应性。只有正常进入休眠，才能进行以后的生理活动，并进入以后的物候期。在休眠前树体尽量做好越冬准备，如枝条成熟正常落叶，因此，正常落叶意味着生长期的结束并进入休眠。

（一）休眠期的特点

休眠期是对生长期相对而言的一个概念。从树体外部观察，地上叶片脱落，枝条变色成熟，冬芽形成，没有任何生长发育的表现。地下部根系，在适宜的情况下可有微小的生长，因此，休眠是生长发育暂时的停顿状态。

实质上，石榴树在休眠期中树体内部仍然进行着各种生理活动，如呼吸、蒸腾、根的吸收、合成、芽的进一步分化，以及树体内养分的转化等，但这些活动比生长期弱。在此期间，由于低温致蛋白合成受阻，生理活性下降，原生质膨胀度及透性降低，新陈代谢作用的强度降低。根据休眠期的生态表现和生理活动特性可分成两个阶段，即自然休眠和被迫休眠。自然休眠是由果树器官本身特性所决定的，它要求一定的低温条件才能顺利通过自然休眠期。此时，即使给予适于树体活动的环境条件，也不能萌发生长。例如，冬芽是在适宜的夏秋温度、日照条件下形成，但不立即萌发。石榴树的自然休眠期在 12 月至翌年 1—2 月，各物候区物候表现不同。寒冷地区进入休眠期早，温暖地区进入休眠期晚。被迫休眠是指通过自然休眠后，已经开始或完成了生长所需的准备，但外界条件不适宜，被迫不能萌发而呈休眠状态。此外，当冬芽在夏秋开始形成时，受外因影响，如人工摘叶或受病虫为害早期落叶，芽可在当年萌发生长，据此可以说明叶片的存在也可抑制芽的萌发。自然休眠和被迫休眠的界限，从外观不易辨别，解除休眠的标志通常以芽的变化为准。

（二）休眠期的表现和影响休眠的外在因素

自然休眠期的长短与石榴树的原产地有关。由于在一定的地区形成了一定的生态类型，所以适应冬季低温的能力也不一致。一般原产温带气候冬暖地区的品种与温带大陆性气候寒地树种都有所区别。

一般原产温带冬暖地区的品种，早春发芽的迟早与自然休眠期的长短有密切关系，而原产温带中北部寒地品种，其早春发芽迟早与被迫休眠期长短，即低温期长短有关。不同树龄的果树进入休眠期的早晚不同。一般幼年树进入休眠期晚于成年树，而解除休眠也迟，这与幼树生活力强、活跃的分生组织比例大、表现生长占优势有关。石榴树的不同器官和组织进入休眠期的早晚也不一致。一般小枝、细弱枝、早形成的芽比主干、主枝休眠早，根颈部进入休眠最晚，但解除休眠最早，故易受冻害；花芽比叶芽早休眠；同是花芽，顶花芽又比腋花芽早萌发。

同一枝条的不同组织进入休眠期时间不同，皮层和木质部较早，形成层最迟，所以进入初冬遇到严寒低温，以形成层部分易受冻，而一旦进入休眠后，形成层比木质部和皮层抗寒力强，在深冬时冻害多发生在木质部。

石榴树在秋冬季节，枝条停止生长，生理活动逐渐减弱，内部组织做好越冬准备，进行正常落叶，就能顺利进入并通过自然休眠。因此，凡能影响枝条停止生长以及正常落叶的一切因素，都会影响其能否顺利通过自然休眠期。

日照长度是支配芽休眠的重要因素之一。一般长日照条件促进营养生长，短日照条件抑制伸长生长，而促进芽的形成。

短日照可以诱导开始休眠，温度也有一定作用，石榴树在低温下被迫休眠就是最好例证，石榴在平均气温低于11℃开始落叶进入休眠期。

此外，树体由于缺乏氮素或组织缺水表现生理干旱，会提早减弱生理活动，提早进入休眠。相反，如过晚施用氮肥，生长季后期雨水过多、枝条旺长、结果树负载量不足等导致生长期延长的因素，都会延迟进入休眠期。因此，日照长度、温度、干旱均可导致休眠。

石榴树进入自然休眠期后，一般需要一定限度的低温期，才能通过休眠，否则花芽发育不良，翌年发芽延迟。据Corille（1920）研究，落叶果树要求低温的限度，一般为12月至翌年2月，平均温度在0.6～4.4℃内，翌年可正常发芽。各种果树要求低温量不同，一般在0～7.2℃条件下，200～1 500 h可以通过休眠。

冬季日平均温度不能准确地表示所接受的低温量，因为气温不等于枝芽的温度，通常气温比器官周围的温度高。在果园具体条件下，遮阴能较快满足其对低温的要求，此外，风、云、雾等因子也会降低气温，使器官温度与气温相似，有利于通过休眠期。已经进入休眠期的果树，如遇到间断的高温，会使休眠的进程逆转。如石榴树南移时，晚夏和秋季的高温，会延长生长期，推迟落叶，同时冬季低温不足，不利于石榴顺利通过休眠，翌年萌芽不整齐且开花少。而石榴树北移时，由于温度关系，会缩短生长期，提早落叶，冬季不能安全越冬。

了解不同品种通过自然休眠期需要的低温值和时间的长短，对品种区域化和引种等工作具有重要的参考价值。

（三）休眠期的生理基础

石榴树在生长过程结束后，其树体内部为适应环境条件而发生一系列的生理变化，随即开始进入休眠。致使休眠的主要生态因子是短日照、低温或高温与干旱，相应的树体内源激素的平衡发生变化。果树一旦进入自然休眠后，即使给予适宜的生长条件，也不能发芽生长，这是树种本身决定的。落叶果树进入休眠是对低温适应的一种表现形式，而打破休眠，也必须有一定的低温量才能完成树体内部物质转化，为萌芽做好准备。但在低温条件下，生理活动减弱，一方面，维持最低限度的呼吸、蒸腾作用以减少贮藏养分和水分的消耗；另一方面，树体内部尤其是芽的生长点进行一系列的物质转化，必须在低温条件下进行。由于低温有利于增强脂肪分解酶的活性，有利于贮藏淀粉转化成糖，蛋白质转化为氨基酸，以及抑制物质的消失、生长物质的增长等。淀粉糖化后可提高细胞液浓度，细胞渗透势增高，加大根压，从而促进萌芽。

（四）控制休眠期的措施

石榴树休眠期的开始和结束，对果树生产有重要影响。根据生产需要可以从两方面考虑，一是提早或推迟进入休眠，二是提早或延迟解除休眠期。如对不耐寒品种、幼树，则需采取措施提早或及时结束生长，适当提早进入休眠期，可以有效防止冬春季冻害发生，免遭冻害。

石榴树在被迫休眠期中通常遇到回暖天气，致使石榴树开始活动，但又出现寒潮，使石榴树遭受早春冻害和晚霜危害，如冻花芽现象，幼树受低温、干旱、冻害而发生的抽条现象等。因此，在某些地区应采取延迟萌芽的措施，如树干涂白、春季灌水避免使树体增温过速。在冬春干旱地区，灌水可增温保墒，减轻晚霜危害。

在生产上控制休眠期的措施，也有采取夏季重修剪、多施氮肥的方法，以推迟进入休眠期。应用生长调节剂（生长素、细胞分裂素、生长抑制剂、乙烯利）和微量元素可控制休眠期。

三、石榴年生长物候期

（一）石榴各物候期的复杂性

不同石榴品种的物候特性，都是在原产地长期生长发育过程中所获得的一种遗传性。石榴同一株树上同时有开花、抽梢、结果、花芽分化，几个物候期重叠交错出现，春梢、夏梢抽梢一般伴随着开花结果，果实生长期也较长。因此，在引种栽培和品种区域化等工作中，必须掌握各品种原产地的气候土壤状况、各品种的物候特性以及当地的气候土壤状况3个方面资料，才能做好引种和区划工作。

（二）我国不同地区的石榴树物候期

1.黄淮地区

根系活动期：吸收根在3月上中旬（旬平均30 cm地温8.5℃）开始活动。4月上中旬（旬平均30 cm地温14.8℃）新根大量发生，第一次新根生长高峰出现在5月中旬，第二次出现在6月下旬。

萌芽、展叶期：以芽形态为大米粒大小、肉眼可辨为萌芽期；叶片完全展开为展叶期。3月下旬至4月上旬，旬平均气温11℃时萌芽，随着新芽萌动，嫩枝很快抽出叶片展开。

初蕾期：以单蕾绿豆粒大小可辨定为现蕾。全树有5%现蕾为初蕾期。4月下旬，旬平均气温14℃。

初花期：5月15日前后，旬平均气温22.7℃左右，全树有5%花蕾开放为初花期。

盛花期：5月25日持续到6月15日前后，历时20 d，此期亦是坐果盛期，旬平均气温24～26℃。

末花期：7月15日前后，旬平均气温29℃左右，开花基本结束，全树95%以上花开放完毕。但就整个果园而言，直到果实成熟都可陆续见到花。

果实生长期：5月下旬至9月中下旬，平均气温24～18℃。石榴花完成授粉受精过程，子房开始膨大，无论是白花品种还是红花品种萼筒尾部开始发青，表明果实已经坐稳。石榴果实生长动态与积温的关系如表3-13，果实发育所需≥10℃积温超过3 100℃。

表3-13　石榴主要品种果实生长动态与积温关系（冯玉增）

品种	果实发育阶段	各阶段起止日	各段天数（d）	各期净增长量		各期增长率（%）		日平均净增量		各阶段≥10℃活动积温
				纵径（cm）	横径（cm）	纵径（cm）	横径（cm）	纵径（cm）	横径（cm）	
大红甜	幼果期	5月15日至6月30日	46	26.3	33.1	47.0	49.8	0.57	0.72	1 188.0
	缓长期	7月1日至8月5日	36	7.9	8.6	14.1	23.2	0.39	0.24	1 066.2
	转色期	8月6日至9月5日	31	12.6	13.5	22.5	32.8	0.41	0.44	710.6
	成熟期	9月6日至25日	20	9.2	11.2	16.4	16.9	0.46	0.56	202.5
	合计	5月15日至9月25日	133	56.0	66.4	—	—	—	—	3 167.3
大白甜	幼果期	5月15日至6月30日	46	29.5	34.6	44.2	45.6	0.64	0.75	1 188.0
	缓长期	7月1日至8月5日	36	11.5	12.3	17.2	16.2	0.37	0.40	1 066.2
	转色期	8月6日至9月5日	31	13.8	15.5	20.7	20.4	0.45	0.5	710.6
	成熟期	9月6日至25日	20	12.0	13.2	18.0	17.4	0.6	0.66	202.5
	合计	5月15日至9月25日	133	66.8	75.6	—	—	—	—	3 167.3

品种	果实发育阶段	各阶段起止日	各段天数（d）	各期净增长量		各期增长率（%）		日平均净增量		各阶段≥10℃活动积温
				纵径（cm）	横径（cm）	纵径（cm）	横径（cm）	纵径（cm）	横径（cm）	
大红袍	幼果期	5月15日至6月30日	46	29.2	34.6	46.8	43.4	0.63	0.75	1 188.0
	缓长期	7月1日至8月5日	36	10.9	12.1	17.5	16.6	0.30	0.34	1 066.2
	转色期	8月6日至9月5日	31	11.2	13.5	17.9	18.5	0.36	0.43	710.6
	成熟期	9月6日至25日	20	10.5	12.8	16.8	17.5	0.53	0.64	202.5
	合计	5月15日至9月25日	133	61.8	73.0	—	—	—	—	3 167.3

果熟期：9月中下旬，旬平均气温18～19℃，果实外观颜色、籽粒颜色和内在品质都达到了本品种固有属性。因品种不同提前或错后，极早熟品种可于8月下旬成熟，而晚熟品种直至10月上旬成熟。

落叶期：11月上中旬，旬平均气温11℃左右。

石榴树的地上年生长在旬平均气温稳定通过11℃时开始或停止。年生长期为210 d左右，休眠期为150 d左右。

2. 我国不同地区石榴树物候期比较

石榴物候期也因栽培地区、不同年份及品种习性的差异而不同，由于纬度造成的气温不同是影响物候期的主要因子。云南蒙自2月上旬萌芽，3月上旬开花，8月中旬成熟，12月中下旬落叶，而河南开封3月下旬萌芽，9月中下旬成熟，10月下旬至11月上旬落叶，地上生长期相差90 d左右，我国各石榴主要产区物候期比较见表3-14。

表3-14　石榴不同产地物候期比较（冯玉增，2000）

产地	出土	萌芽期	始花期	成熟期	落叶期	埋土	指示品种
河南开封	—	3月下旬	5月中旬	9月中下旬	10月下旬至11月上旬	—	大红甜
河北元氏	—	4月上旬	5月中旬	9月下旬至10月上旬	10月下旬	—	太行红
山东峄城	—	3月下旬	5月中旬	9月下旬	11月上旬	—	大青皮甜
山西临猗	—	4月上旬	5月中旬	10月上旬	10月下旬	—	江石榴

产地	出土	萌芽期	始花期	成熟期	落叶期	埋土	指示品种
陕西临潼	—	3月下旬至4月上旬	5月上旬	9月中下旬	11月初	—	净皮甜
安徽怀远	—	3月下旬	5月中旬	9月中下旬	10月底	—	玛瑙
四川会理	—	2月中旬	3月上旬	8月中下旬	12月上旬	—	青皮软籽
云南蒙自	—	2月上旬	3月上旬	8月中旬	12月中下旬	—	甜绿子
新疆喀什	3月下旬	4月上中旬	5月中旬	9月下旬至10月上旬	10月中下旬	11月下旬	皮亚曼

第三章 石榴的植物学特征与生物学特性

第四章 石榴生长环境条件与地理分布

第一节 石榴树生长对环境条件的基本要求

石榴树各器官的生长发育，都是在一定的生态环境下进行的，必需要素有土壤、光照、水分、温度、空气等，而风、地形、地势、昆虫、鸟类、菌类及大气成分对石榴树生长发育也有间接影响。有必要了解各种因素对石榴树生长发育的影响，从而最大限度地满足其生长之需，实现稳产、高产、优质的目的。

一、土壤

土壤是石榴树生长的基础。土壤的质地、营养状况、温度、透气性、水分、酸碱度、有机质、微生物区系等，对石榴树地下地上生长发育有着直接的影响。

影响石榴树正常生长的土壤条件，主要包括土壤质地、土层厚度、土壤酸碱度和土壤盐碱度。

1. 土壤质地

石榴树对自然的适应能力很强，在棕壤、黄壤、灰化红壤、褐土、褐壤土、潮土、沙壤土、沙土等多种土壤上均可健壮生长，对土壤选择要求不严，以沙壤土最佳。沙质土土壤疏松、通气透水能力强、微生物活跃，宜耕范围宽，有机质分解快，增温与降温快，昼夜温差大，适合果树的生长。生长在沙壤土上的石榴树，根系发达，植株生长快而健壮，根深、枝壮、叶茂、花期长、结果多、果实品质好，土壤管理方便。质地黏重的土壤中栽种，由于土壤透气性差，多雨季节容易发生田间渍害，根系病害多发而出现病死树现象，并易出现裂果，影响果实品质。

2. 土层厚度

石榴树根系在土壤中的分布和生长，对整个树体的生长结果以及抵抗不良环境的能力有重要影响。土层厚度直接影响根系垂直分布深度。土层深厚，根系分布深，吸收土壤中养分与水分的能力强，吸收量多，树体则生长健壮，为优质丰产提供基础条件。

据冯玉增对生长在沙壤土质上、无性繁殖苗定植的八年生白花重瓣石榴品种垂直根系调查，垂直根系深度达180 cm，主要根群分布在0～80 cm深的土层中，而水平根系主要分布范围在20～120 cm处。选择适宜的田地建园，创造适宜石榴树生长的土壤环境，是石榴树丰产、稳产、优质的基础。

在低山、丘陵等土层浅薄，以及河道沙滩土壤肥力贫瘠处的石榴树，由于土壤保水肥、供水肥能力差，导致植株生长缓慢、矮小，根幅、冠幅小、结果量少，果实小、产量低，抗逆能力差。

3. 土壤酸碱度

土壤 pH 值影响土壤中各种矿质营养成分的有效性，进而影响树体的吸收和利用。石榴对土壤酸碱的适应能力较强，在 pH 值 4.5～8.5 均可生长。但以 pH 值为 7±0.5 的中性和微酸偏碱土壤中生长最适宜。在土质疏松，排水、通气良好，土壤微酸、中性或微碱的土壤中所栽培的石榴，其果实色艳，有光泽，果皮薄，汁多，质优。pH 值过高的土壤，极易发生缺铁性失绿症。

4. 土壤盐碱度

在石榴对土壤盐碱的适应性研究方面认为，石榴对土壤盐碱有较好的适应性，不同品种耐盐碱能力不同。以泰山红石榴品种为例，土壤含盐量超过 0.3% 时，导致树势衰弱，易黄化，冻害发生严重等；含盐量超过 0.4%，导致根系、枝条韧皮部和木质部以及叶片发生盐害死亡。

二、光照

石榴树是喜光植物，在年生长发育过程中，特别是石榴果实的中后期生长、果实的着色，光照尤为重要。

光是石榴树进行光合作用、制造有机养分必不可少的条件，是石榴树赖以生存的必要条件之一。石榴树体的生长发育与产量形成都需要来自光合作用形成的有机物质。光合作用的主要场所是富含叶绿素的绿色石榴叶片，此外是枝、茎、裸露的根、花果等绿色部分，因此生产上保证石榴树的绿色面积很重要。而光照条件的好坏，决定光合产物的多少，直接影响石榴树各器官生长的好坏和产量的高低。光照充足，则生长发育健壮，结果良好，正常花形成多，其果实颜色艳丽，籽粒饱满，品质优良；当光照不足时，容易出现徒长，而且花芽分化不良，枝条郁闭，内膛光秃，生长结果能力变差，正常花所占比例小，果实着色差，风味变劣。

光照条件又因不同地区、不同海拔高度和不同的坡向而有差异。此外，石榴树的树体结构、叶幕层厚薄与栽植距离有关。一般光照量在我国从南向北随纬度的增加逐渐增多；在山地，从山下往山上随海拔高度的增加而加强，并且紫外光增加，有利石榴的着色；从坡向看，阳坡比阴坡光照好；石榴树的枝条密、叶幕层厚，光照差；石榴树栽植过密光照差，栽植过稀光照利用率低。

石榴果实的着色除与品种特性有关外，与光照条件也有很大关系，阳坡石榴树的果实着色好于阴坡；树冠南边向阳面及树冠外围果着色好。

栽培上要满足石榴树对光照的要求，在适宜地区栽植是基本条件，而合理密植、适当整形修剪，防治病虫害，培养健壮树体则是关键。我国石榴栽培区年日照时数的分布是东南少而西北多，从东南向西北增加。大致秦岭淮河以北和青藏、云贵高原东坡以西的高原地区都在 2 200～2 700 h；银川、西宁、拉萨一线西北地区，年日照时数普遍在 3 000 h 以上，其中南疆东部、甘肃西北部和柴达木盆地在 3 200 h 以上，局部地区甚至可以超过 3 300 h，是日照最多的产区；秦岭淮河以南，昆明以东地区，除了台湾中西部、海南尚可达到 2 000～2 600 h 外，年日照时数均少于 2 200 h，是日照较少的产区，其中西起云南、青藏高原东坡，东至东经 115°，广州、南宁以北，西安、武汉以南地区，年日照时数少于 800 h，四川盆地、贵州北部和东部是这个少日照区的中心，年日照时数不到 1 400 h，重庆东南、黔西北、鄂西南交界地区年日照时数还少于 1 200 h。全国各地石榴产区的年日照时数基本可满足石榴年生长发育对光照的需求。

9 月是石榴成熟季节，光照情况直接影响石榴着色和品质。不同地区日照情况大致为：四川盆地、贵州、云南东部、甘肃东南、陕南、鄂西、湘西地区，当月平均日照时数少于 140 h，四川盆地和贵州全省少于 100 h，个别地区甚至少于 60 h，即日照每天不足 2 h，对石榴成熟影响严重，由于阴雨寡照，后期果实病害较多；华南沿海 220 h 以上，江浙沿海 200 h 上下；秦岭淮河以北，天津、石家庄、太原、西宁以南在 200～240 h。9 月日照平均在 200 h 以上地区，除个别阴雨年份外，可以满足石榴成熟对光照的需求。

石榴果实在树上的发育时间较长，果实发育期如果阳光过强，直接被阳光照射的果面易被灼伤，形成日灼果，严重影响外观和内在品质。生产上要注意通过栽培措施，防止日灼的发生，减少损失。

三、温度

石榴属喜温树种，喜温畏寒。影响石榴树生长发育的温度主要表现在空气温度、土壤温度、有效积温和冬季极端低温 4 个方面，温度直接影响着石榴树的水平和垂直分布。

1. 空气温度

据冯玉增等研究，石榴树在旬平均气温 10℃左右时树液流动；平均气温 11℃左右时萌芽、抽枝、展叶；日气温 24～26℃授粉受精良好；日气温 18～26℃适合果实生长和种子发育；日气温 18～21℃，且昼夜温差大时，有助于石榴籽粒糖分积累；当旬平均气温 11℃时落叶，地上部进入休眠期。

2. 土壤温度

据冯玉增等研究，当春季旬 30 cm 平均地温 8.5℃左右时根系开始活动，当春季旬 30 cm 平均地温 14.8℃左右时新根大量发生。由于地温变化小，春季升温早，冬季降温晚，所以在北方落叶果树区石榴树根系活动周期比地上器官长，即根系的活动春季早于地上部，而秋季则晚于地上部停止活动。生长在亚热带生态条件下的石榴树，改变了落叶果树的习性，即落叶和萌芽年生长期内无明显的界限，地上地下生长基本上无停止生长期。

3. 有效积温

石榴从现蕾至果实成熟需≥10℃的有效积温 2 000℃以上，年生长期内需≥10℃的有效积温在 3 000℃以上。我国石榴分布区各种界限温度初、终日期、持续日数和≥10℃积温情况如下。

稳定通过 0℃初期日期：济南、石家庄、延安以南地区 2 月底 3 月初稳定通过 0℃；太原、兰州一线以南 3 月 5 日前后稳定通过 0℃；大致北纬 30° 以南出现稳定低于 0℃的年份已经不足 2/3。

稳定通过 0℃终期日期：天津、石家庄、太原、兰州、银川一线 11 月内通过 0℃；黄淮之间 12 月 10 日前后平均气温稳定降到 0℃以下；此线以南和川西高原以东地区日平均气温均要到元旦以后才降到 0℃以下，而这里也已不是年年都有稳定低于 0℃的时期。

稳定≥0℃的持续日数，长城以南多于 250 d；东部大约北纬 35° 以南，可达 300 d 以上；大巴山、汉水以及东经 115° 以东、北纬 30° 以南地区，全年均为稳定≥0℃的生长期。

日平均气温高于 10℃，是喜温植物的石榴进入生长期的重要气象学指标。≥10℃初日：北京、太原、兰州一线 4 月 10 日前后气温升过 10℃；此线以南，大别山和江淮以北地区于 4 月初先后升到 10℃以上；长江中下游地区大部分在 3 月以内升过 10℃；雷州半岛以北的华南大部地区、云南中南部，2 月内就已进入 10℃以上。≥10℃终日：北京、太原、银川、兰州一线，10 月 20 日前后，温度降到 10℃以下；此线以南，青岛、安阳以及秦岭一线以北于 10 月底低于 10℃，此线南向、川西高原以东地区于 11 月内由北向南逐渐降到 10℃以下，如河南郑州地区在 11 月 10 日前后降到 10℃以下，大约北纬 25° 以南地区更晚到 12 月，两广中南部，福建最南部地区多数年份已不出现≤10℃时段。

在我国石榴分布区，石榴年生长期内≥10℃的积温分布：北起华北平原，渭河河谷，南至北纬 32° 左右的江淮之间、大巴山脉，≥10℃的积温均在 4 000~5 000℃；北纬 26°~32° 地区为 5 000~6 000℃；北纬 26° 以南的岭南地区以及云南中南部地区达到 6 000~8 000℃；雷州半岛、海南和台湾中南部地区≥10℃积温高于 8 000℃。各产区温度完全可以满足石榴年生长发育需要。

4. 冬季极端低温

石榴喜温畏寒，是否适合在某地区进行露地大田商品栽培，冬季极端最低温度是关键限制因素。据研究，冬季极端低温值、低温持续时间、低温来临早晚，都直接影响石榴树是否遭受冻害，以及冻害的严重程度。冬季低温石榴冻害的发生，除与石榴自身抗寒性差的树种特性有关外，还与种植地域、当地立地条件、品种、管理水平等有关。如果某地冬季低温伤害发生严重而频繁，即失去了栽培利用价值（彩图 4-1，彩

图 4-2）。

温度是石榴主要的生存因子。石榴在长期适应和演化过程中，形成了本身特有的遗传特性、生理代谢类型和对温度的适应范围，因而形成了以温度为主导因子的自然分布地带。限制石榴分布的温度诸多因子中，主要是气温、冬季最低温度和最低温度持续时间。

陈延惠等于 2009 年春，对郑州市荥阳市刘沟村的突尼斯软籽和豫大籽石榴品种冻害情况调查表明，1～2 年生突尼斯软籽石榴树冻害最为严重，所有调查植株全部死亡，冻害指数达到 100%；3～4 年生的石榴树冻害较严重；五年生及以上的石榴园平均约有 70% 的植株发生冻害；位于地势低、通风不畅、向阳的地块冻害更明显；由扦插苗建成的果园冻害比嫁接苗建成的果园冻害重。而五年生及以上豫大籽石榴园的冻害较轻，表明豫大籽石榴品种具有较强的抗冻性，而且树龄偏大，具有一定抵抗力，对外界气温的变化和环境条件的改变具有较高的适应性。由此可见，在建园的时候，选择耐寒强品种，同时加强田间管理，可以有效提高石榴树的抗冻程度，减轻冻害的发生。

四、水分

水是植物体的组成部分。石榴树根、茎、叶、花、果的发育均离不开水分，其各器官含水量分别为：果实 80%～90%，籽粒 66.5%～83.0%，嫩枝 65.4%，硬枝 53.0%，叶片 65.9%～66.8%。

水直接参加石榴树体内各种物质的合成和转化，也是维持细胞膨压、溶解土壤矿质营养、平衡树体温度的不可代替的重要因子。

水分不足和过多都会对石榴树产生不良影响。水分不足，大气湿度小，空气干燥，会使光合作用降低，叶片因细胞失水而凋萎。据测定，当土壤含水量 12%～20% 时，有利于花芽形成和开花坐果，控制幼树秋季旺长，促进枝条成熟；20.9%～28.0% 时有利于营养生长；23%～28% 时有利于石榴树安全越冬。石榴树属于抗旱力强的树种之一，但干旱仍是影响其正常生长发育的重要原因，在黄土丘陵区以及沙区生长的石榴树，由于无灌溉条件，生长缓慢，比同龄的有灌溉条件的石榴树明显矮小，很易形成"小老树"。水分不足除对树体营养生长影响外，对其生殖生长的花芽分化、现蕾开花及坐果和果实膨大都有明显的不利影响。据测定，当 30 cm 土壤含水量为 5% 时，石榴幼树出现暂时萎蔫，含水量降至 3% 以下时，则出现永久萎蔫。反之，水分过多，日照不足，光合作用效率显著降低，特别当花期遇雨或连阴雨天气，树体自身开花散粉受影响，而外界因素的昆虫活动受阻，花粉被雨水淋湿，风力无法传播，对坐果影响明显。花期干旱或遇阴雨常引起落花落果，这与授粉受精不良有关。在果实生长后期遇阴雨天气时，由于光合产物积累少，果实膨大受阻，影响着色。但当后期天气晴好、光照充足、土壤含水量相对较低时，突然降水和灌水又极易造成裂果。

在我国，石榴分布在年降水量 55～1 600 mm 的地区，且降水量大部分集中在 7—9 月的雨季，多数地区干旱是制约石榴丰产稳产的主要因子。

石榴树对水涝反应也较敏感，果园积水时间较长或土壤长期处于水饱和状态，对石榴树正常生长造成严重影响。生长期连续 4 d 积水，叶片发黄脱落，连续积水超过 8 d，植株死亡。石榴树在受水涝之后，由于土壤氧气减少，根系的呼吸作用受到抑制，导致叶片变色枯萎、根系腐烂，树枝干枯，树皮变黑乃至全树干枯死亡。因此，石榴园也不宜间作需水量大的蔬菜等作物，同时注意建好石榴园排水系统。

水分除直接影响石榴树的生命活动外，还对土壤温度、大气温度、土壤酸碱度、有害盐类浓度、微生物活动状况产生影响，而对石榴树发生间接作用。

在年生长周期内不同物候期，石榴树体对水分的需要是不同的。石榴树在休眠期耗水少，当树叶长成和坐果之后，耗水明显增多。到生长末期，耗水又减少。无论何时，当供水低于树体蒸腾需要而造成亏缺时，都会影响树体的生长发育，甚至造成伤害。

五、风

通过风促进空气中二氧化碳和氧气的流动，可维持石榴园内二氧化碳和氧气的正常浓度，有利光合、呼吸作用的进行。一般的微风、小风可改变林间湿度、温度，调节小气候，提高光合作用和蒸腾效率，解除辐射、霜冻的威胁，有利生长、开花、授粉和果实发育。所以风对果实生长有密切关系。但风级过大易形成灾害，对石榴树的生长又是不利的。

六、地势、坡度和坡向

石榴树垂直分布范围较大，从平原地区的海拔一二十米，到山地 2 000 m 不等。在四川会理、云南蒙自、巧家等处山地，石榴分布在柑橘、梨、苹果等落叶果树之间，云南蒙自以海拔 1 300～1 400 m 处栽培石榴最多。四川攀枝花石榴最适宜区在海拔 1 500 m 处，四川会理、云南会泽海拔 1 800～2 000 m 地带都有石榴分布，重庆巫山和奉节地区石榴多分布在海拔 600～1 000 m 处。陕西临潼，石榴分布在海拔 150～800 m 范围，以 400～600 m 的骊山北麓坡、台地和山前洪积扇区的沙石滩最多。山东峄城石榴多分布在海拔 200 m 左右的山坡上。安徽怀远石榴生长在海拔 50～150 m 处。河南开封石榴生长的平原农区，海拔也只有 70 m。华东平原的吴县海拔仅有一二十米。

地势、坡度和坡向的变化常常引起生态因子的变化而影响石榴树生长。就自然条件的变化规律而言，一般随海拔增高而温度有规律地下降，空气中的二氧化碳浓度变稀薄，光照强度和紫外线增强。雨量在一定范围内随高度上升而增加。但随垂直高度的增加，坡度增大，植物覆盖程度变差，土壤被冲刷侵蚀程度较为严重。自然条件的变化有些对石榴树的生长是有利的，而有些则是不利的，不利因素为多，石榴树在山地就没有平原区生长得好，但在一定范围内随海拔高度的增加，石榴的着色、籽粒品质明显优于低海拔地区。

坡度的大小，直接影响太阳辐射的接受量、水分的再分配及土壤的水热状况，其影响的大小又与坡度的大小相关。

丘陵和山坡坡度简分为四级：≤5° 为缓坡，5°～20° 为斜坡，20°～45° 为陡坡，≥45° 为峻坡。而 5°～20° 的斜坡是发展果树的良好坡地。

坡度影响土层的厚度。通常表土层厚度与坡度是负相关。坡度越大，土层越薄，含石量越多，土壤含水分与养分越少。我国的黄土高原，坡度对黄土的厚薄影响不大，但对土壤水分的差异仍有明显的影响。曲泽洲等（1988）研究，在连续晴天时，坡度为 3°，表土含水量为 75.22%；坡度为 5°，表土含水量为 52.38%；坡度为 20°，表土含水量为 34.78%。同一坡面上，坡的上段比下段的土壤含水量低。坡度不同，土壤冻结的深度有差异。坡度为 5° 时，冻结深度在 20 cm 以上，15° 则为 5 cm。

由于坡向不同接受的太阳辐射量不同，光、热、水条件有明显的差异。除平地外，在北半球总的趋势是南向坡接受的太阳辐射最大，北向坡接受的太阳辐射最小，东坡与西坡介于两者之间。坡向对日照与气温的影响，在同样的地理条件下，南坡日照充足，气温较高，土壤增温也快；而北坡则相反。西坡与东坡得到的太阳辐射相等。但是实际上上午太阳照东坡时，大量的辐射热用于蒸发消耗，或因云雾较多，太阳辐射被吸收或散射损失较多；当下午太阳照到西坡时，太阳辐射用于蒸发大大减少，或因云雾较少，地面得到的直接辐射较多，因而西坡的日照较强，温度较高，果树遭受日灼也较多。

坡向对坡地的土壤温度、土壤水分有很大影响，南坡日照时间长，所获得的散射辐射也比水平面多，小气候温暖，果树的生长结果或灾害表现也有明显差异。同一品种在南坡比在北坡物候期开始得早，结束较晚，物候进展较快。生长在南坡的果树树势健壮，产量较高，果实成熟较早，着色好，含糖量较高，含酸较少。但南坡因温度较高，融雪和解冻都较早，蒸发量大，易受干旱。生长在北坡的果树，由于温度低、日照少、枝梢成熟不良，降低越冬力。

另外，果园坡形对土壤肥力等也有一定的影响。果园坡形是指斜坡顺切面的形态，具有直、凹、凸及阶形坡等不同类型。不同坡形的坡面，由于耕作和水力搬运的结果，土壤的厚度和肥力不同，出现了不同的地形肥性。阶形坡的平坦或缓斜部分，其地形肥性较高，直坡的下部 1/2 部分、凹坡偏下的 2/3 部分、宽顶凸坡偏上 2/3 部分的地形肥性也较高。在长坡的中部如出现凹地或槽谷，则在冬春夜间冷空气下沉，往往形成冷气湖，使果树易受霜害，不耐寒的品种易受寒害。

总之，石榴的环境条件是发展石榴生产的基础和前提。发展优质石榴生产，除了选择优良品种，采用配套、先进的栽培管理技术外，选择合适的生态环境也至关重要。

自然条件对石榴树生长发育的影响，是各种自然因子综合作用的结果，各因子间相互联系，相互影响和相互制约，在一定条件下，某一因子可能起主导作用，而其他因子处于次要地位。因此，建园前必须把握当地自然条件和主要矛盾，有针对性地制定相应技术措施，以解决关键问题为主，解决次要问题为辅，综合利用外界自然条件，有利于石榴树的生长和结果。

第二节　我国石榴的栽培区划

我国幅员辽阔，各地自然条件、社会经济条件和生产技术水平差异很大。因此，因地制宜发展石榴生产具有十分重要的意义。

石榴栽培区划是石榴科研和生产的一个重要组成部分，它能客观反映石榴的品种、类群与生态环境的关系，明确其最适栽培区、次适栽培区、不宜栽培区，便于制定发展规划、建立商品生产基地，为引种、育种工作提供科学依据。

一般而言，凡是冬季绝对气温不低于 -13℃，旬最低温度平均值不低于 -7℃地区，均为石榴的适宜栽培区。凡是冬季绝对最低气温不低于 -15℃，旬最低温度平均值不低于 -9℃地区，为次适栽培区，低温冻害是限制石榴发展的最关键因子。因此，除河北迁安、顺平、元氏及山西临汾、临猗以北地区，甘肃临洮，西藏贡觉、芒康一线以西，以及内陆省区高海拔地区，不宜种植石榴树外，南界至海南最南端乐东、三亚，东界至黄海和南海边，全国 20 余个省、自治区、直辖市可以发展石榴生产。水平分布的地理坐标为东经 98°～122°、北纬 19°50′～37°40′。

根据各地生态条件，石榴分布现状及其栽培特点，可将石榴划分为 8 个栽培区。

一、豫鲁皖苏栽培区

该区为黄淮平原，包括河南开封、封丘，山东枣庄峄城区、薛城区及安徽怀远和江苏铜山等主产区。区内年平均气温 13.9～15.4℃，年降水量 628～900.7 mm，无霜期 218 d 左右，海拔 70～150 m。土壤为棕壤、褐土、潮土，pH 值 7.1～8.5。该区交通条件便利，主产区管理精细、产量高、品质好，但周期性冻害（几年、十几年不规律）和病虫害是本区生产的主要障碍。

二、陕晋栽培区

该区包括陕西临潼、渭南、乾县，河南荥阳、巩义及山西临猗、临汾、运城等主产区。此区是我国石榴栽培最早的地区，也是传播中心，形成了驰名中外的临潼和河阴石榴。石榴主要分布在黄河两侧海拔 600 m 左右的黄土丘陵上，除果用外还具有水土保持的功用。区内年平均气温 11.8～13.9℃，无霜期 210～220 d，年降水量 509～685 mm。土壤为黄壤、褐壤土，pH 值 6.5 左右。本区集中产地管理精细，产量高，但零星分布区管理粗放、病虫为害重。

三、金沙江中游栽培区

该区包括四川会理及云南巧家、元谋、禄丰、会泽 4 县等主产区。石榴分布海拔为 1 300～1 800 m。区内年平均气温 15.4℃～16.9℃，无霜期 315 d 左右，年降水量 750～900 mm。土壤为灰化红壤等，pH 值 6.5～7.5。在金沙江干旱河谷气候影响下，石榴年生育期比北方长一个月左右。在此生态条件下，石榴生长良好，品质较佳，近年发展较快。主要问题是交通外运不便。

四、滇南栽培区

该区为横断山南部，包括云南蒙自、建水、开远、个旧 4 县（市）等主产区。石榴分布在海拔 1 050～1 400 m 的平坝或低山丘陵地带。区内年平均气温 18.5～20.4℃，无霜期 326～337 d，年降水量 711.8～805.8 mm。土壤为山地红壤、黄壤，pH 值 4～6。石榴年生长期较长，6 月果实陆续成熟，适宜石榴发展。

五、三峡栽培区

该区包括重庆渝北区、巫山县、奉节县、南川县、武隆县、丰都县等市县，以及湖北宜昌、荆门。区内年平均气温 17.5℃，年降水量 1 116 mm，无霜期 311 d。土壤主要为紫色土和潮土。石榴多分布在海拔 200～700 m 的四旁地方。由于三峡的旅游开发，近年石榴作为特色经济发展较快，但 5 月长期阴雨影响石榴授粉，后期多雨又易造成烂果。

六、长江三角洲栽培区

包括太湖中的东山、西山等半岛和湖中岛屿的山坡、路旁和太湖周边地区以及江苏如皋、南京，浙江义乌、萧山、富阳、杭州等地。该区生态条件好，年平均气温 15～16℃，无霜期 220～240 d，年降水量 1 000～1 200 mm，5 月的梅雨季节和石榴成熟时的多雨导致石榴坐果率低和后期烂果重。

七、新疆南疆栽培区

该区属塔里木盆地边缘，位于古丝绸之路南中两线沿线，为温带干旱气候区。主要包括喀什地区的喀什、疏附、疏勒、叶城，和田地区的和田、墨玉、皮山、洛浦、策勒等地，以及克孜勒苏柯尔克孜自治州、巴音郭楞蒙古自治州下辖市县的一些地方，是我国最西部的石榴产区，也是我国石榴栽培独立分布区，区内年均日照时数 3 000～3 200 h，≥10℃的有效积温为 3 800～4 200℃，年平均气温 11.3～11.7℃，冬季极端最低温度 -29.9～-27.5℃，无霜期 215 d 左右，年降水量 55.6～65 mm，年蒸发量超过 2 400 mm。土壤为潮土和草甸土。冬季需埋土防冻。本区夏季的气候条件可以满足石榴正常生长发育的需求，但寒冷的冬季，加之极度干旱的气候条件，极端低温常致石榴树被冻死。因此本区石榴采用的是匍匐栽培树形、在冬季必须埋土才能安全越冬，独特的气候条件使新疆的石榴栽培方式也较为独特。

八、三江栽培区

该区属积石山—祁连山高原山地。石榴分布在西藏东南部三江流域的野生树林内。主要分布在贡觉、芒康境内金沙江、澜沧江、怒江、察隅河河谷两岸，年降水量 1 200～1 600 mm，海拔 1 600～3 000 m，为荒坡、田边的野生群落。种类为酸石榴（占 99.4%）、甜石榴（占 0.6%）及极少开花不结实的观赏石榴，多为散生。

除上述 8 个主要栽培区外，其他主要栽培区还有河北石家庄元氏县，以及近年新发展区的井陉、赞皇、顺平、平山等唐山迁安。甘肃甘南产区的甘南藏族自治州舟曲县，陇南武都区、文县、宕昌县、康县、成县、徽县；临夏州的积石山；定西临洮县；湖北武汉、黄石；湖南湘潭；怀化芷江；广东南澳；广西梧州；海南及台湾等地。

第五章　石榴种质资源与良种选育

第一节　石榴的种质资源

石榴（*Punica granatum* Linn.），长期以来植物分类，把石榴列为：石榴科（Punicaceae）石榴属（*Punica*）植物，含 2 个种；2003 年被子植物 APG Ⅱ 分类法将石榴划归千屈菜科（Lythraceae）石榴亚科（Punicoideae），含 2 个种。我国引入栽培的只有 1 种，即石榴（*Punica granatum* L.）。另外在印度洋西部的索科特拉岛（*Socotra*，属也门哈德拉毛省）上，曾发现一种石榴属的野生种（*Punica protopunica* Balf.），但无栽培价值。

一、石榴的变种

国内园艺学家按照传统的园艺学分类，我国栽培 1 种、若干个变种。栽培的模式种为：石榴 *Punica granatum* Linn.。而根据花的颜色、重瓣或单瓣、花后结果与否等特征，将与模式种特征性状有差异的，又分类出若干个栽培变种，常见的有月季石榴，又名四季石榴（*Punica granatum* 'Nana'）；白石榴，又名银榴（*Punica granatum* 'Albescens' DC.）；玛瑙石榴（*Punica granatum* 'Lagrellei'）；重瓣白花石榴（*Punica granatum* 'Multiplex' Sweet）；千瓣红花石榴（*Punica granatum* 'Flore Pleana'）；墨石榴（*Punica granatum* 'Nigr'）；黄石榴（*Punica granatum* 'Flavescens' Sweet）。

1. 月季石榴

又称四季石榴。植株矮小（株高 50～100 cm），一年生枝条绿色。叶线形，长2.5～3 cm，宽 0.5～0.6 cm。花小，红色，花瓣 6 片，花期 5—9 月。果皮粉红色，果小。为盆栽观赏品种。

2. 白石榴

嫩叶和枝条灰白色，成龄叶浅绿色。花瓣 5～7 片背面中肋浅黄色。花丝、花柱青白色，花粉白色，萼筒低，萼 5～8 片，一般 6 片，萼片开张。果实球形，黄白色。该变种品质上等，丰产潜力大，分布范围较广。

3. 玛瑙石榴

花红色，具黄白色条纹，中肋浅黄色，重瓣 54～60 片。花丝白色，花药变花冠形25～34 片。果实球形，萼 6 片反卷。不孕花雌蕊退化至 0.2～0.3 cm。

4. 重瓣白花石榴

花白色，花瓣 27 片，背面中肋浅黄色，花药变花冠形 50～100 枚。花柱、花丝白色，不孕花有叠生现象，萼 6 片闭合。果实圆形，果面有棱，果皮粉白色。该变种花形美观，在沙地生长良好，赏食兼用，分布范围较广。

5. 千瓣红花石榴

花冠红色，花瓣 15～23 片，花药变花冠形 32～43 枚（俗称千层花），不孕花有叠生现象。萼筒较高，萼 6～7 片。果实球形，果皮青绿色，薄而易裂果，向阳面有薄层红晕。该变种果实早熟，花形美观，为绿化观赏的优选树种，分布范围较广。

6. 墨石榴

植株矮小。一年生枝条紫黑色，叶长椭圆形，花瓣 6 片。花期 5—7 月。果小球形，果皮紫黑色，萼筒高，萼 6 片反卷。

7. 黄石榴

又称黄花石榴，树体矮小，枝条细密，多年生枝灰褐色，细软。花黄色，单瓣，5～7 枚。黄淮产区花期 5—10 月。为观赏品种。

其他还有重瓣月季石榴、粉红花石榴、重瓣粉红花石榴、黄金榴等。

二、石榴的品种资源

据研究发现，石榴在我国 23 个省区有分布，石榴品种资源丰富。各地一般冠以地名，作为当地石榴品种的总称。如河南的河阴石榴（荥阳）、范村石榴（河南开封南郊地名），云南的蒙自石榴、建水石榴、盐水石榴（会泽），四川的会理石榴，陕西的临潼石榴，山东的峄城石榴，新疆的叶城石榴，安徽的怀远石榴、淮北石榴（烈山）等。原有的各地品种名称，多以产地，结合籽粒风味（口感），如甜、甜酸、酸（可食）、涩酸（不堪食用）；或结合果皮颜色，如白皮、青皮、红皮、紫皮、黄皮等；或结合果皮的厚度，如厚皮、薄皮等；或结合籽粒颜色，如红色、粉红色、紫红色、白色、黑色等；或结合籽核硬度，如硬籽、半硬籽、软籽等；或结合成熟期，如早熟品种、中熟品种、晚熟品种等；或结合籽粒形状命名等；或结合花瓣颜色及花瓣数，分为红花重瓣、白花重瓣等。多以产地、花瓣颜色、果皮颜色、果实形态、籽粒大小、籽液口感、萼筒形状、经济性状、成熟期等综合性状对品种名命和评价。

据研究，全国共有石榴品种（类型）近 400 个。冯玉增等根据栽培目的，以及消费习惯，将我国石榴品种资源，划分为 4 个类型，分别为食用型、加工型（酸石榴类）、赏食兼用型、观赏型。

1. 食用型

以食用鲜果为主，该类品种一般果实较大，平均果重 70～700 g，外观漂亮，皮色红色、黄色、白色、黄绿色等，一般含糖量 5%～13%，含酸量 0.15%～0.4%，二者比例适合，风味（口感）甜或甜酸（以甜为主，微有酸味），产量较高，是栽培的主要类群，占总品种数的 80% 以上。

2. 加工型

主要指酸石榴品种，平均单果重 85～600 g，最大单果重 1 236 g，一般含糖量 2.24%～8.5%，含酸量 3.40%～4.9%，风味（口感）酸或涩酸，不具鲜食价值，籽粒可加工果汁、果酒、饮料等，并有药用价值，约占总品种数的 10%。

食用和加工型品种，有如下产区。

河南产区 28 个：其中优良品种为大红甜、大白甜、大红袍、范村软籽、薄皮、关爷脸、铜皮、河阴软籽、大钢麻子。其他品种有小红酸、大红酸、落花甜、黄皮酸、马牙黄、鲁庄黄、大青酸、小青酸、南召酸、青皮甜、铁皮、三白酸、胭脂红、冰糖、小叶钢、栾川红、站街黄、南召酸、杨里白。

四川产区 11 个：其中优良品种为青皮软籽、红皮、江驿、软核酸。其他品种有黄皮甜、白皮、黄花皮、红皮酸、青皮酸、黄皮酸、白皮酸。

山东产区 23 个：其中优良品种为大青皮甜、泰山红、大马牙甜、谢花甜、冰糖籽、软仁、大红皮甜。其他品种有蚂蚁渣、大渣子、岗榴、小青皮甜、小红皮甜、红麻皮、三白甜、大青皮酸、大红皮酸、小红皮酸、白皮酸、半口马牙甜、小青皮酸、半口青皮酸、大马牙酸、麻皮糙。

陕西产区 33 个：其中优良品种为大红甜、净皮甜、软籽净皮甜、天红蛋、三白甜、鲁峪蛋、软籽白、软籽红、软籽天红蛋、软籽鲁峪蛋、御石榴、红皮甜、白皮甜。其他品种有红籽白、玫籽白、粉花白、大红酸、鲁峪酸、一串铃、晚霞红、围项子、垢痂皮、银边红、火石榴、笨石榴、绿皮小甜、麻皮小甜、红皮酸、黑皮酸、青皮、酒石榴、甜石榴、代家坝。

安徽产区 39 个：其中优良品种为玉石籽、玛瑙籽、青皮、大笨籽、软籽、满园香、水晶。其他品种有青皮糙、粉皮、二笨、笨石榴、白花、铜壳、青皮酸、摇头酸、红皮半口酸、白石榴、火葫芦、铜皮糙、萧县红等。

云南产区 41 个：其中优良品种为火炮、红花皮、绿皮、糯石榴、青壳、甜绿籽、柳叶、红皮白子、汤碗、红水晶。其他品种有黑皮、铜壳、红壳、酸青壳、水晶汁、早白、弥长、建水酸、甜砂子、厚皮、酸光圆、酸绿籽、酸光籽、酸沙籽、扁嘴、莹皮、花皮、粗皮、莹皮酸、铜皮、红皮酸、绿皮酸、白花、酸石榴、野石榴、宾居、白水晶、川石榴、红籽、大红籽等。

江苏产区 10 个：其中优良品种为大红种、冰糖酥。其他品种有小红种、稍头青、水晶、火皮、虎皮、铜皮、小种、老油头。

河北产区 9 个：其中优良品种为大红皮甜、大青皮甜。其他品种有大红皮酸、岗石榴、火石榴、紫皮甜、三白、红籽白、五子登科。

新疆产区 13 个：其中优良品种为叶城大籽、叶城甜、喀什甜、皮亚曼、达乃克、塔特力克、阿奇克、拉火西、黑歇克、策勒大甜。其他品种有叶城酸、喀什红籽酸、策勒酸。

甘肃产区 3 个：优良品种为白石榴，其他两个品种为马齿、格子。

山西产区 4 个：优良品种为江石榴，其他 3 个品种为冰糖、三白、朱砂。

广东产区 2 个：白籽冰糖、甜果仔均为优良品种。

广西产区 2 个：优良品种为胭脂红，另一个品种为水清。

浙江产区 2 个：优良品种为华埠大红，另一个品种为银榴。

湖南产区 6 个：优良品种为糖石榴、红石榴。其他品种有沙壳、花壳、铁壳、鸭蛋。

西藏产区 2 个：分别为酸石榴、甜石榴。

3. 赏食兼用型

指花冠大、冠径可至 10 cm 以上，花瓣数多，一般达数十枚至上百枚，花色艳，单朵花开放时间可达 7～10 d，花期长至 8 月中下旬的一类品种，极具观赏价值。一般结果率较低，果实较小，一般单果重 97～350 g，国内新报道的变异株牡丹花石榴果重可达 1 000 g 以上。一般为灌木，树势中强，是典型的果树及观赏植物资源，多作绿化树种利用。共 5 个品种，分别为红花重瓣、白花重瓣、橘红重瓣、金边、洒金丝。

4. 观赏型

其植株矮小，株高一般不超过 1 m，花期较长，以赏花为主，有些品种结果，但果实较小，最大不超过 50 g，一般不具有食用价值，紫果品种有赏果价值，多作盆栽品种，共 11 个品种。分别为海石榴、银花榴、月季、重瓣月季、醉美人、墨石榴、重台紫果、重瓣红、玛瑙、千瓣黄、哑巴。

赏食兼用型和观赏型品种在全国各产区基本都有分布，或分布不规律。

在上述 16 个省区中，河南开封、荥阳、淅川，山东峄城，安徽怀远、淮北，陕西临潼、潼关，四川会理、攀枝花，云南蒙自、永胜，新疆叶城等地区是国内最有影响的产区。另外，湖北、江西、海南、台湾、福建、贵州、北京等地也有分布，但资源不详。其他北部、西部省区由于冬季低温寒冷，石榴不能安全越冬而限制其发展种植。

三、优良资源

近年来，国内各产区在资源调查的基础上，对品种资源进行了筛选、鉴定，根据早实、丰产、优质（含糖量高，含酸量适中，风味甜或甜酸）、耐贮、外观商品价值高（果皮红色、白色或黄色，果面光洁）、抗逆性强、适应性广，或有其他特殊优良性状，如籽粒核软可咀嚼吞咽等。选育出一批适合本地种植或在一定区域范围内推广的优良品种，共约 80 个，其中软核品种约 30 个。各地选出的优良品种已适应了本地自然环境，在当地都有一定的栽培面积。

四、新育成品种

在资源选优利用的同时，各主要产区注重利用资源进行创新研究，采用芽变选种、系统选育、杂交育种和辐射育种等方法，选育出黑籽品种、软核品种，矮化品种及优质多抗的高产品种等，至目前国内已通过各种方法选育出约 50 个新品种。分别介绍如下。

河南主要有蜜露软籽、蜜宝软籽、蜜宝软籽 1 号、蜜宝软籽 2 号、蜜宝软籽 3 号、豫石榴 1 号、豫石榴 2 号、豫石榴 3 号、豫石榴 4 号、豫石榴 5 号、豫大籽、天使红、中农红、冬艳等。

四川主要有大绿籽、薄白籽、仁和大籽等。

山东主要有峄州红、峄红 1 号、峄榴 88-1、峄榴 88-6、峄县大红、青甜 1 号、枣辐软籽 9 号、87—青 7、峄青 11 号、峄白 2 号、优株 8940、黑籽甜、蒙阳红、短枝红、秋艳等。

陕西主要有丽山红、彤欣、临选 1 号、临选 2 号、临选 4 号、临选 8 号、陕西大籽等。

安徽主要有妃红、酥籽、皖榴 1 号、皖榴 2 号、皖榴 3 号、粉红皮 1 号、粉红皮 2 号、粉红皮 3 号、淮北软籽 5 号、红巨蜜等。

新疆主要有叶选 4 号、洛克 4 号、皮亚曼 1 号、皮亚曼 2 号、策勒 1 号、策勒 2 号、藏桂 3 号、固玛 4 号、木奎拉 5 号、阿克萨拉依 2 号、尼雅 1 号、拉斯奎 1 号、伽依 2 号（又名娜郝希）等。

五、引进品种

国内一些涉农部门还注重对国外资源的引进利用，其中有河南的突尼斯软籽、慕乐、玛丽斯，云南的泰国石榴，四川的紫美，以及黑籽酸、黑籽甜、蓝宝石、奇好等。

第二节　资源调查、收集与保存

石榴引进我国栽培后，经劳动人民的长期生产实践，石榴的种类和品种非常丰富，各地有不少传统的优良品种，仍是当地的主栽品种，可以直接利用；有些可以成为抗性育种的重要种质资源；一些酸石榴品种可作为食品工业、饮料工业的重要天然添加剂。规模化栽培生产始于 20 世纪 80 年代，有目的的育种工作也始于此期，育种速度较快，已培育出 50 余个新品种，国外也已引进多个新品种。这些品种很好地适应了我国各地石榴生产的需要，为我国石榴产业的发展起到了积极的推动作用。随着我国石榴产业的发展，生产上对石榴新品种的需求会越来越迫切。

近年来国内一些石榴主产省区虽然进行了种质资源的调查，收集、保存、分类、评价、培育、选育优良品种等工作，但多数是根据果树学、农艺性状进行分类、鉴定，个别根据孢粉学，但因为没有统一的分类标准，没有权威部门的统一鉴定，存在同种异名、异种同名现象。还没有完全弄清我国的石榴种质资源，品种的遗传规律还不完全清楚。按照国内园艺学家对石榴种下分类，我国石榴种质资源有7个变种，但通过调查研究，发现有的品种具有变种的特征，如河南产区的金边、橘红重瓣、哑巴、三白酸等，其他省（区）品种具有新变种特征现象也很普遍，事实上我国石榴资源应不止7个变种。因此，摸清石榴种质资源，开展深入研究利用非常必要。

国内学者利用分子标记技术，测定了分别来自河南（18个）、山东（25个）、安徽（12个）、云南（6个）、陕西（12个）、新疆（12个）等主产省区共85个石榴栽培品种遗传性特点，说明在石榴品种的演化中起主要作用的是有性杂交和性状重组，而中国石榴不同地理群体的遗传相似程度明显不同。在测定的中国石榴的6个群体中，安徽和山西群体以及河南、云南和新疆群体间存在基因交流，山东群体与其他5个群体间没有基因交流；在前五大类群中3类含有河南群体，说明河南群体遗传多样性最为丰富。也说明中国石榴的遗传多样性，品种类群丰富。

一、资源调查

1.编制详细的调查计划

为了做好资源调查，应首先查阅有关古代农书及各种媒体的资源报道、品种名录，以及各地区划资料，做到对产地有大致的了解，并根据人力、财力制定周密的调查计划，分期分批完成调查任务。

2.列出资源调查内容提纲

（1）产地自然情况调查。包括地形（海拔高度、纬度、地势）、气候温度（年、月的平均温度，最高、最低温度）、降水量（年降水量、各月分布）、无霜期（初霜、终霜）、土壤、植被等。

（2）果树概况调查。包括栽培历史和分布、种类、品种及来历，繁殖方法和栽培管理特点，果品的生产销售和利用意见，以及石榴生产中存在的问题和对品种的要求。

（3）不同石榴品种代表植株的调查。包括一般情况（品种来源、栽培历史、分布特点、栽培比重、生产反应等）、生物学特性（生长习性、开花结果习性、物候期、抗病虫能力、抗寒性等）、形态特征（植株、枝条、叶片、花、果实）、经济性状（产量、品质、用途、贮运性等）。

3.种质资源的调查实施

种质资源的调查是一项艰巨复杂而细致的工作，组织形式与规模多种多样，有由本地区主要业务部门进行的，有由几个单位协作进行的；有专业调查，还有多学科的综合调查；有普查，也有重点详查，要酌情而定。在调查过程中要尽量使资料完整准确。

4.标本的采集和制作

除按调查内容要求进行记载外，对叶、枝、花、果等要浸渍或制作腊叶标本。根据需要对果实和其他器官进行绘图和拍照，保留尽量多的影像资料，以及进行果品成分的分析。

（1）果实标本浸渍。浸渍标本的方法很多，仅简介几种作参考。

①取硼酸45 g，溶于2 000 mL水中，待充分溶解后再加入95%的酒精280 mL，取静置沉淀后上部的澄清液浸泡，可保持红色标本。

②几种简易果实浸渍法：70%酒精液或5%～10%甲醛液或70%酒精和5%～10%甲醛混合液浸泡。

③标本瓶的暂时封口法：装有浸渍标本的瓶必须封口，以保持药液的效用。取蜂蜡及松香各一份，分别熔化混合，加入少量凡士林调成胶状物，涂于瓶盖边缘，并随即将盖压紧，瓶外壁贴上标签。

（2）腊叶标本制作。将一块标本夹放平，上放3～4层吸水纸（黄草纸、旧报纸等），把采集的石榴枝、叶、花等平展在纸上，叶子要展平，大部分叶子正面向上，小部分叶子反面向上，叶花不要重叠，然后每隔一二层吸水纸放一份标本，标本整理要避免萎缩变形。当标本压到一定高时，再盖上另一层标本夹，用绳捆紧，置于通风干燥处，并用砖、石或其他重物压上，要求记录卡完整。

整理好的标本，头几天隔一两天换一次吸水纸，以后间隔时间可长些，10～20 d可压干。

采集的标本压干后，装订在长40 cm、宽20 cm的台纸上，贴上采集卡和标本签即完成腊叶标本制作。腊叶标本制成后进行归类整理以便于分析。

（3）果品成分分析。果汁中除含有大量的水分外，还含有还原糖、有机酸及钙、硫、磷、钾等无机盐类和维生素C等可溶性物质。

用手持测糖仪，测定籽粒可溶性固形物含量。据测定河南有代表性的9个品种，可溶性固形物含量一般在12.41%以上。

用费林试剂法测定还原糖。测定河南24个品种，其含糖量在2.24%～12.84%。

用NaOH滴定法测定含酸量。测定河南24个品种，其含酸量在0.155 8%～4.891 3%。

5.资源调查资料的整理与总结

根据调查记录及收集到的各种相关材料，及时做好后期的资料整理和总结分析工作，如发现有资料遗缺不全的应予补充，有些需要深入和细致调查的要及时补充完善。总结内容主要包括以下方面。

（1）石榴资源概况调查。包括调查地区范围、社会经济情况、自然条件、石榴栽培历史、种类、分布特点、栽培技术、贮藏加工、自然灾害、存在问题、解决途径、对本地区石榴资源利用发展的建议等。

（2）石榴品种类型调查。包括记载表及说明材料，同时附影像资料。

（3）提出石榴地理分布区域划分意见，绘制石榴种类品种分布图。

（4）编制石榴品种分类检索表，便于检索查考利用。

下面是根据二歧分类原则编制的国际通用的河南省石榴品种资源分类检索表。

河南省石榴品种资源分类检索表

1. 盆栽观赏品种

2. 花红色单瓣，结果

3. 花期5—9月，果皮粉红 ·····················月季石榴

3. 花期5—7月，果皮紫色 ·····················紫果石榴

2. 花红色重瓣，不结果 ·····························重台石榴

1. 大田栽培品种

4. 花单瓣（5～8片）

5. 花红色

6. 果实近熟后皮变色

7. 皮红色

8. 味涩酸

9. 果小（82～141 g）·····················小果红酸石榴

9. 果大（200～295 g）·····················大果红酸石榴

8. 味甜或酸甜

10. 果小（46～104 g）

11. 5月皮着色变红 ·····················落花红甜石榴

11. 8月皮着色粉红 ·····················胭脂红石榴

10. 果大（187～600 g）

12. 有果锈

13. 果锈点状较稀 ·····················大红甜石榴

13. 果锈细粒状较密 ·····················薄皮石榴

12. 无果锈

14. 萼筒闭合 ·····················大红袍石榴

14. 萼片反卷 ·····················栾川石榴

7. 皮黄色

15. 味涩酸 ·····················黄皮酸石榴

15. 味甜或酸甜

16. 果底无瘤点

17. 果小（55～104 g）花瓣中央红色，边缘白色，无果锈······

·····················花边石榴

17. 果大（86～550 g）有果锈

  18. 有密集点状果锈，籽核软可咀嚼 ………… 范村软籽石榴

  18. 果锈零星块状，籽核坚硬 ………… 大钢麻籽石榴

16. 果底有瘤点

  19. 果面无果锈 ………………………… 鲁庄黄石榴

  19. 果面有果锈

    20. 果锈细粒状 ………………………… 马牙黄石榴

    20. 果锈小块状 ………………………… 站街黄石榴

6. 幼果至成熟皮不变色

  21. 皮青色，味涩酸

    22. 果大（192～284 g）…………… 大果青皮酸石榴

    22. 果小（39～65 g）

    23. 果面粗糙，果底有棱点 ……… 小果青皮酸石榴

    23. 果面光洁，果底无棱点 ………… 南召酸石榴

  21. 皮青色，味甜或酸甜

    24. 无果锈，果面光洁 …………… 铜皮石榴

    24. 有果锈，果面粗糙

    25. 果锈块状

    26. 有籽 …………………………… 铁皮石榴

    26. 无籽或少籽 …………………… 哑巴石榴

    25. 果锈点状

    27. 籽核坚硬 ……………………… 青皮石榴

    27. 籽核软可咀嚼 ………… 河阴软籽石榴

5. 花白色

  28. 果皮白色，味涩酸 …………………

  ……………………………… 三白酸石榴

  28. 果皮白色，味甜 …… 大白甜石榴

4. 花重瓣（23片以上）

  29. 花红色或水红色

    30. 花红色 ……… 红花重瓣石榴

    30. 花水红色 …水红花重瓣石榴

  29. 花白色

    31. 花白色上有黄带 …………

    …………………… 白花重瓣石榴

    31. 花白色上有红点 …………

    …………………… 杨里白石榴

二、资源的收集与保存

资源调查的目的在于利用，因此在进行调查的同时就要进行资源的收集和保存工作。

1. 资源的收集

石榴由于长期采用自然繁殖，栽培品种类型比较多，全部收集保存需要较大的土地面积和较大的投资，管理的工作量也较大，一般根据栽培品种已知的多样化性状，分成若干品种类群，按每个类群特有的种质，选择代表品种加以收集保存，尽量做到同名异种的材料不遗漏，异名同种的材料不重复，每品种 4～6 株。

对收集到的材料列表登记，除列出资源调查所涉及的内容外，还要列出编号、研究利用的要求，苗木繁殖年月、收集人姓名等。

石榴一般是无性繁殖，资源收集一般是种条或种苗。

2. 资源的保存

石榴种质保存主要有就地保存、种植保存两种形式。

（1）就地保存。是指在石榴树生长所在地通过保护原来的自然生态条件来保存石榴种质。这种方式对于保存那些稀有种和良种很重要，可以通过采条无性繁殖扩大稀有种保存数量，并迅速推广利用优良种质。对就地保存的种质一定要加强保护措施。近年来，我国各地发展速度较快，原有的生态环境很容易改变，就地保存，很容易造成资源的丢失。

（2）种植保存。即将石榴种质资源采条繁殖成苗木后集中定植到圃地长成植株的一种长久保存方式，即所谓建立石榴资源基因库。为防止资源因各种意外情况造成丢失、损坏，资源基因库应在不同自然区域建立 2～3 处。

资源材料可按地域来源或同类型分类定植，有可能的要设置重复。定植后管理措施要一致，使资源材料能够良好地生长，以使其特征特性能够充分表现，并建立观察制度，观察记载项目要求少而精，明确而具体，以便于分析鉴定加以利用。

第三节　新品种选育

一、育种目标

1. 树形

树形匀称，树冠开放，发育正常，生长良好。

2. 花性

（1）完全花率高。要求在 20% 以上。

（2）花前期（沿黄地区6月10日前）完全花率高（前期完全花率与优质果商品率成正比）。

（3）花冠。果用石榴以单瓣（5～8片）为主；观赏石榴以重瓣（23片以上）为主。

3. 产量

果枝多，坐果率（坐果数／完全花数）50%以上；单株生产能力高，定植3年平均株产3 kg以上，定植6年平均株产10 kg以上，且稳产性好。

4. 果实大小

果个大、均匀，平均果重250 g以上；果皮红色或黄白色，果面光滑洁亮，果锈少或无。

5. 果实品质性状

百粒重50 g以上，果实出籽率60%以上，籽粒出汁率85%以上，汁液可溶性固形物含量15%以上，风味酸甜或甜，含糖量10%以上，含酸量0.3%以下，糖酸比30∶1以上，籽粒无核、核软或半软。

6. 抗性

抗寒、抗旱、抗病虫，适生范围广。

7. 具有特殊的其他优良性状，如特别早熟等

二、新品种选育途径

石榴新品种选育途径主要包括杂交育种、实生选种、芽变选种。

（一）杂交育种

杂交育种作为卓有成效的育种方法，广泛应用于植物育种，而目前我国栽植的石榴品种多为实生选种选出来的杂合体，进行品种间杂交时，后代可能发生广泛的分离，为选择新类型提供了有利条件。

1. 杂交亲本的选配

正确选择杂交亲本是杂交育种成功的关键，期望选出符合育种目标的新品种，就必须对现有资源材料的性状有足够的了解，选出具有育种目标所需要性状材料，然后根据遗传规律选配组合。杂交亲本的选择，要遵循以下原则：亲本间的优良性状要互补；优点多于缺点，优良性状要突出，如大白甜品种果个大、完全花率高，但果皮为黄白色，大红甜品种果皮红色，但果个较小，完全花率较低，这两个品种杂交，后代有可能出现果个大、完全花率高、皮色浓红的新品种。

2. 石榴花器构造及开花授粉规律

石榴花有完全花（亦称正常花）、败育花（退化花）和中间型花3种类型。完全花子房肥大，呈圆筒状，柱头高于或等于雄蕊。败育花子房瘦小呈喇叭形，雌蕊萎缩不发育。中间型花介于完全花和败育花之间，与败育花均不能作为母本花朵。

石榴花期较长，黄淮产区各品种盛花期集中在 5 月下旬至 6 月中旬，花期相遇。花冠多在 10 时以前开放，一般第二天花药开裂散粉，也有当天或第三天散粉的，这与天气有关，温度低、湿度大、阴雨天散粉推迟。花粉散出时色鲜黄，生活力量强，室温保存 6～7 d 完全丧失生活能力。柱头受精能力开花前 2 d 至开放后第二天即花冠开放前后 4 d 内最高，开放前 2 d 授粉坐果率 92.8%，开放第二天为 78%，花开第三天即完全丧失受精能力。所以，最佳的杂交日期为 5 月下旬至 6 月中旬，最佳的授粉时间为完全花开放前 2 d 至开放当日和开放后第二天。

3. 杂交技术

（1）选择母本植株和花朵。母本树必须选择品种纯正、生长健壮、开花结果正常的优良单株。结果枝要粗壮，以树冠上中部向阳枝为好。选择子房肥大、发育良好的顶生完全花为母本花朵。

（2）去雄套袋。去雄的最佳时间在花冠开放前 1～2 d，或花瓣即将开放但柱头尚未露出花冠时。太早花萼未开裂，操作不方便，过晚柱头露出有可能杂粉干扰。去雄前先疏去花序下方的蕾花，只留 1 个杂交用的完全花。去雄时先用镊子摘去花瓣，再除去雄蕊，花萼对柱头有保护作用应保留，注意保护柱头免遭碰伤，去雄应彻底。去雄后立即用标准白色木浆纸果袋套袋，用大头针或回形针别紧袋口。

（3）采集花粉与授粉。在盛花期，石榴开花繁多，花粉量大，可随采随用。授粉前一两天将父本植株上将要开放的花朵用纸袋套住，以免染上其他花粉，完全花和败育花均可。待授粉时，将散出大量花粉的花朵采下，除去花萼和花瓣，露出花药及花粉，在母本花朵柱头上轻轻抹一下，则完成了授粉过程。授粉后立即套袋，最后在花柄处挂牌，写上杂交亲本、授粉日期等。另外，为了节省人力及时间，也可去雄后立即授粉，然后套袋、挂牌。

（4）杂交果的管理。授粉后 10 d 左右，调查坐果情况，若幼果尾部颜色变青膨大，表明授粉受精正常；若脱落在袋内或在枝上但已失水皱缩，表明授粉受精不正常。以后加强肥水管理，防治病虫害。杂交果所套果袋保留，直至成熟采收。坐果后 110～120 d 果实充分成熟时按组合附带标牌分别采摘，分处放置。带回室内后用刀剖开果实，取出籽粒放入纱网袋内，轻轻揉搓挤去汁液，用清水洗净、阴干。12 月，将阴干的杂交种子沙藏，进行低温处理。

4. 杂种实生苗的培育和选择

（1）培育杂种实生苗。

（2）实生苗的定植与管理。将培育的一年生实生苗按组合顺序定植于杂种园，苗木按生长强弱依次定植，株行距可为 1 m×2 m 或 1.5 m×2 m。定植后绘制田间定植图，并给各个单株编号，采用杂交组合与植株在本组合中的顺序统一编号，如 9401-13 表示 1994 年作的第一个组合中的第 13 个单株。实生苗的童期长短与其树势有关，管理良好，树势健壮的开花结果期提前。著者曾于 1993 年做石榴杂交育种，获得果实，

1994年播种育苗，1995年定植一年生实生苗285株当年即有4株开花，翌年有62.2%的植株开花，有9.2%的植株结果。

杂种实生苗的童期管理原则是促其尽快形成大的营养个体，提前进入生殖生长阶段。所以定植园肥力要高，定植后要加强肥水管理，保证两肥（冬季土壤施肥、生长季节的叶面追肥），以氮肥为主，磷肥配合。实生苗不同于营养繁殖苗，均是单干生长，修剪原则是宜轻不宜重，定干高30 cm左右，自然分层开心形、冬剪以疏过密枝定树形为主，夏剪以疏除基部萌条为主，并要注意病虫害的防治。

（3）开花结果前的鉴定和选择。石榴杂种幼树结实年龄较早，目前对其营养器官性状和果实经济性状的相关性了解不多，所以在开花结实前淘汰率宜小。主要淘汰那些生长畸形、严重感病的植株。对抗寒性的鉴定，由于定植当年生长较弱，需要在入冬时基部培土防寒，翌年可以在自然情况下鉴定淘汰抗寒性差的单株。

根据相关性状进行间接鉴定与选择时，必须仔细慎重。据观察，叶柄叶脉的颜色与果实果皮的颜色呈正相关，即叶柄为红色，其果皮为红色或青色，叶柄为白色，其果皮为黄白色；叶大而厚，果个大丰产，叶幕密集、叶片小，果小产量低；枝条开张角度大、粗壮为丰产型，反之，枝条密集细弱，丰产性就差。根据相关性状可以进行适当初选，仍不宜大量淘汰，以免丧失优良的材料。

（4）开花结果树的鉴定和选择。石榴杂种实生树一般在定植后第三年进入开花结果期，这时除了进一步进行抗性的鉴定选择外，主要根据花性、坐果、果实品质、丰产性等经济性状进行选择和淘汰。结果早期由于树体小，其完全花少，坐果率低而且果实也小，随着树龄的增长而有逐年增大的趋势，所以此时对其主要经济性状的鉴定方法包括以下几种。

①丰产性鉴定：单株产量由开花量、完全花率、坐果能力和果重等因素组成，必须选择连年开花多、完全花率高、坐果率高、果实较大的杂种单株。

②品质鉴定：石榴的品质由果实出籽率、籽粒出汁率、百粒重、含糖量、含酸量、糖酸比、可溶性固形物含量、籽核硬度、果皮外观颜色等综合因素组成。其鉴定方法可以用目测（如外观）和仪器、化学的方法测定，如糖酸含量可用测糖仪和化学滴定法测定。

③贮藏性鉴定：将成熟果实在常温下贮藏，每10 d调查1次，贮藏期长、好果率高，表明耐贮性好。

④抗病性鉴定：以感染病虫的虫枝率、感病指数鉴定抗虫性和抗病性。

⑤抗逆性鉴定：包括抗寒性、抗旱性、抗裂果性等，需要在相应的自然生态条件下进行鉴定评价。

（5）品种区域试验。对杂种选择园中经严格筛选出的优良单株，进行无性繁殖，在不同生态区建立品种区域试验园3～5处进行综合适应性鉴定，对各项指标观察测定、记载，排除因环境小气候的影响而造成不稳定的表现型。然后根据各点至少结果

3 年的观测结果，选育出适应性广且品质、产量、抗性等综合性状优良的品种。通过区域性试验，选育出的新品种按照国家林木管理办法申请定名，繁殖推广。

（二）实生选种

长期以来石榴处于半栽培半野生状态，其繁殖方式多是随机性很大的自然繁殖（即种子繁殖和扦插、压条、分株等无性繁殖）。在自然传粉条件下花粉来源复杂，导致后代单株间性状和特性分离广泛，即使无性繁殖，由于母树本身在遗传上杂合程度较大，后代性状分离也在所难免，就生产而言是不利的，但为选择不同要求的单株提供了丰富的资源。

1. 资源普查

通过资源普查，弄清当地资源分布情况，按照选种目标，确定优良品种的优株，为了扩大选种范围，资源普查面要尽可能大，以保证优良资源不丢失。

2. 初选

在资源普查的基础上，依据选种标准，经过连续 2～3 年的调查研究，通过对有关性状的定量定性综合分析，在首先确定表型优良品种基础上，进一步优选，对初选优树及时采条扦插繁殖，准备选种圃和多点生产鉴定试验用树，对母树继续观察并做好保护工作，结合修剪管理剪取一些接穗，对附近的低产劣树进行高接换种，提早结果，进行高接鉴定，起到与无性系后代鉴定同时进行的双重鉴定效果。

3. 复选

为避免初选优树生长在不同的立地条件下造成的差异，给选择带来误差，故需对初选优树进行多品种多点试验鉴定，以确定其性状的遗传稳定性。为缩短选种年限，减少工作量和试验用地，可先进行果前苗期测定。根据对石榴植物学特性的调查分析及育种实践，果树育种选择后代，其种苗生长健壮、抗性强、枝条粗壮、叶片大而厚、叶色绿、芽大而饱满是丰产性状，与高产、优质呈正相关。苗期测定是对初选树的再选择，要淘汰一部分品种和预选树。

4. 决选

对经苗期测定后升选的优良株系，统一育苗，并在不同生态区建立品种区域适应性试验园，经不少于 3 年的果期产量、品质、抗性鉴定，筛选出优良品种，报请省级或国家林木良种审定（认定）或新品种权，然后在生产中推广应用。

由河南省开封市农林科学研究院冯玉增等选育的豫石榴 1 号、豫石榴 2 号、豫石榴 3 号 3 个石榴品种选育过程为：在河南石榴品种资源调查评价基础上，依据选种目标，从 28 个品种中初选出 14 个表型较优的品种计 89 个优株，并采集入选优株的一年生枝条，以无性繁殖方法统一育苗，每个优株育苗 100 株，随机排列，5 次重复，以原品种（从生长在不同立地条件下的 10 株上采集的混合插穗）为主对照，以河南各地主栽品种铁皮石榴为副对照，经二年生苗木综合抗性评价和生长量测定（株高、地径、分枝数、叶色、叶片厚薄大小等），淘汰了初选的 14 个品种中的 5 个，从入选 9 个品

种中各升选 1 个株系，进行扩大繁殖，3 年后分别在豫西黄土丘陵、豫北山地、豫东北平原、豫东沙地、豫南低山丘陵建立品种区域试验园，4 年后试验计产，2 年后完成品种选育试验，通过省级品种鉴定。

（三）芽变选种

芽变是遗传物质的突变，它的表现多种多样，极其复杂，是植物产生新变异的无限丰富的源泉，它既可为良种提供新的种质资源，又可直接从中选出优良的品种，是选育新品种的一种简易而有效的方法。石榴种质资源复杂，为开展芽变选种提供了大量的资源，应充分利用这一有利条件。

1. 选种目标的确定

芽变选种主要是从原有优良品种中进一步选择更优良的变异，要求在保持原品种优良性状的基础上，针对其存在的主要缺点，通过选择而得到改善。

2. 芽变选种方法

石榴芽变选种的重点应放在果实的经济性状和品质两方面。经济性状包括果实大小、形状、果皮厚薄、光滑程度、果皮色相与色调等；品质包括果实百粒重、出籽率、籽粒出汁率、含糖量、含酸量、风味等；抗性包括抗寒性、抗病性、抗虫性等。

为提高芽变选种的效率，除在石榴整个生长发育过程中的各个时期进行细致的选择和观察外，果实及品质的选择在果实采收前 1～2 周内是最佳选择期。而剧烈的自然灾害（霜冻、严寒、大风、旱涝和病虫害）之后，是选择抗自然灾害变异类型的最佳期。

在芽变选种过程中，要正确区别变异是芽变还是饰变。石榴以枝条扦插繁殖为主，其芽变在无性繁殖下保持稳定，而饰变会因环境的改变而变化。因此要通过一定的试验程序确定。

石榴芽变选种可分 2 级进行。第一级是从品种资源内选择初选优系，包括枝变、单株变及多株变（如立地条件不同，可排除环境的影响）；第二级是对初选优系的无性繁殖后代统一建园，进行多点试验，通过对其连续 3 年的果树学与农业生物学的完整鉴定数据的综合分析决选出新品种。

第四节　石榴的引种

石榴在我国分布范围较广，各地不乏优良品种，开展石榴引种省时、省力、见效快，既可尽快实现石榴生产良种化，又能丰富当地种质资源，为开展育种工作奠定物质基础。

一、引种的原则

对引种石榴品种的原则要求，首要是其经济性状，突出优；其次要考虑引种对当地自然条件适应性，而此是引种的关键。

1. 同生态型地区引种

据菊池秋雄等研究，世界果树的主产区可以根据综合生态因子分为夏干带、夏湿带和介于两种类型之间的中间带。属于同一生态型地区的不同产地的品种在气候适应方面具有较多的共性，互相引种比从不同生态型地区引种成功的可能性较大。根据生态型的划分，石榴在夏干带（1月平均气温 0.8～1.1℃，7月平均气温 28～29℃）的伊朗、土耳其、阿富汗和我国新疆地区及夏湿带的亚洲大陆中南部、我国长江流域、黄淮地区、朝鲜半岛南端等地均有分布，可以互相引种。

2. 极限低温与引种

石榴耐寒性较差，能否安全越冬是引种的关键。影响石榴发生冻害的因素有多方面，主要与品种自身抗寒性能、冬季低温来临时间、低温持续时间、低温期间是否降雪、树体自身健康程度、栽培地点地形地势等有关。据冯玉增研究（2002），我国黄淮产区原有的普通硬籽品种，在冬季正常降温条件下，旬最低温度平均值低于 -7.0℃、极端最低温度低于 -13.0℃出现冻害；旬最低温度平均值低于 -9.0℃，极端最低温度低于 -15.0℃出现毁灭性冻害。但在寒潮来临过早（河南沿黄石榴产区 11 月下旬），即非正常降温条件下，旬最低温度平均值 -1.0℃、旬极端最低温度 -9.0℃，也导致石榴冻害。旬最低平均气温值、极端最低气温两个指标反映了降温程度、作用时间和作用强度，对影响石榴冻害的温度因子给出了明确界定。而近年国内较大面积种植的突尼斯软籽石榴品种，能忍受的极限低温远高于此温度。2015 年 11 月 23 日黄淮地区普降中到大雪，23—27 日 5 日，河南开封当地气象台站记录极端最低气温分别为：-2℃、-6℃、-6℃、-5℃、-4℃，河南荥阳当地气象台站记录极端最低气温分别为：-3℃、-5℃、-7℃、-6℃、-4℃，这两个地区种植的突尼斯软籽石榴品种，都出现了较严重的冻害。开封为平原农区，石榴树受冻害重些，而荥阳市的丘陵区，石榴树受冻害情况差别较大，仅有少数地方石榴树无冻害或冻害较轻。

所以，石榴引种时必须考虑品种特性，查阅引入地历年气象资料，不要盲目进行。

3. 不同地区引种

石榴起源于亚热带及温带地区，喜暖畏寒。在我国南树北引由于其长期生长在温暖环境，抗寒能力较差，即使没有极限低温和非正常低温影响，正常年份也可能不能安全越冬。在开封种植冯玉增等于 1987—1989 年引种的云南蒙自、四川会理、浙江萧山等地石榴品种，均不同程度地发生冻害。北树南引一般不受影响。引种时同纬度、同生态区、北树南引易成功，我国石榴引种北限应为北纬 37°40′，至于盆栽或采用保护地栽培另当别论。引种时注意病虫检疫，避免将危险性病虫害带入。

二、引种的方法

石榴品种在引入前，必须对其经济性状及其适应可能性进行全面的分析评估，但分析评估不能代替引种试验，还必须进行多点鉴定试验，以确定引入品种的经济性状、适应性和利用价值，然后再在生产中推广。引种应注意以下几个环节。

1. 调查收集，严格检疫

石榴以无性繁殖方式能够保持其优良种性，应尽可能到引入地进行实地搜集，以便于做到从品种特性表现比较典型、无病虫为害的优株上采集插穗或无性繁殖苗。引进品种材料时，要严格检疫，对一些危险性虫害要特别注意，如蛀干害虫石榴茎窗蛾等，应尽量杜绝带有该虫的苗木或插穗引入，避免危险性病虫引入。

2. 少量引种多点试验

对引进的有限苗木或插穗集中繁殖进行初级比较试验，从中进行初选，同时繁殖一定数量的苗木，在一定的范围内，如一个省按不同的生态区安排多点比较试验，综合鉴定引入品种的丰产性、适应性等。多点鉴定试验要安排当地当家品种作对照，以便进行对比观察分析。

3. 做好计划

为了保证引进最优良的品种，要做好周密计划，引进品种数量可适当多些，引进范围要广，在对引进苗木扩繁的同时进行苗期初选鉴定，不必一定要进行果期鉴定。如果一个品种不能适应当地的自然条件，如安全越冬，即使经济性状很优良，生产上也无法利用，通过苗期初选，既不遗漏优良资源，也可缩短引种利用时间，并减少多点品种比较试验的占地和工作量。

4. 加速引种鉴定

可通过高接法将引进品种高接在当地品种成年株的树冠上，促其提前结果，与多点比较试验同时进行，双重比较。

5. 鉴定决选，繁殖推广

对引进品种连续不少于3年的果期完整鉴定数据的综合分析，筛选出最适宜的优良品种，实践中，在进行多点鉴定试验的同时，参照引入品种原产地情况及引种苗期初选鉴定情况，对重点品种可适当扩繁，以贮备插穗，加快繁育推广进程。

第六章　石榴优良鲜食品种及观赏品种

优良品种除必须具有生长健壮、抗病虫能力强、丰产优质等优点外,我国北部、西部产区干旱寒冷,须具有耐旱、耐寒、耐瘠的优点,而南方地区多阴雨高温须具有耐高温、耐多湿、易坐果的优点。各地还应根据市场销售情况有计划地发展,城市、厂矿等消费人群密集地区多发展鲜食品种,有加工能力地区可以加工、鲜食品种兼顾。同时注意早、中、晚熟不同成熟期品种的合理搭配,以便提早和延长鲜销与加工时期,拉长供应链条。

第一节　优良鲜食品种

一、蜜宝软籽

1.品种来源

由冯玉增等从突尼斯软籽品种芽变中选育而来(彩图 6-1)。

2.品种特征特性

(1)植物学特征及果实经济性状。树冠自然圆头形,树形紧凑,枝条密集,树势中庸。成枝力中等,五年生树冠幅 3.5 m,冠高 4.0 m。树干表皮纹路清晰,纵向排列,有瘤状突起并有块状翘皮脱落。幼枝浅红色,老枝灰褐色,枝条绵软,刺枝少、绵韧。幼苗直立性较强。幼叶浅红色,成叶深绿色,长椭圆形,长 7.5～8.5 cm,宽 4.0～4.5 cm。花瓣红色 5～6 片,雄蕊平均有花药 230～260 枚 / 朵。

果皮浓红色,果面光洁。果实圆形,果形指数 0.92～0.95,果底圆形,萼筒圆柱形,高 0.5～1.0 cm,直径 1.5 ～1.8 cm,萼片开张或闭合 5～6 片。最大果重 1 100 g,平均 450 g 左右。籽粒浓红色,籽核特软,成熟时有放射状针芒,百粒重平均 55～65 g。单果子房数 7～8 个,皮厚 4～6 mm,可食率 51.5%,果皮质地较疏松,成熟后期果肩部易出现细小裂纹,遇雨失去鲜红光泽,为避免此种现象发生,可采用白色木浆纸袋套袋,成熟采收前 10～15 d 去袋,效果很好。风味甜适口,可溶性固形物含量 18.5% 左右,含糖量 13.68%,含酸量 0.20%,维生素 C 7.84 mg/100 g,每千克含铁 3.18 mg、钙 54.3 mg、磷 416 mg。

(2)结果习性。该品种雌雄同花,总花量较大,直至 9 月上旬仍有开花现象。完全花率 49.6%，坐果率 62.5%。花前期坐果率高，易形成早熟大果。

（3）物候期。河南中部萌芽期在 3 月底 4 月初，落叶期 11 月 10 日前后，初花期在 5 月上旬，盛花期在 5 月中旬至 6 月 20 日，果实成熟期为 9 月中旬。

（4）丰产性。扦插苗栽后二年见花，三年结果，单株 4 kg 以上，第 5 年单株产量达 15 kg 以上，逐渐进入盛果期。十年生大树单株年产量超过 30 kg。

3. 品种适应性与适栽地区

该品种适生范围广，抗病、抗旱、耐瘠，对土壤要求不严，在平原沙地、黄土丘陵、浅山坡地，均可生长良好，适宜的土壤 pH 值为 5.5～8.5。在土肥水较差条件下，植株长势中庸，丰产性和果实优良品质亦可以表现，在高肥力地区，丰产效果更为突出。≥10℃的年积温超过 3 000℃，年日照时数超过 2 400 h，无霜期 200 d 以上的地区，均可种植。缺点是抗寒性稍差，冬季注意防冻。

4. 栽培技术要点

（1）适宜栽植时期。在秋季落叶后和春季（3 月上中旬），选择健壮无病虫平茬苗定植，行株距可采取 3 m×2 m、3 m×3 m 和 4 m×3 m 等多种形式。

（2）树形为多干自然半圆形或单干疏散分层开心形。对于幼树各级骨干枝、延长枝和分枝处的单条枝，应适当短截，对于过密的枝和旺长枝，应适当重截。注意疏去冠内下垂枝、病虫枝、枯死枝和横生枝，基部萌条要及时剪除。

（3）基肥以农家肥为主。以农家肥为主要基肥，配合施用饼肥和速效氮、磷肥。采用环状或辐射状沟间施。在果实膨大期的 6 月中旬追肥和喷施叶面微肥。幼龄树株施农家肥 8～10 kg，结果树每生产 1 000 kg 果实，一次性秋施基肥 2 000 kg，追肥 200～400 kg。要适时浇水，采收前 10 d 一般不要浇水，防止裂果。

（4）病虫害防治。虫害主要是桃蛀螟、茎窗蛾和石榴巾夜蛾。叶面喷药防治重点在 5 月 30 日到 7 月 30 日进行，每 10 d 1 次，兼治多种虫害。防治桃蛀螟，可用 90%晶体敌百虫或 25%磷菊酯乳油 500～1 000 倍液，以萼筒塞药棉、抹药泥方式实施。防治石榴干腐病，在休眠期喷洒 3～5 波美度石硫合剂，在生长季节喷 40%多菌灵可湿性粉剂或 50%甲基硫菌灵可湿性粉剂 600～800 倍液等。

二、蜜露软籽

1. 品种来源
由冯玉增等通过实生选种选育而成（彩图 6-2）。

2. 品种特征特性

（1）植物学特征及果实经济性状。该品种树冠圆形，树形紧凑，枝条密集，树势中庸。成枝力一般，五年生树冠幅 3.5 m，冠高 3.6 m。树干表皮纹路清晰，纵向排列，有瘤状突起并有块状翘皮脱落。幼枝浅红色，老枝灰褐色，枝条绵软，针刺少、绵韧。幼叶浅红色，成叶浓绿色，长椭圆形，长 7～8.0 cm，宽 1.7～2.0 cm。花瓣红色 5～

6 片，雄蕊平均有花药 230 枚 / 朵。

果皮红色，果面光洁；果实圆形稍扁，果形指数 0.94，果底平圆，萼筒圆柱形，高 0.5~0.7 cm，直径 0.6~1.2 cm，萼片开张 5~6 片。最大果重 850 g，平均 310 g。籽粒浓红色，核软，成熟时有放射状针芒，百粒重平均 50.1 g，最大 62 g。单果子房数 4~12 个，皮厚 1.5~3 mm，可食率 64.5%，果皮韧性较好，一般不裂果；风味酸甜适口，可溶性固形物含量 17% 左右，含糖量 13.58%，含酸量 0.22%，维生素 C 7.44 mg/100 g，每千克含铁 3.08 mg、钙 53.3 mg、磷 410 mg。该品种主要优点之一就是后期坐的果，果实小而籽粒相应减少，但籽重仍较高，保持了大粒特性，可食率仍较高。

（2）结果习性。该品种雌雄同花，总花量较小，完全花率 48.6%，坐果率 62%。开花规律的两大优点：一是花前期（6 月 10 日前）完全花率高，相应的前期坐果率高，果大且品质好，果品的商品价值也高；二是虽然总花量小，但完全花率高，有利于提高坐果率和减少无谓营养消耗。

（3）物候期。河南中部萌芽期在 3 月底 4 月初，落叶期 11 月 10 日前后，初花期在 5 月上旬，盛花期在 5 月中旬至 6 月 20 日，果实成熟期为 9 月下旬至 10 月上旬。

（4）丰产性。扦插苗栽后二年见花，三年结果，单株 5 kg 以上，第 5 年单株产量达 25 kg 以上，逐渐进入盛果期。十年生大树单株年产量超过 100 kg。

3. 适栽地区

该品种抗寒性较强，适合国内各石榴产区栽植，在四川攀枝花、会理产区表现突出，产量高、果重大、品质优。

4. 栽培技术要点

同蜜宝软籽。

三、甜宝软籽

1. 品种来源

由冯玉增等从大红甜品种芽变中选育而来（彩图 6-3）。

2. 品种特征特性

该品种树势健壮，成枝力强，树形开张，枝条柔韧密集，五年生冠幅 4.2 m，冠高 3.8 m。幼叶浓红色，成叶窄长，深绿色。幼枝褐红色，老枝浅褐色，刺枝绵韧，未形成刺枝的枝梢冬季抗寒性稍差。主干及大枝扭曲生长，有瘤状突起，老皮易翘裂。花红色，花瓣 5~7 片，总花量大，完全花率 42% 左右，自然坐果率 60% 左右。果皮艳红色，果实近球形，果形指数 0.95。萼筒圆柱形萼片 5~7 裂，多翻卷。平均果重 320 g，最大果重 1 100 g。子房 8~13 室，籽粒艳红，核软，出籽率 61%，百粒重 43 g，出汁率 88.3%，可溶性固形物含量 16.5% 左右，风味酸甜爽口，成熟期 9 月下旬，五年生树平均株产 28.6 kg。

该品种抗寒、抗旱、抗病、耐贮藏，抗虫能力中等。不择土壤，在平原农区、黄土丘陵、浅山坡地，肥地、薄地均可正常生长，适生范围广，丰产潜力大。

3. 适栽地区及栽培技术要点

同蜜宝软籽。

四、墨玉

1. 品种来源

由冯玉增从当地大红酸品种芽变中选育而来（彩图 6-4，彩图 6-5）。

2. 品种特征特性

该品种为稀有品种。树势中庸，自然圆头形。刺和萌蘖较多。嫩梢红色，幼枝淡红色，幼树、枝皮黄褐色。花瓣鲜红色，5～6 瓣，萼筒紫红色，萼 5～6 片。叶长 6～7 cm，宽 2～2.5 cm。

果实圆球形，果形指数 1.0。果皮浓红色，果面光滑，有光泽，艳丽美观。平均果重 363 g，最大 850 g 左右。子房数上 4 个下 2 个。皮厚 5～6 mm。可食率 51% 左右；籽粒马齿形、黑紫红色。单果籽粒数 630～800 粒，百粒重 25～35 g。种子小，籽核特软可食，汁极多。可溶性固形物含量 18.5%～19%。口感偏酸但回味微甜，别有风味；成熟期较晚，采果期长，不易裂果，较耐贮运。

丰产性好。扦插苗栽后二年见花，三年结果，单株 4.5 kg 以上。五年生树高 3.5 m 左右，冠径 2.5 m 左右，较丰产，单株产量 15～20 kg，逐渐进入盛果期。十年生大树单株年产量超过 30 kg。

3. 适栽地区及栽培技术要点

同蜜宝软籽。

五、豫石榴 1 号

1. 品种来源

由冯玉增等选育而成，河南省林木良种审定委员会审定通过（彩图 6-6）。

2. 品种特征特性

该品种树形开张，枝条密集，成枝力较强，五年生树冠幅 4 m，冠高 3 m。幼枝紫红色，老枝深褐色。幼叶紫红色，成叶窄小，浓绿色。刺枝坚硬且锐，量大。花红色，花瓣 5～6 片，总花量大，完全花率 23.2%，坐果率 57.1%。果实圆形，果皮红色。萼筒圆柱形，萼片开张，5～6 裂。平均果重 270 g，最大 1 100 g。子房 9～12 室，籽粒玛瑙色，出籽率 56.3%，百粒重 34.4 g，出汁率 89.6%，可溶性固形物含量 14.5%，风味酸甜。成熟期 9 月下旬。五年生平均株产 26.6 kg。该品种抗寒、抗旱、抗病、耐贮藏，抗虫能力中等。

3.适栽地区及栽培技术要点

同蜜露软籽。

六、豫石榴 2 号

1.品种来源

选育和审定过程同豫石榴 1 号（彩图 6-7）。

2.品种特征特性

树形紧凑，枝条稀疏，成枝力中等，五年生树冠幅 2.5 m，冠高 3.5 m。幼枝青绿色，老枝浅褐色。幼叶浅绿色，成叶宽大，深绿色。刺枝坚韧，量小。花冠白色，单花 5～7 片，总花量小，完全花率 45.4%，坐果率 59%。果实圆球形，果形指数 0.90，果皮黄白色、洁亮。萼筒基部膨大，萼 6～7 片。平均果重 348.6 g，最大 1 260 g。子房 11 室，籽粒水晶色，出籽率 54.2%，百粒重 34.6 g，出汁率 89.4%，可溶性固形物含量 14.0%，糖酸比 68∶1，味甜。成熟期 9 月下旬。五年生平均株产 27.9 kg。

3.适栽地区及栽培技术要点

同蜜露软籽。

七、豫石榴 3 号

1.品种来源

其选育和审定过程同豫石榴 1 号（彩图 6-8）。

2.品种特征特性

树形开张，枝条稀疏，成枝力中等，五年生树冠幅 2.8 m，冠高 3.5 m。幼枝紫红色，老枝深褐色。幼叶紫红色，成叶宽大，深绿色。刺枝绵韧，量中等。花冠红色，单花 6～7 片，总花量少，完全花率 29.9%，坐果率 72.5%。果实扁圆形，果形指数 0.85，果皮紫红色，果面洁亮。萼筒基部膨大，萼 6～7 片。平均果重 282 g，最大 980 g。子房 8～11 室，籽粒紫红色，出籽率 56%，百粒重 33.6 g，出汁率 88.5%，可溶性固形物含量 14.2%，糖酸比 30∶1，味酸甜。成熟期 9 月下旬。五年生平均株产 23.6 kg。

3.适栽地区及栽培技术要点

同蜜露软籽。

八、突尼斯软籽

1.品种来源

由国家林业部于 1986 年从突尼斯引进（彩图 6-9，彩图 6-10）。

2.果实特征特性

果实圆形，微显棱肋，平均单果重 406.7 g，最大 650 g。萼筒圆柱形，萼片 5～7 枚，闭合或开张。近成熟时果皮由黄变红。成熟后外围向阳处果面全红，间有浓红断条纹，背阴处果面红色占 3/2。果皮洁净光亮，个别果有少量果锈，果皮薄，平均厚 3 mm，可食率 61.8%，籽粒红色，核特软，百粒重 56.2 g，出汁率 91.4%，含糖量为 15.5%，含酸量为 0.29%，维生素 C 含量为 1.97 mg/100 g，风味甘甜，品质优。成熟早。

树势中庸，枝较密，成枝力较强，四年生树冠幅 2 m，冠高 2.5 m。幼嫩枝红色，有四棱，老枝褐色，侧枝多数卷曲。刺枝少。幼叶紫红色，叶狭长，椭圆形，浓绿色。花红色，花瓣 5～7 片，总花量较大，完全花率约 34%，坐果率占 70% 以上。黄淮地区 9 月中下旬果实成熟。

该品种抗旱，抗病，择土不严，无论平原、丘陵或浅山坡地，只要土层深厚，均可生长良好。

该品种综合性状优良，是近年国内软籽石榴发展较快且发展面积较大的品种。

该品种抗寒性较差，冬季易受冻害。据冯玉增等 2015 年冬和 2016 年冬对河南该品种种植产区调查，当地县级气象资料记录，11 月 22 日前后中等强度的降雪，连续三日最低气温为 0℃、-3℃、-1℃时，出现轻微冻害；连续 3 日最低气温为 -4℃、-6℃、-3℃时，局地小环境出现较为严重冻害。发生冻害的部位一般在 1.1 m 以下。因此，发展该品种一定要选择适宜的生长环境，不要盲目引种。

3. 适栽地区及栽培技术要点

栽培技术要点同蜜露软籽，因抗寒性较差，发展区域受限制。

九、中农红软籽

1. 品种来源

中国农业科学院郑州果树研究所从"突尼斯软籽"品种芽变中选育而成（彩图 6-11）。

2. 品种特征特性

树势中庸，幼树干性弱，萌芽力强。幼树以中、长果枝结果为主，成龄树长、中、短果枝均可结果。多年生枝青灰色，一年生枝条绿色，上有红色细纵条纹，平均长度 10.33 cm，粗 0.20 cm，节间长度 1.8 cm。幼树刺枝稍多，成年树刺枝不发达。叶片深绿色，大而肥厚，平均叶长 5.3 cm，宽 2.7 cm，四年生树平均树高 2.5 m，平均冠幅 2.0 m，成枝力较强。以中、长果枝结果为主。花红色，花量大，单花花瓣 6～7 片。完全花率约 35%，自然坐果率 70% 以上。果面光洁亮丽，果皮浓红色，平均单果重 475 g，最大 714 g。果实近圆球形，果底圆形，萼筒圆柱形，高 0.8～1.2 cm，直径 1.6～2 cm，萼片开张或闭合 5～6 片。果皮光洁明亮，阳面浓红色，裂果不明显。籽粒紫红色，百粒重 40 g 左右。籽粒汁多味甘甜，出汁率 87.8%，可溶性固形物含量 15.0% 以上，种核特软（硬度 2.9 kg/cm²）可直接食用，无垫牙感。

在河南中部地区 3 月下旬、4 月初萌芽，5 月上中旬初花，5 月下旬进入盛花期，盛花期持续 30～40 d。9 月上中旬果实成熟，11 月中旬前后落叶。

该品种大小年现象不明显，丰产稳产。一般一年生扦插苗定植后翌年即可见果，第 3 年平均株产 5.5 kg，四年生树平均株产 10 kg，五年生平均株产 20.2 kg。

该品种抗逆性强，适应性较广，抗旱，耐瘠薄，抗裂果。对土壤要求不严，在黏壤土、壤土、沙壤土，丘陵、山地、河滩、平原，均表现出良好的生长结果习性。在土壤肥沃、水分充足的条件下栽植，产量和品质更为优良。缺点是抗寒性较差，与当前生产上栽植较广泛的突尼斯软籽石榴品种近同，多雨年份或地区易感染果腐病。

栽植时间根据各地气候特点及栽培方式，可落叶后秋栽或春季发芽前栽植。栽植密度以株行距 2 m×3 m 较适宜。

该品种自花即可结果，异花授粉坐果率更高，因此配置一定的授粉树为宜。中农红软籽石榴的适宜授粉树以突尼斯软籽石榴和中农红黑籽甜石榴为最好，一般配置比例为（4～8）：1。

十、豫大籽

1. 品种来源

由河南省培育而成（彩图 6-12）。

2. 品种特征特性

树势较旺，成枝力较强，三年生树冠幅、冠高分别为 2 m、2.5 m。果实近圆球形，果个大而整齐，单果重 250～600 g，最大果重 850 g 以上。果实美观，成熟时果皮向阳面由黄变红，果皮光洁明亮，果皮薄。籽粒特大，红色，百粒重 75～90 g，风味酸甜适口。籽粒出汁率 90% 以上，品质优良。一年生扦插苗栽植后翌年见花，三年生树有一定结果产量，五年生树株产可达 15 kg 以上。坐果率高，一般在 70% 以上，丰产性好，抗裂果性强。耐贮藏，常温下可贮藏 100 d 左右。适应性强，抗旱、抗寒性好，抗病虫为害力强，择土不严。

3. 品种适应性及适宜地区

在北纬 35° 以南的平原、沙地、丘陵、山地等地区均适宜栽培。

十一、慕乐

1. 品种来源

中国农业科学院郑州果树研究所从以色列引进，2018 年通过河南省林木品种审定委员会审定（彩图 6-13）。

2. 品种特征特性

小乔木，树姿开张，树势中等。幼树枝刺稍多，枝干灰褐色。幼叶绿色，成叶深绿色，长椭圆形或卵圆形，大而肥厚，平均叶长 4.5 cm，宽 1.8 cm，叶面光滑有光泽，叶尖钝、全缘，叶柄茸毛中等。叶柄红色，长 4.8 mm，基部绿色。叶芽大，圆锥形，贴伏，红褐色，茸毛较多。顶花芽圆锥形，中大，鳞片较松，茸毛较多。花蕾红色，雌雄同花，单瓣花、红色，5～8 片，花冠直径 4.4 cm，开花整齐，花托红褐色，圆柱形，花药黄色，雄蕊 120～170 枚。

果个较大，平均单果重 460 g，最大单果重 870 g。果实近圆形，果面粉红色、光洁明亮，外观漂亮，果皮皮厚 4.1 mm。籽粒红色，百粒重 43.2 g，汁多味甜，出汁率83%，籽核软（硬度 1.75 kg/cm^2），咀嚼口感无渣，可溶性固形物含量 16% 以上，风味甘甜，品质佳。

幼树以中、长果枝结果为主，成龄树中、长、短果枝均可结果，二茬花完全花率 3%～5%，自然坐果率 55%～58%，坐果率高。抗旱，耐瘠薄，抗裂果。对干腐病和褐斑病有一定抗性。

在河南中部地区 3 月下旬、4 月初萌芽，5 月上中旬初花，5 月下旬进入盛花期，盛花期持续 30～40 d。9 月中下旬果实成熟，11 月中旬前后落叶。

3. 适宜栽培地区和栽培技术要点

该品种适宜在极端最低温度 -8℃ 以上的地区栽培。在云南永胜、砚山、姚安等海拔 1 300～1 900 m 的地区表现良好；在河南郑州、荥阳等石榴产区，冬季要注意防冻。

十二、峄州红

1. 品种来源

枣庄市石榴研究中心选育，良种编号：鲁 S-SV-PG-024-2020（彩图 6-14）。

2. 品种特征特性

果实扁圆球形，果型指数 0.84，果皮浅红色。平均单果重 460 g，百粒重 55.1 g，鲜果出汁率 45%。籽粒淡红色，籽粒汁液可溶性固形物含量 17.0%，味甜。自然条件下裂果率 8%～9%。在山东枣庄地区成熟期 9 月中下旬。

3. 品种适应性及适宜栽培地区

山东各石榴适栽区均可栽植。

4. 栽培技术要点

春季萌芽前栽植，栽植密度为株行距（2～3）m×（3～4）m。花前施用速效氮、磷肥，幼果膨大期施用氮、钾肥，秋季新梢停长后施有机肥。适宜树形为主干疏层型，定干高度 80～100 cm。翌年剪选 2～4 个旺枝短截 1/3，其余枝条缓放。第 3 年开张主枝角度，培养结果枝组和树形。做好石榴根结线虫病、蒂腐病等的防控工作。

十三、枣辐软籽 9 号

1. 品种来源

该品种系由峄县软籽石榴经连续 3 次辐射育成的新品种（彩图 6-15）。

2. 品种特征特性

树势中强，叶片较大。单果重 260 g 左右，果皮黄绿色，阳面带红晕，籽粒白色透明，籽粒特大，味甜美而核软可食，含糖量为 16%，品质极上。耐贮运，丰产性好。栽植中可合理密植，采用 2 m×3 m 和 3 m×4 m 两种株行距栽植。第 5 年时，2 m×3 m 株行距者，两株间有部分长枝开始交接，但行间无交接现象。实行密植栽培，是获得早果丰产的首要前提。

3. 品种适应性及适宜地区

主要在山东枣庄境内有分布种植。

十四、泰山红

1. 品种来源

于 1984 年在泰山南麓一庭院内发现，母株树龄已有 140 余年。该树几经主枝更新，树高 6 m，冠径 4～5 m，4 主枝丛状形，枝条开张性强。叶大宽披针形。叶柄短，基部红色。花红色单瓣（彩图 6-16）。

2. 品种特征特性

该品种果实大，果径 8～9 cm，一般单果重 400～500 g，最大果重 750 g。果实近圆形或扁圆形。果皮鲜红色，果面光洁而有光泽，外形美观。萼片 5～8 裂，幼果期萼片开张，随果实发育逐渐闭合。果皮薄，厚度为 0.5～0.8 cm，质脆，籽粒鲜红，粒大肉厚，平均百粒重 54 g，可溶性固形物含量为 17%～19%，味甜微酸，籽核半软。风味极佳，品质上等。成熟期不易裂果。果实较耐贮藏。

3. 品种适应性及适栽地区

该品种在当地于 6 月上中旬开花，9 月下旬至 10 月初果实成熟，开花期和果实采收期比一般品种晚。

该品种抗旱、耐瘠薄，缺点是萼筒粗而大，商品外观差，易被桃蛀螟钻蛀为害。适于山丘有防风防寒的小气候区或庭院内栽培。

十五、妃红

1. 品种来源

由安徽蚌埠禹会区长青乡下洪村石榴园发现的实生优株选育而来（彩图 6-17）。

2. 品种特征特性

小乔木，树姿半开张，嫩枝淡红色，多年生枝灰褐色，茎刺少。叶片卵圆形，嫩叶紫红色，成龄叶深绿色，叶尖半圆形，叶缘光滑。花梗直立，长约 3 mm，花瓣 6～8 枚，红色。果实近圆球形，果皮粉红色，果面光洁，萼筒长，萼片直立或向外卷曲，果实平均纵径 9.49 cm，横径 10.2 cm，果皮厚度 0.33 cm，平均单果重 434 g，最大单果重 632 g。籽粒粉红色，粒大，味甜微酸，风味浓，核小、半软。平均百粒重 50 g，百核重 4.21 g，出籽率 65.55%，籽粒出汁率 91.6%，可溶性固形物含量 16.1%，可溶性糖含量 12.3%，可滴定酸含量 0.54%。

在安徽蚌埠地区 3 月底开始萌芽，4 月底现蕾，5 月中旬进入盛花期，9 月下旬成熟，果实发育期 130 d 左右。适应性强，抗旱，耐寒，耐日灼。早果、丰产，五年生树产量每公顷达 24 623.4 kg（栽植株行距为 3 m×4 m）。

3. 品种适应性及适宜栽培地区

适宜于暖温带半湿润季风农业气候区，适宜在皖北及相似生态区栽培。

4. 栽培技术要点

选择地势高、25° 以下的缓坡、土层深厚、排水良好的沙壤土或壤土地块种植，pH 值 6.0～7.5。瘠薄土地株行距（2～3）m×（3～4）m，较肥沃土地（2～3）m×（4～5）m。树形采用自由纺锤形或疏散分层形。保留头花果，适当保留二花果，疏除三花果。每年施基肥 1 次，基肥以有机肥为主，追肥 2～3 次，主要是复合肥。花期遇干旱天气，要及时灌溉，以减少落花落果、促发新梢，入夏后的多雨季节要注意排水，果实成熟期适当控水。秋冬季及时清园，清除病虫枝果，刮除老翘树皮；早春萌芽前喷施石硫合剂。生长期注意防治病虫害。

十六、酥籽

1. 品种来源

从突尼斯软籽品种的实生种子后代中选择的特异单株（彩图 6-18）。

2. 品种特征特性

小乔木，枝条软，树姿半开张，树势强健，生长快，嫩枝红褐色，多年生枝灰褐色，节间短，枝刺少。叶片卵圆形，叶尖半圆，叶面光滑，幼叶紫红色，成龄叶深绿色。花红色，花量大，单瓣，花瓣 6～8 枚。果实近圆形，果面光洁，果皮底色黄绿色，有红晕。果实纵径 10.1 cm，横径 10.5 cm，平均单果重 418 g，最大单果重 1 077 g，果皮厚度 0.35 cm，萼筒半闭合。籽粒大，红色，有针芒，核半软，酥脆，咀嚼有香味。平均百粒重 58 g，出籽率 67%，籽粒出汁率 92.0%，可溶性固形物含量 15.1%，可溶性糖含量 12.4%，可滴定酸含量 0.68%。

在江淮地区，3 月底萌芽，4 月底现蕾，5 月上旬初花，5 月中旬进入盛花期。9 月中下旬果实成熟，果实发育期 120 d 左右。适应性强，抗旱、耐寒、耐瘠薄。早果，丰产，三年生树每亩产量达 1 203 kg。

3. 品种适应性及适宜栽培地区

适宜在皖北石榴栽培区及其相似生态区种植。

4. 栽培技术要点

树形以单干纺锤形为佳。冬剪主要疏除细弱枝、密生枝、枯枝等无用枝；夏剪主要是除萌、摘心、疏除过密枝及交叉枝。周年管理中，秋冬季施足基肥，基肥以有机肥为主；在春季新梢生长期增施适量的复合肥；花期通过叶面喷施补充适量的硼肥；8月中下旬果实进入快速膨大期，可增施复合肥。在江淮地区，花期若遇到干旱，要及时灌溉；梅雨季节，要及时排涝。该品种果型大，易丰产，要特别重视疏花疏果。

十七、白玉石籽

1.品种来源

来源于安徽省怀远县农家品种三白石榴营养系变异，由安徽农业大学选育，2003年通过安徽省林木良种品种审定命名（彩图6-19）。

2.品种特征特性

果实近圆形，平均果重469 g，最大果重可达1 000 g以上。果皮黄白色，果面光洁，有果棱，萼片直立。果形指数0.85，可食率58.3%，平均百粒重84.4 g，最大102 g，籽粒呈马齿状或长马齿形、白色，成熟时内有少量针芒状放射线。籽粒出汁率81.4%，籽核硬度为3.29 kg/cm^2，口感半软。可溶性固形物含量16.4%，含糖量12.6%，含酸量0.315%，维生素C含量149.7 mg/kg。当地9月中下旬成熟，耐贮性一般。

树势强健，枝条较软，开张，枝条灰白色，茎刺较少。叶片较大，长椭圆形，叶色深绿色，叶尖微尖，幼叶、叶柄及幼茎黄绿色。两性花，1～4朵着生于当年新梢顶端或叶腋间。花瓣白色，花瓣、花萼4～6片。在皖中地区3月中下旬开始萌芽，4月初发枝，4月下旬现蕾，5月上旬初花，5月中旬至6月中旬盛花，11月上中旬开始落叶，盛果期株产可达60 kg，丰产稳产性好。

3.品种适应性及适栽地区

该品种适应性较强，株行距以（3～4）m×4 m为宜。树形宜选用自然圆头形，修剪注意疏枝及短截结合；自花结实率较高，注意疏花疏果；果实成熟期要及时采收，推迟采收易裂果；降水量较大地区注意及时排涝，加强对早期落叶病、干腐病防治。

在四川攀西地区2月中旬萌芽，3月下旬至5月上旬开花，8月上中旬成熟，在当地表现丰产性好。

十八、玛瑙籽

1.品种来源

安徽怀远产区优良品种（彩图6-20）。

2.品种特征特性

树势中庸，树姿开张，枝粗壮，茎刺少。果实大，球形，多偏斜。平均单果重250 g，最大的达500 g。果皮薄而稍软，橙黄色，阳面鲜红色。籽粒大，浅红色，百粒重60 g，核软可食。汁液多，味甜，可溶性固形物含量16%，出籽率64%。因籽粒中心有一红点，发出放射状"针芒"，故称"玛瑙籽"。在当地，9月底成熟，耐贮运。

3. 品种适应性及适栽地区

适应性强，多在淮河平原靠荆山、涂山的山麓土壤深厚肥沃的浅丘台地种植，适应于怀远、濉溪、宿县、萧县等淮北地区种植。成年树一般平均株产果 40～60 kg。

十九、青皮软籽

1. 品种来源

原产四川省会理县（彩图 6-21）。

2. 品种特征特性

树冠半开张，树势强健，刺和萌蘖少。嫩梢叶面红色，幼枝青色。叶片大，浓绿色，叶阔披针形，长 5.7～6.8 cm，宽 2.3～3.2 cm。花大，朱红色，花瓣多为 6 片，萼筒闭合。果实大，近圆球形，果重 610～750 g，最大的达 1 050 g，皮厚约 5 mm，青黄色，阳面红色，或具淡红色晕带。心室 7～9 个，单果籽粒 300～600 粒，百籽重 52～55 g，籽粒马齿状，水红色，核小而软，可食率 55.2%。风味甜香，含可溶性固形物 15%～16%，含糖量为 11.7%，含酸量为 0.98%，维生素 C 含量 24.7 mg/100 g，品质优。当地 2 月中旬萌芽，3 月下旬至 5 月上旬开花，7 月末至 8 月上旬成熟，裂果少，耐贮藏。单株产量为 50～150 kg，最高达 250 kg。

会理青皮软籽，以果大、色鲜、皮薄、粒大、汁多、核软、香甜（带有蜂蜜味）、味浓而闻名，素有"籽粒透明晶亮若珍珠，果味浓甜似蜂蜜"的美誉。

3. 品种适应性及适栽地区

该品种适应性强，对气候和土壤要求不严。根据会理县各种植点的情况进行综合分析，在海拔 650～1 800 m，年均气温 12℃ 以上的热带、亚热带地区，均可广泛引种种植。

青皮软籽主产地的四川会理县，地处四川西南部，凉山州的最南端，东连会东，西邻攀枝花，北接德昌，南傍金沙江，与云南的禄边、武定和元谋等县隔江相望。地理坐标为北纬 26°5′～27°12′，东经 101°52′～102°38′，全县地势呈南北走向，境内山峦起伏，山高坡陡，地形复杂，气候多样，有"山下收庄稼、山上才开花"的立体农业气候特点，属南亚热带季风性气候向温带气候过渡的气候带。青皮软籽石榴分布于海拔 839～1 800 m 的范围。该区年均气温为 15.3～23.0℃，最热的 7 月，平均温度 23～27℃，最冷的 1 月，平均温度为 7～15℃，≥10℃ 的年活动积温为 5 000～8 000℃。年日照时数为 2 696～3 000 h，无霜期为 300～365 d，年均降水量为 600～1 160 mm。土壤类型有燥红壤、褐红壤、水稻土、紫色土、沙壤土、冲积土和山地黄壤等。土壤 pH 值为 4.5～8。

4. 栽培技术要点

（1）温度及土壤要求。建园地的年平均气温应在 12℃ 以上，海拔在 650～1 800 m 地区，土壤以沙壤土和壤土最为适宜，pH 值为 4.5～8。山地建园应选在背风向阳的山坡地或不易积聚冷空气的山坳处为最好。平原建园应避开黏重土壤。

（2）定植。平原地区栽培，株行距宜 3 m×4 m；山地栽培，株行距宜 2 m×4 m。栽植时，应适当配置授粉树。适宜的授粉品种为白皮甜和大绿籽。

（3）加强土肥水管理。基肥于 12 月上中旬或 2 月中下旬施入，施肥量为：2～3 年生树株施 15 kg，四年生及以上树株施 50 kg。每年要进行 2 次追肥。第一次在萌芽前，2～3 年生幼树株施尿素 0.3 kg，四年生及以上的结果树株施尿素 0.5 kg，目的是促进石榴树开花和提高坐果率。第二次追肥在果实迅速膨大期前，株施石榴专用复合肥 4 kg，以促进果实生长，提高产量。施肥时结合浇水。另外，还要在封冻前浇封冻水，开春发芽前灌发芽水。

（4）合理整形修剪。树形采用多主干自然半圆形。定植当年开张角度，选择 4～5 个生长健壮、方向适宜的枝为主。用撑拉等方法开张角度，以后使每个主干配 3～4 个主枝向四周扩展。冬剪以疏和缩为主，去除基部的萌蘖枝，疏除过密的下垂枝、重叠枝、病虫枝和枯死枝。对衰老枝、徒长枝和细弱枝，要及时回缩更新。夏季要及时抹芽摘心，疏除竞争枝、徒长枝和过密枝。

（5）重视花果管理。在现蕾后到初花期，应尽早疏除所有的钟状花。短结果母枝，只留一朵筒状花。长结果母枝，每 15 cm 左右留一筒状花。6 月下旬以后，开放的花应全部疏除。在盛花期，喷 0.3%～0.5% 的硼砂液。坐果后，每隔 20 d 喷 0.4% 的磷酸二氢钾水溶液 3～4 次，以加速果实生长，增进果实品质。

二十、紫美

1. 品种来源

从国外引入筛选而成的品种（彩图 6-22）。

2. 品种特征特性

树姿半开张，树势强，成枝力强，叶片长椭圆倒卵形，幼叶浅红色，成叶深绿色。总花量中，两性花比例高。萼片深红色，6 枚，花托深红色、筒状或钟状，雄蕊数单朵 220～320 枚。在四川攀西地区亚热带气候条件下，2 月中旬萌芽，3 月上中旬现蕾，开花期在 3 月下旬到 5 月上旬。坐果率 40%～50%，果实发育期在 4 月上旬到 9 月中旬，成熟期 9 月中下旬。果实近球形，果皮深红色，平均单果重 587 g，最大单果重 1 024 g。果皮质地粗糙，果皮厚度 3 mm。籽粒紫红色，籽核特软，平均百粒重 44 g 左右，出籽率 47.9%，汁液紫黑色，可溶性固形物含量 17.9%，氨基酸 0.21%，维生素 C 10.1 mg/100 g，总糖 13.8%，总酸 0.939%，糖酸比为 14.7：1，风味酸甜，口感好。耐贮藏。

一年生扦插苗定植第 3 年开始开花结果，高接树翌年开花结果，第 3 年平均株产达 15 kg，株行距 2.5 m×3 m，亩产可达 1 320 kg。

3. 栽培要点

（1）定植。攀西地区在1月中下旬石榴落叶期，选择健壮无病虫害的种苗定植。一般行距为3～5 m，株距2～4 m。

（2）整形修剪。全树具40～60 cm主干1个，主枝3个，侧枝6～9个，树高2～3 m，全树无中央领导干。

（3）土肥水管理。石榴成年树需肥情况，氮、磷、钾比为5∶3∶4，施基肥时加入适量微量元素，追肥后及时灌水。

（4）病虫害防治。注意防治桃蛀螟、介壳虫、蓟马、疮痂病、干腐病、果实腐烂病、日灼病等。

4. 适宜种植地区

四川攀西地区，海拔1 500～1 700 m区域最适合。

二十一、甜绿子

1. 品种来源

原产于云南省蒙自、个旧，为滇南产区主栽品种（彩图6-23）。

2. 品种特征特性

树势中等，树形半开张，枝条灰绿色，具细纵条纹，无棱状突起，刺少。果实圆球形，萼筒钟形，长1.5～1.8 cm，平均果重248 g，纵径7 cm，横径7.8 cm，果皮黄绿色，具红条纹彩霞，果锈较多。心室7～8个，隔膜薄。籽粒大，核小，淡红色。风味甜而爽口。农业农村部农产品质量监督检验测试中心（昆明）检测：蒙自石榴维生素含量高达11.87～12.90 mg/100 g，可溶性固形物含量为13.54%～16.62%，单宁含量为0.10%～0.14%，磷含量11～16 mg/100 g，钙含量11～13 mg/100 g，铁含量为0.4～1.6 mg/100 g，蛋白质0.6～1.5 g/100 g，脂肪0.6～1.6 mg/100 g，籽粒汁液含酸0.47%，还原糖14.19%，蔗糖0.69%，总糖14.88%，糖酸比31.6∶1。

当地9月下旬成熟，裂果轻，耐贮藏。

3. 品种适应性及适栽地区

该品种对土壤要求不严，适生范围广，抗病，抗旱，耐瘠薄。适宜滇南石榴产区栽植。

4. 栽培技术要点

（1）土壤要求。该品种对土壤要求不严，在pH值6.5～8.3的沙土、冲积土上均能正常生长，但在透水性差的黏土中生长时，会产生裂果现象。

（2）定植。该品种长势中庸，适宜密植，株行距一般为2 m×4 m。定植时间可为春、秋两季，尤其以春天石榴树芽冒红点时栽植最佳，成活率可达100%。选取一年生壮苗，苗高70～80 cm，茎粗1 cm以上，侧根4条以上的无病虫苗。该品种自花结实性较强，一般不需要配置授粉树。

（3）肥水管理。一般每年施肥 3 次：第一次于采果后深翻地时作为基肥施入，以优质有机肥为主。施肥量根据石榴树大小和长势情况而定，一般每株施厩肥 25～60 kg 和磷酸二氢钾 2 kg。第二次是在枝条萌发期施追肥，每株施速效过磷酸钙或磷酸二铵 0.3 kg。第三次是在幼果膨大期喷 0.5% 尿素和 0.3% 硼砂水溶液，可单独施，可混施。一年灌好 3 次关键水，即萌芽水、催果水和封冻水。

（4）整形修剪。该品种易发生根蘖，需及时除掉。整形修剪所采用的树形为单主干的自然开心形，由 3～4 个主枝形成树冠。在修剪手法上，1～3 年生幼树的对生枝一般不轻易疏除。四年生以上的树，一般不宜轻短截。这是由于石榴花形成多在小枝顶部及中上部腋芽，轻短截会造成花芽损失及枝条丛生。此外，随着树龄的增大，石榴树枯枝逐渐增多，要注意更新修剪。

（5）病虫害防治。主要病害为早期落叶病，害虫为桃蛀螟。在 2—3 月喷 5 波美度石硫合剂 3 次，5—6 月喷 40% 多菌灵可湿性粉剂 500 倍液 1 次防治早期落叶病。石榴始花后 20 d 左右，喷 50% 杀螟硫磷乳油 1 000 倍液 1 次，7 月下旬喷洒 90% 晶体敌百虫 800～1 000 倍液 3 次，每隔 7 d 1 次，可有效地防治石榴桃蛀螟为害。

二十二、火炮

1. 品种来源

又名红袍，原产于云南会泽县盐水河流域，优良中熟品种（彩图 6-24）。

2. 品种特征特性

树势较强，树姿抱合，结果后开张。叶大浓绿，果实近球形，萼筒粗短闭合，果面光滑，底色黄白色，阳面全红。果皮较厚，果实较大，平均单果重 356 g，最大单果重达 1 000 g。籽粒肥大，平均百粒重 67 g。粒色深红，核软可食，近核处"针芒"多。可溶性固形物含量为 15%～16.5%，果汁多，味纯甜。在当地，于 2 月上旬萌芽，3 月中旬至 4 月下旬开花，8 月下旬果实成熟。

3. 品种适应性及适栽地区

该品种对土壤要求不严，适生范围广，抗病，抗旱，耐瘠薄。在海拔 1 200～2 000 m，绝对最低气温高于 -16℃，≥10℃的年积温超过 4 000℃的地区均可种植。

4. 栽培技术要点及注意事项

（1）土壤要求。该品种对土壤要求不十分严格，在 pH 值 6.5～8.3 的沙土、冲积土上均能正常生长，但在透水性差的黏土中生长时，会产生裂果现象。主产区海拔高度为 1 400～1 600 m。

（2）定植。该品种长势中庸，适宜密植，株行距一般为 2 m×4 m。定植时间可在春、秋两季，尤其是在春天石榴树芽冒红点时栽植成活率可达 100%。选取一年生壮苗，苗高 70～80 cm，茎粗 1 cm 以上，侧根 4 条以上的无病虫苗。该品种自花结实性较强，一般不需要配置授粉树。

（3）肥水管理。一般每年施肥3次：第一次于采果后深翻地时作为基肥施入，以优质有机肥为主。施肥量根据石榴树大小和长势情况而定，一般每株施厩肥25～60 kg和磷酸二氢钾2 kg。第二次是在枝条萌发期施追肥，每株施速效过磷酸钙或磷酸二铵0.3 kg。第三次是在幼果膨大期喷0.5%尿素和0.3%硼砂水溶液，可单独施，可混施。一年灌好3次关键水，即萌芽水、催果水和封冻水。

（4）整形修剪。该品种易发生根蘖，需及时除掉。整形修剪所采用的树形为单主干的自然开心形，由3～4个主枝形成树冠。在修剪手法上，1～3年生幼树的对生枝一般不轻易疏除。四年生以上的树，一般不宜轻短截。这是由于石榴花形成多在小枝顶部及中上部腋芽，轻短截会造成花芽损失及枝条丛生。此外，随着树龄的增大，石榴树枯枝逐渐增多，要注意更新修剪。

（5）病虫害防治。云南石榴的主要病害为早期落叶病，虫害为桃蛀螟。在2—3月喷5波美度石硫合剂3次，5—6月喷40%多菌灵500倍液1次防治早期落叶病。石榴始花后20 d左右，喷50%杀螟硫磷乳油1 000倍液1次，7月下旬喷洒90%晶体敌百虫800～1 000倍液3次，每隔7 d 1次，可有效地防治石榴桃蛀螟的为害。

二十三、糯石榴

1.品种来源

原产云南巧家（彩图6-25）。

2.品种特征特性

树势中庸，树姿开张，叶片大。果实圆球形，中等大小，平均单果重360 g，最大果重达900 g。果面光亮，底色黄绿色，略带锈斑，阳面鲜红色。花与萼为红色，萼片闭合，外形美观。果皮中厚，籽粒肥大，百粒重平均为77 g，粉红色。因核软而得名，近核处"针芒"多，汁多味浓，有甜香。可溶性固形物含量为13%～15%，品质优。该品种在当地，每年于2月初萌芽，3—4月开花。8月上旬果实成熟。

3.适栽地区及栽培技术要点

同火炮石榴。

二十四、净皮软籽甜

1.品种来源

原产于陕西临潼（彩图6-26）。

2.品种特征特性

树势强健，耐瘠薄，抗寒，耐旱，树冠较大，枝条粗壮，茎刺少。叶大，长披针或长卵圆形。初萌新叶为绿褐色，后渐转为浓绿色。萼筒和花瓣为红色。果实大型，圆球形，平均单果重240 g，最大果重690 g。果实鲜艳美观，果皮薄，表面光洁，底色黄白。果面具粉红或红色彩霞，萼片4～8裂，多为7裂，直立、开张或抱合，少数反卷。籽粒为多角形。核软，籽粒粉红色，浆汁多，风味甜香，近核处有放射状针芒。可溶性固形物含量14%～16%，品质上等。该品种在临潼产地3月下旬萌芽，5月中旬开花，9月上中旬果实成熟。采前及采收期遇连阴雨时易裂果。

3. 适栽地区及栽培技术要点

该品种喜温暖气候，在冬季最低气温高于-17℃以上，≥10℃的年积温超过3 000℃的地区，均可种植。对土壤要求不严，但建园以土层深厚、排水良好的沙壤土或壤土为宜。

二十五、骊山红

1. 品种来源

由西安市农业技术推广中心选育，陕西临潼石榴产区主栽品种净皮甜的自然变异优良单株（彩图6-27）。

2. 品种特征特性

果实扁圆形到长圆形，果面鲜红色，洁净而光泽。一般单果重450～550 g，最大单果重1 500 g。果皮较薄，籽粒鲜红色，平均百粒重56 g左右，出籽率70%左右，核半软，风味酸甜可口，可溶性固形物含量16.5%，品质上等。

树势强健，多年生枝条灰棕色，嫩梢黄绿色，先端红灰色，叶片中等大小，花红色，单瓣，花瓣5～8片，花量大。

该品种在西安临潼区3月下旬到4月上旬萌芽，6月上中旬头茬花开放，自花授粉，10月上中旬采收。丰产性能好，抗旱，耐瘠薄，抗寒，抗病虫能力较强。

3. 适栽地区及栽培技术要点

适合于陕西石榴产区发展。该品种树势健壮，枝条生长量大，注意控制枝条生长量、促进枝条发育充实。注意疏果，保持合理的负载量和叶果比。及时更新衰弱的枝条和结果母枝。

二十六、彤欣

1. 品种来源

又名"临潼星"，陕西西安临潼区园艺站选育，为临潼优良品种"大红甜"的优良单株（彩图6-28）。

2. 品种特征特性

生长势较强，树姿直立。抽枝能力强，茎刺极少。叶长椭圆形，幼叶紫红色，成龄叶深绿色。花瓣红色，5～7片。果实圆球形带棱，果皮粉红，萼筒多直立。果皮较薄，裂果较轻。籽粒深红色，百粒重平均60.1 g，籽核半软，可溶性固形物含量16%，出籽率54.9%，风味酸甜。果实耐贮藏，普通冷库贮藏至春节仍保持良好口感。

在临潼产区盛花期为5月中旬到6月上旬，成熟期10月上中旬，为中晚熟品种。

3. 适栽地区及栽培技术要点

该品种适应性较广，在极端最低温度-16℃以上地区可栽植。建园应选择阳光充足、地势高、地下水位深、排水良好的沙壤土田地。肥水管理要前促后控，整形修剪大小枝疏密配合，保证树冠内通风透光。引种繁育宜选择扦插苗，嫁接砧木可选用观赏花石榴苗木或其他甜石榴，不宜用酸石榴苗木作砧木。

二十七、御石榴

1. 品种来源

原产于陕西乾县、礼泉县（彩图6-29）。

2. 品种特征特性

树势强健，树冠圆形，主干和主枝有瘤状突起，枝条直立，一年生枝浅褐色，多年生枝灰褐色。叶片较小，长椭圆形，色浓绿。果实圆球形，平均果重750g，最大1 500g，萼筒粗大，萼片5～8裂，多数6～7裂，闭合。果面光洁，阳面浓红色，皮厚，粒大多汁，红色，含糖量14.15%，含酸量0.81%，风味甜酸，因唐太宗和长孙皇后喜食而得名为御石榴。当地4月中旬萌芽，花期5月上旬至6月下旬，10月上中旬成熟。可分为红、白两种类型。

3. 品种适应性及适栽地区

适栽地区同净皮软籽甜。

二十八、江石榴

1. 品种来源

又名水晶石榴，原产山西临猗县临晋乡（彩图6-30）。

2. 品种特征特性

树体高大，树形自然圆头形，树势强健，枝条直立，易生徒长枝。叶片大，倒卵形，色浓绿。果实扁圆形，平均单果重250g，最大500～750g。果皮鲜红艳丽，果面净洁光亮，果皮厚5～6mm，可食率60%。籽粒大，软核。籽粒深红色，水晶透亮，内有放射状"针芒"。味甜微酸，汁液多，含可溶性固形物17%。果实9月下旬成熟，极耐贮运，可贮至翌年2—3月。早果性能较好，其缺点是果熟期遇雨易裂果。

3. 品种适应性及适栽地区

冬季极端最低气温低于-15℃地上部分出现冻害，极端最低气温低于-17℃，持续时间超过10d，地上出现毁灭性冻害，年生长期内需要有效积温超过3 000℃。该品种抗旱、抗寒、抗风，适宜在晋、陕、豫沿黄地区发展种植。

4. 栽培技术要点

（1）适宜栽植时间与合理密度。适宜栽植时间为春季土壤解冻后的2月下旬至3月中旬，栽后灌水，树盘覆膜，提高成活率。该品种枝条直立，适宜密植，为提高早期产量，密度设定为 2 m×3 m 较适宜。

（2）整形修剪。树形以单干自然圆头形为主，鉴于其枝条直立的特性，修剪时注意采用撑、拉、坠等方式，使内膛枝条角度开张，保证膛内通风透光良好。该品种树势强健，分枝力强，易生徒长枝，修剪时多采用重剪手法，以避免发生徒长。重视冬季修剪，培养树形，夏季修剪作为辅助手段，控制旺长，促进花芽分化。

（3）重施基肥，合理追肥。以农家肥为主要基肥，配合施用饼肥和速效氮、磷肥，采用环状或辐射状沟间施，施肥时期一般在 11 月下旬至 12 月中旬或 2 月上旬。追肥掌握 3 个关键时期，即花前肥，在 4 月底 5 月初开花前追施；幼果膨大肥，在 6 月下旬至 7 月上旬施入；果实膨大和着色期施肥，时间在采果前 15～30 d 进行。

追肥可以土壤施或叶面喷施，依据树体营养情况，均以使用速效氮、磷肥或微肥为主，补充树体养分供应。

（4）病虫害防治。主要病害有干腐病及后期遇雨裂果引发的果腐病，虫害主要有桃蛀螟、桃小食心虫等，采用综合防治措施予以防治。对石榴干腐病，采用果实套袋可有效防治，套袋前果面喷洒甲基硫菌灵等杀菌剂效果更好。还可在 5—8 月喷 1∶1∶160 波尔多液或 40% 多菌灵可湿性粉剂 800 倍液进行防治。对果腐病重点是合理灌水防裂果，并于生长后期喷洒多菌灵等杀菌剂预防。对桃蛀螟和桃小食心虫于果实坐稳后采用药泥、药棉塞萼筒，以及 5 月中旬、6 月上旬、6 月下旬连续叶面喷洒敌百虫或醚菊酯乳油 800～1 000 倍液防治。冬季摘拾树上树下僵果深埋烧毁，降低越冬基数，减轻翌年为害。

二十九、叶城大籽

1. 品种来源

原产于新疆喀什、叶城、疏附一带（彩图 6-31）。

2. 品种特征特性

树势强健，抗寒性强，丰产，枝条直立。花鲜红色。果实较大，平均单果重 450 g，最大果重 1 000 g，果皮薄，果面黄绿色。籽粒大，汁多渣少，味甘甜爽口，可溶性固形物含量 15% 以上，品质上等。当地 9 月中下旬成熟。

三十、南澳白籽冰糖

1. 品种来源

产于广东南澳县（彩图 6-32）。

2. 品种特征特性

树势强健，叶片长椭圆形。果实扁圆形，平均果重 350 g 左右，最大果重 1 000 g。果皮青黄色，阳面具红晕，光洁。籽粒白色细长，含糖量 11.8%，含酸量 0.35%，维生素 C 含量 6.6 mg/100 g，风味酸甜、品质优。当地 8 月下旬 9 月初成熟。

三十一、广西胭脂红

1. 品种来源

广西梧州地区优良品种（彩图 6-33）。

2. 品种特征特性

树势强健，植株高大。果实大，果顶为坛底形，又称坛底石榴。果皮厚，上部带粉红色。籽粒淡白色，味甜，并有特殊香气，品质优良，高产。抗病虫，最高株产量可达 75 kg 以上。

三十二、糖石榴

1. 品种来源

又名甜石榴，冰糖石榴，因其籽实甜如冰糖而得名。湖南芷江优良品种（彩图 6-34）。

2. 品种特征特性

树势较开张，一般树高 3～5 m，树冠圆头形或伞形。主干灰褐色，树皮浅纵裂，部分剥落，树干有瘤状突起。主枝青灰色，圆形，有小而突起的黄白色皮孔。嫩枝四方形，有棱，阳面红色，嫩叶亦带红色。成枝力强，枝条密度大。叶披针形或倒披针形，绿色。3 月萌发，4 月初展叶，10 月落叶。花红色或黄红色，萼片 5～6 裂，萼筒钟状，花瓣 5～6 片，覆瓦状排列。花期 5 月初到 6 月底。栽后 3 年结果，8～10 年进入盛果期，株产 30～40 kg。果皮红黄色，果实方圆形，横径 7.5 cm 左右，纵径 6.8 cm 左右，平均果重 250～350 g，最大单果重 550 g。果皮薄，心室一般 9～10 个，平均籽粒 300～400 颗，百粒重 40～50 g，出籽率 65% 左右，可食率 85% 左右。籽呈方形，晶亮透明，沿种核向外呈放射状的水红色针芒，种核较小且软，籽汁多，风味浓甜而香。含总糖 11.36%，可滴定酸 0.37%，维生素 C 8.87 mg/100 g，可溶性固形物 13.5%，粗蛋白 0.53%，脂肪 0.59%，糖酸比 30.7∶1。9 月中旬果熟，易遭虫害，有裂果现象。该品种丰产性能较好，产量稳定。

三十三、太行红

1. 品种来源

河北省元氏县优良品种（彩图 6-35）。

2. 品种特征特性

该品种树势开张，一年生枝条灰褐色，茎刺较少。叶片长椭圆形，鲜绿色，叶片大而肥厚。花量少，花冠红色，雌花占 70% 以上。果实近圆球形，果个大，果形扁圆，平均单果重 625 g，最大单果重 1 000 g。果皮底色淡黄色，阳面鲜红色，果面光洁，美观，萼片闭合，籽粒水红色，百籽重 39.5 g，风味甜，品质优，出汁率 81.9%，可溶性固形物含量 15.9%。适期采收，室温下可贮藏 3 个月，地窖可贮藏 5 个月以上。

第二节　主要观赏品种

我国以观赏为主的品种有近 50 个，现介绍其中的 10 个。

一、醉美人

树冠较小，枝条粗壮。叶大，长椭圆形或倒卵形，浓绿色，花冠大，直径 20～30 mm，萼筒、花瓣均鲜红色，花瓣数极多，个别发育良好的花有重萼（重台）花出现。花期长，每年 5—6 月开放，以 5 月中旬至 6 月中旬开花最多。

二、洒金丝

树冠较大，树势较强，枝条粗壮，茎刺稀少。叶大，长椭圆形或倒卵形，浓绿色。花萼朱红色，花瓣 6 片，每片中央红色边缘白色，花冠较大，直径 2～6 cm，花瓣重瓣多数，个别发育充实的花有重萼现象。花期长，每年 5—6 月开花，花色美观。果筒细高，萼片 6 片微反卷。果小圆球形，果皮淡黄色有褐色点状果锈。平均单果重 74 g，最大单果重 104 g。30 年生树高 3 m，冠幅 3.3 m，干周 22 cm（彩图 6-36）。

三、百日雪

树冠较小，树势较弱，枝条稀疏，茎刺稀少。幼叶及嫩茎黄绿色。叶片较大，长椭圆或倒卵形，绿色。花萼黄白色，花瓣黄白色或乳白色，花冠较大，直径 20～50 mm，花瓣数甚多。花期长，5—7 月开花，5 月中旬为开花盛期（彩图 6-37）。

四、月季石榴

又称月月石榴、火石榴等。树冠矮小，枝条细软。叶狭小，线状或披针形，长 2.5～3 cm，宽 0.5～0.6 cm。花萼、花瓣多为鲜红色、黄白色和白色变种。花瓣多数单生，花小，果实也小，不能食用。果实成熟时粉红色至红色。主要作盆栽，既观花也赏果，是室内外重要盆景植物。变种较多，果实紫黑者称墨石榴。花重瓣不结果者称重瓣月季石榴。黄淮地区花期 5—11 月，花小，花瓣红色 6 片。果实小，果皮红色。赏果期可延至 12 月。

五、玛瑙石榴

又名千瓣彩石榴。枝叶形态与月季石榴相似。花重瓣，花冠较大，花色粉红色、鲜红色或黄白色。结果小而少，可观赏但不能食用。

六、红花千瓣

又名红牡丹花石榴、千层花石榴，花冠红色、较大，花瓣 15～23 片，花药变花冠形 32～43 片。萼筒较高，萼 6～7 片。果实球形，果皮青色，皮薄易裂，向阳面有红晕，果面有点状果锈，平均果重 92 g，最大单果重 142 g。15 年生树高 2～3.8 m，冠幅 2～3 m，干周 18 cm（彩图 6-38）。

七、黄榴

也称黄石榴。花萼、花瓣微黄而带白色，花较大。重瓣者称千瓣黄榴（彩图 6-39），单瓣者称单瓣黄榴。不结果。

八、白花重瓣

又名白牡丹花石榴，花白色，花冠大，花瓣 27 片，花瓣背面中肋有黄带，花药变花冠形 57～100 片，花柱和花丝粉白色。果筒膨大呈喇叭状，萼 6 片闭合。果皮黄白色，平均果重 180 g，最大单果重 250 g。花形美观（彩图 6-40）。

九、墨石榴

又称紫果石榴。属极矮生种，树冠极矮小。叶狭小，披针形，浓绿色，嫩梢、幼叶、花瓣鲜红色，花萼、果皮、籽粒紫红色。5—10 月不断开花结果，果实小，圆球形，果味不佳（彩图 6-41）。

十、重台石榴

一年生枝条紫绿色。本品种花冠特点是：花冠中央有一内层被花萼包被的花瓣，即重萼。花瓣开放过程是先外层花瓣展开，再内层花萼开放。花期 5—7 月，花萼红色，3～5 片反卷易碎裂；花径 5～6 cm，花瓣 39 片左右，花药变花冠形 71～100 片（8～10 轮排列）。每朵花的开放过程是：外层先开放先凋萎，相继内层开放，最后落花。开花后不结果（彩图 6-42）。

第七章　土壤、施肥、水分及保花保果管理

第一节　土壤管理技术

土壤管理实际是对石榴树地下部分管理，其目的是创造适宜石榴树根系生长的良好环境。合理的土壤管理制度，能够改良土壤的理化性质，防止杂草蔓生，补偿水分的不足，促进微生物的活动，从而提高肥力，供给石榴树生长、发育所必需的营养。石榴树生长的强弱、产量的高低和果实品质的优劣，在很大程度上取决于地下部分土壤管理的好坏或是否得当。

一、逐年扩穴和深翻改土

土壤，是石榴树生长的基础，根系吸收营养物质和水分都是通过土壤来进行的。土层的厚薄、土壤质地的好坏和肥力的高低，都直接影响着石榴树的生长发育。重视土壤改良，创造一个深、松、肥的土壤环境，是早果、丰产、稳产和优质的基本条件。

1. 扩穴

在幼树定植后几年内，随着树冠的扩大和根系的延伸，在定植穴石榴树根际外围进行深耕扩穴，挖深 20～30 cm、宽 40 cm 的环形深翻带；树冠下根群区内，也要适度深翻、熟化。

2. 深翻

成年果园一般土壤坚实板结，根系已布满全园，为避免伤断大根及伤根过多，可在树冠外围进行条沟状或放射状沟深耕，也可采用隔株或隔行深耕，分年进行。

扩穴和深翻时间一般在落叶后、封冻前结合施基肥进行。其作用：第一，改善土壤理化性质，提高其肥力；第二，消灭越冬害虫，降低害虫越冬基数，减轻翌年为害；第三，铲除浮根，促使根系下扎，提高植株的抗逆能力；第四，石榴树根蘖较多，消耗大量的水分养分，结合扩穴，修剪掉根蘖，使养分集中供应树体生长。

二、果园间作及除草

1. 果园间作

幼龄果园株行间空隙地多，合理间种作物可以提高土地利用率，增加收益，以园养园。成年园种植覆盖作物或种植绿肥也属果园间作，但目的在于增加土壤有机质，

提高土壤肥力。

果园间作的根本出发点，在考虑提高土地利用率的同时，要注意有利于果树的生长和早期丰产，且有利于提高土壤肥力。

石榴园可间种蔬菜、花生、豆科作物、薯类、禾谷类、中药材、绿肥、花卉等低秆作物。

石榴园不可间种高粱、玉米等高秆作物，以及瓜类或其他藤本等攀缘植物；同时间种的作物不能有与石榴树相同的病虫害或中间寄主。长期连作易造成某种作物病原菌在土壤中积存过多，对石榴树和间种作物生长发育均为不利，故宜实行轮作和换茬。

总之，因地制宜地选择优良间种作物和加强果、粮的管理，是获得果粮双丰收的重要条件之一。一般山地、丘陵、黄土坡地等土壤瘠薄的果园，可间作耐旱、耐瘠薄等适应性强的作物，如谷子、麦类、豆类、薯类、绿肥作物等；平原沙地果园，可间作花生、薯类、麦类、绿肥等；城市郊区平地果园，一般土层厚，土质肥沃，肥水条件较好，除间作粮油作物外，可间作菜类和药类植物。间作形式一年一茬或一年两茬均可。为缓和间种作物与石榴树的肥水矛盾，树行上应留出 1 m 宽不间作的营养带。

2. 中耕除草

中耕除草是石榴园管理中一项经常性的工作。目的在于防止和减少在石榴树生长期间，杂草与果树竞争养分与水分，同时减少土壤水分蒸发、疏松土壤，改善土壤通气状况，促进土壤微生物活动，有利于难溶状态养分的分解，提高土壤肥力。在雨后或灌水后进行中耕，可防止土壤板结，增强蓄水、保水能力。因而在生长期要做到"有草必除，雨后必除，灌水后必除"。

中耕除草的次数应根据气候、土壤和杂草多少而定，一般全年可进行 4～8 次，间种作物的，结合间种作物的管理进行。中耕深度以 6～10 cm 为宜，以除去杂草、切断土壤毛细管为度。树盘内的土壤应经常保持疏松无草状态，但可进行覆盖。树盘土壤只宜浅耕，过深易伤根系，对石榴树生长不利。

3. 除草剂的利用

石榴树是对除草剂反应敏感的植物，石榴园原则上禁止使用除草剂。若杂草特别严重或石榴园地内某些恶性杂草特别严重，如宿生性白茅草、芦苇草等，无奈情况下使用除草剂的，要有选择性地使用。

化学除草剂的种类很多，性能各异，根据其对植物作用的方式，可分为灭生性除草剂和选择性除草剂。灭生性除草剂对所有植物都有毒性，如百草枯等，石榴园禁用。选择性除草剂是在一定剂量范围内，对一定类型或种属的植物有毒性，而对另一些类型或种属的植物无毒性或毒性很低，如茅草枯、草胺膦等。所以使用除草剂前，必须首先了解除草剂的效能、使用方法，并根据石榴园杂草种类对除草剂的敏感程度及忍耐性等决定使用除草剂的种类、浓度和用药量等。目前有很多新品种除草剂，必要时可选择使用。

优质健康石榴果园生产，禁止使用除草醚、草枯醚、百草枯，这几种除草剂毒性残效期长，有残留。

三、园地覆盖

园地覆盖的方法有覆盖地膜、覆草、绿肥掩青、培土等。其作用为改良土壤、增加土壤有机质；减少土壤水分蒸发，防止冲刷和风蚀，保墒防旱；提高地温，缩小土壤温度变化幅度，有利于果树根系生长，抑制杂草滋生及减少裂果等多重效应。

1. 树盘覆膜

早春土壤解冻后灌水，然后覆膜，以促进地下根系及早活动。其操作方法为：以树干为中心做成内低外高的漏斗状，要求土面平整，覆盖普通的农用薄膜，使膜土密结，中间留一孔，并用土将孔盖住，以便渗水，最后将薄膜四周用土埋住，以防被风刮掉。树盘覆盖大小与树冠径相同。

覆盖地膜能减少土壤水分散失，提高土壤含水率，同时提高了土壤温度，使石榴树地下活动提早，相应的地上活动也提早。地膜覆盖特别在干旱地区，其对树体生长的影响效果更显著。

2. 园地覆草

在春季石榴树发芽前，要求树下浅耕 1 次，然后覆草 10～15 cm 厚。低龄树因考虑作物间作，一般采用树盘覆盖；而对成龄果园，已不适宜间种作物，此时由于树体增大，坐果量增加，耗损大量养分，需要培肥地力，故一般采用全园覆盖，以后每年续铺，保持覆草厚度。适宜作覆盖材料的种类很多，如厩肥、落叶、作物秸秆、锯末、杂草、河泥、或其他土杂肥混合而成的熟性肥料等。原则是就地取材，因地而异。

石榴园连年覆草有多重效益。一是覆盖物腐烂后，表层腐殖质增厚，土壤有机质含量以及速效氮、速效磷量增加，明显地培肥了土壤；二是平衡土壤含水量，增加土壤持水功能，防止径流，减少蒸发，保墒抗旱；三是调节土壤温度，4 月中旬 0～20 cm 土壤温度，覆草比不覆草平均低 0.5 ℃左右，而冬季最冷月 1 月平均高 0.6 ℃左右，夏季有利于根系正常生长，冬春季可延长根系活动时间；四是增加根量，促进树势健壮，其覆草的最终效应是果树产量的提高。

石榴园覆草效应明显，但要注意防治鼠害。老鼠主要为害石榴根系。据调查，遭鼠害严重的有 4 种果园，即杂草丛生荒芜果园；坟地果园；冬春季窝棚、房屋不住人的周围果园；地势较高果园。其防治办法是消灭草荒，树干周围 0.5 m 范围内不覆草，撒鼠药灭鼠，保护天敌蛇、猫头鹰等。

3. 种植绿肥

成龄果园的行间，一般不宜再间种作物。如果长期采用"清耕法"管理，即耕后休闲，土壤有机质含量将逐渐减少，肥力下降，同时土壤易受冲刷，不利石榴园水土保持。果园间种绿肥，具有增加土壤有机质、促进微生物活动、改善土壤结构、提高土壤肥力的功效，并达到以园养园的目的（彩图 7-1）。

4. 培土

对山地丘陵等土壤瘠薄的石榴园，培土增厚了土层，防止根系裸露，提高了土壤的保水保肥和抗旱性，增加了可供树体生长所需养分的能力。

石榴树在我国黄河流域及以北地区，个别年份地上部易受冻害，培土可提高树体的抗寒能力，降低冻害危害。培土一般在落叶后结合冬剪、土、肥管理进行，培土高度因地而异，一般在 30～80 cm。因石榴树基部易产生根蘖，培土有利于根蘖的发生和生长，春暖时及时清除培土，并在生长季节及时除萌。

第二节　施肥技术

一、施肥的意义

石榴树根系发达、地下分布深广，一经定植，多年生长在同一地点，每年生长、结果都需要从土壤中吸收大量营养元素，需要土壤供应养分的强度和容量大，一旦供应不平衡，容易造成某些营养元素的亏缺或过量而影响正常生长，只有通过土壤施肥适时给予补充，以满足石榴树对各种营养元素的均衡需求，石榴树才能生长健壮而且丰产。

果园施肥的目的，除有效地补充土壤中的营养元素外，还可不断提高土壤肥力，改善土壤结构和性能，创造适于石榴树生长的良好的土壤环境。

合理施肥，可保障石榴树的健壮、长寿和高产；幼树可以提前形成树冠和提前结果；对于成年树可以保证丰产、稳产，延长结果年限，提高品质，增强对不良环境的抵抗能力等。

丘陵地及黄土坡、河滩、沙荒地果园，土壤所含养分贫乏，质地和结构不良，增施有机和无机肥料对改良土壤结构和功能，提高保水抗旱能力作用更加明显。

施肥必须与其他技术措施相结合，才能充分发挥作用。特别是与水分关系密切，在土壤干旱时，施肥必须结合灌水，单纯增施肥料（特别是化肥）不但无益，反而有害。施肥结合松土，改善土壤通气状况，有利于迟效性的有机肥料分解为速效态而被石榴树吸收。所以，只有土壤综合管理技术措施（土壤耕作、施肥、灌水）互相配合、合理施肥，才能发挥肥料的最大作用。

二、石榴生产肥料使用的基本原则

1. 施肥原则

以有机肥为主，化肥为辅，保持和增加土壤肥力及土壤微生物活性。所施用的肥料不应对果园环境和果实品质产生不良影响。

2. 允许使用的肥料种类

（1）有机肥。包括各种农家肥、绿肥、微生物肥。

（2）无机肥。包括经过化学方法合成或物理方法加工而成的各种矿质肥料。

（3）其他肥料。不含有毒物质的食品、鱼渣、牛羊毛废料、骨粉、氨基酸残渣、骨胶废渣、家禽家畜加工废料、糖厂废料等有机物料制成的，经农业农村部门登记允许使用的肥料。

3. 禁止使用的肥料

（1）未经无害化处理的城市垃圾或含有金属、橡胶等有害物质的垃圾。

（2）硝态氮肥和未腐熟的人粪尿。

（3）未获准登记的肥料产品。

三、肥料的种类、性质

依据肥料的形态和性质，可分为有机肥和无机肥两大类。

（一）有机肥

1. 农家肥

凡属动物性和植物性的有机物统称为有机肥料，即农家肥，如人畜禽粪尿、作物秸秆、枯叶、动物残体、屠宰场废弃物、腐殖酸类肥料等；菜籽饼、棉籽饼、豆饼、芝麻饼、蓖麻饼、茶籽饼等各类饼肥；酒糟、醋糟、木薯渣、糖渣、糠醛渣等工业废弃物；餐厨等生活垃圾；堆肥、沤肥、厩肥、沼肥、绿肥等；未经污染的河泥、塘泥、沟泥、港泥、湖泥等泥肥。

2. 工厂化生产的有机肥

将传统意义的农家肥，经过工厂化无害化处理，配上必要的天然矿物，如磷矿粉、白云石和云母粉等，进行造粒，再烘干，即成有机肥料。其工艺流程为：粪便、油饼等有机物集中→脱水→消毒→除臭→配方搅拌→造粒→烘干→过筛→包装→入库。既清洁卫生，降解了有机污染物和生物污染，又丰富了有机肥料的营养成分，还方便利用。

目前，由农业农村部发布的有机肥料行业标准有两项。

有机肥料（NY/T 525—2021）：外观颜色为褐色或灰褐色，无恶臭和机械杂质，有机质含量≥45%，总养分（氮＋五氧化二磷＋氧化钾）≥5.0%，水分≤30%，酸碱度（pH值）5.5～8.5。

生物有机肥（NY 884—2022）：颗粒松散大小均匀，无明显机械杂质、无腐败味；有机质含量≥40%；总养分（氮＋五氧化二磷＋氧化钾）≥5.0%；水分≤30%；酸碱度（pH值）5.5～8.5；有效活菌数（亿个/g）≥0.2。

3. 绿肥

凡是以植物的绿色部分耕翻入土中当作绿色肥料使用的均称绿肥。石榴园利用行间空地栽培绿肥，或利用园外野生植物的鲜嫩茎叶做肥料，是解决果园有机肥料不足、节约投资、培肥果园土壤肥力、进行优质栽培的重要措施。

绿肥作物多数都具有强大的根系，其特点是生长迅速、绿色体积大和适应性强等，茎叶含有丰富的有机质，在新鲜的绿肥中有机质含量为10%～15%。豆科绿肥作物含有氮、磷、钾等多种营养元素，尤以氮素含量更丰富，其全氮含量、全钾含量高于或相当于人粪尿；其根系中的根瘤菌可有效地吸收和固定土壤与空气中的氮素；而根系分泌的有机酸，可使土壤中的难溶性养分分解而被吸收；同时根系发达，深可达1～2 m，甚至2～4 m，可有效地吸收深层养分。果园种植绿肥，因植株覆盖地面有调节温度、减少蒸发、防风固沙、保持水土等多重效应。

绿肥作物种类很多，要因地、因时合理选择。秋播绿肥有苕子、豌豆、蚕豆、紫云英、黄花苜蓿等。春夏绿肥可种印度豇豆、爬豆、绿豆、田菁、桎麻等，田菁、桎麻因茎秆较高，一年至少刈割两次。沙地可种沙打旺等。盐碱地可种苕子、草木樨等。

我国北方常见的几种绿肥作物见表7-1。

表7-1 石榴园主要间作绿肥及栽培利用

品种	播种量（kg/亩）	播期（月、旬）	刈割压青期	产草量（kg/亩）	养分含量（%）			适种区域
					N	P_2O_5	K_2O	
苕子	3～4	8月下旬至9月上旬	4月中下旬	4～5	0.52	0.11	0.35	秦岭、淮河以北盐碱地外
紫云英	1.5～2	8月下旬至9月上旬	4月中下旬	3～4	0.33	0.08	0.23	黄河以南盐碱地外
草木樨	1.5～2	8月下旬至9月上旬	4月下旬	3～4	0.48	0.13	0.44	华南以外，全国大部分非涝区
紫穗槐	2～2.5	春、夏、秋	年割2～3次	2～3	1.32	0.36	0.79	华南以外，全国大部园外"四旁"栽植
田菁	3～5	春、夏	6月中旬至9月上旬	2～3	0.52	0.07	0.15	全国
桎麻	3～4	春、夏	播后50 d，年割2～3次	2～3	0.78	0.15	0.30	长城以南广大非严寒区
绿豆	2～3	4月中旬至6月中旬	8月中下旬	1～2	0.60	0.12	0.58	全国
豌豆	4～5	9月中下旬	5月上旬	1～2	0.51	0.15	0.52	华南、华北外的广大地区

绿肥利用方法：一是直接翻压在树冠下，压后灌水以利腐烂，适用低秆绿肥。二是刈割后易地堆沤，待腐烂后取出施于树下，一般适于高秆绿肥，如柽麻等。

4. 微生物肥

微生物肥料是指一类含有活微生物的特定制品，应用于农业生产中，能够获得特定的肥料效应。微生物肥料可分为两类，一类是通过其中所含微生物的生命活动，增加了植物营养元素的供应量，导致植物营养状况的改善，进而增加产量；另一类是广义的微生物肥料，其制品虽然也是通过其中所含的微生物生命活动作用使作物增产，但它不仅仅限于提高植物营养元素的供应水平，还包括了它们所产生的次生代谢物质，如激素类物质对植物的刺激作用，促进植物对营养元素的吸收利用，或者能够拮抗某些病原微生物的致病作用，减轻病虫害而使作物产量增加。

微生物肥料的种类很多，如果按其制品中特定的微生物种类可分为细菌肥料（如根瘤菌肥、固氮菌肥）、放线菌肥（如抗生菌类、5406）、真菌类肥（如菌根真菌）等；按其作用机理又可分为根瘤菌类肥料、固氮菌肥料、解磷菌类肥料、解钾菌类肥料等；按其制品中微生物的种类又可分为单纯的微生物肥料和复合微生物肥料。微生物肥料的功效主要是与营养元素的来源和有效性有关，或与作物吸收营养、水分和抗病有关，概括起来有以下几个方面。

（1）增加土壤肥力。这是微生物肥料的主要功效之一，如各种自生、联合、共生的固氮微生物肥料，可以增加土壤中的氮素来源，多种解磷、解钾微生物的应用，可以将土壤中难溶的磷、钾分解出来，从而为作物吸收利用。

（2）产生植物激素，刺激作物生长。许多用作微生物肥料的微生物还可产生植物激素类物质，能刺激和调节作物生长，使植物生长健壮，营养状况得到改善。

（3）对有害微生物的生物防治作用。由于在作物根部接种微生物肥，微生物在作物根部大量生长繁殖，成为作物根际的优势菌，限制了其他病原微生物的繁殖机会。同时有的微生物对病原微生物还具有拮抗作用，起到了减轻作物病害的功效。

微生物肥料是活的生物体，有它自身的特点。合格的微生物肥料对环境污染少；微生物肥料用量少，每亩通常使用 500～1 000 g 微生物菌剂；肥料作用大小，容易受光照、温度、水分、酸碱度等影响。微生物肥料的有效期限，通常为半年至一年。施用方法比化肥、有机肥料要求严格。因此，要注意的是：微生物肥料购买回家后，要尽快施到地里，并且开袋后要一次用完；未用完的微生物肥料，要妥善保管，防止微生物肥料中的细菌传播；微生物肥料可以单独施入土壤中，但最好是和有机肥料（如渣土）混合使用，不要和化学肥料混合使用；微生物肥料要施入作物根际正下方，不要离根太远，施后及时盖土，不要让阳光直射到菌肥上；微生物肥料主要用作基肥，不宜叶面喷施；微生物肥料的使用不能代替化肥的使用。

有机肥养分全面，不但含有石榴树生长发育必需的氮、磷、钾等大量元素，而且还含有微生物群落和大量有机物及其降解产物如维生素、生物物质，以及多种营养成分和微量元素。大多数有机肥料都是通过微生物的缓慢分解作用释放养分，所以在整个生长期均可以持续不断地发挥肥效，来满足石榴不同生长发育阶段和不同器官对养分的需求。它是较长时期供给石榴树多种养分的基础肥料，所以又称有机肥是"完全肥料"，常作基肥施用。

长期施用有机肥料，能够提高土壤的缓冲性和持水性，增加土壤的团粒结构，促进微生物的活动，改善土壤的理化性质，提高土壤肥力。果树施用有机肥很少发生缺素症，而且只要施用腐熟的有机肥和施用方法得当，果园很少发生某种营养元素过量的危害。

在应用有机肥料时，一定注意应用腐熟的肥料。无论选用何种原料配的有机肥，均须经高温（50℃以上）发酵 7 d 以上，消灭病菌、虫卵、杂草种子，去除有害的有机酸和有害气体，使之达到无害化标准。如用沼气发酵，密封贮存期应在 30 d 以上。未经腐熟就施用，有伤根的危险，并且易生虫害，对根系不利。如果施用未腐熟的秸秆、垃圾、绿肥等，应加施少量的氮肥，如清粪水或尿素等促进腐熟分解。

（二）无机肥

用化学和（或）物理方法制成的含有一种或几种植物生长需要的营养元素的肥料，也称无机肥料、化学肥料、矿质肥料，简称化肥。包括氮肥、磷肥、钾肥、微肥、复合肥料、复混肥料等。有效成分含量高，大多易溶于水，发生肥效快，故又称"速效性肥料"。根据其所含植物所需的营养成分和需用量，分为单元肥料和复合肥料、微量元素肥料。

（1）单元肥料，只含有一种可标明营养元素含量的肥料。

单元氮素肥料：如尿素、硫酸铵、硝酸铵、氯化铵等。

单元磷素肥料：如过磷酸钙、钙镁磷肥和磷矿粉等。

单元钾素肥料：如硫酸钾、氯化钾和磷酸钾等。

（2）复合肥料简称复合肥，通过化学合成和（或）物理方法制成。含有氮、磷、钾 3 种营养元素中的两种或两种以上且可标明其营养元素含量的，包括二元型（如氮磷、氮钾、磷钾）和三元型（氮磷钾）。执行国家标准《复合肥料》（GB/T 15063—2020），如磷酸铵、硝酸磷、硝酸钾和磷酸二氢钾等。

（3）微量元素肥料。此类元素是植物生长必需，但需要量较少，如铁肥、硼肥、锰肥、铜肥、锌肥、钼肥等。

（4）水溶性肥料。是一种可以完全溶于水的液体或固体多元复合肥料，根据其所含植物所需营养元素，分为大量元素水溶肥料、中量元素水溶肥料、微量元素水溶肥料、含氨基酸水溶肥料、含腐殖酸水溶肥料等。因水溶性肥料能迅速地溶于水，更容易被植物吸收，植物对营养元素的吸收利用率相对较高，广泛应用于喷灌、滴灌、水肥一体化、叶面喷施、无土栽培、浸种、蘸根等，达到省水省肥省工的功效。

无机肥料的优点是：营养物质单纯，营养成分含量高，养分元素明确，施用方便，好保存，分解快，易被植物直接吸收利用，肥效快而高，可以及时补充石榴树所需的营养。

根据化学肥料的化学性质可大致分为：生理酸性肥料、生理碱性肥料和生理中性肥料。在肥料实际应用时，应了解肥料的化学性质，酸性土壤用生理碱性肥料，碱性土壤用生理酸性肥料，生理中性肥料则适用性较广。

无机化学肥料也有明显的缺点：长期单独施用，或用量过多，易改变土壤的酸碱度，并破坏其结构，易使土壤板结，土壤结构和理化性质变劣，土壤的水、肥、气、热不协调。施用不当，易导致缺素症发生。过量施用，易造成局部浓度过高，从根系和枝叶中倒吸水分，而伤根、叶，导致肥害；或被土壤固定，或发生流失，造成浪费。

所以，要求石榴园的施肥制度要以有机肥为主，化肥为辅，化肥与有机肥相结合，土壤施肥与叶面喷肥相结合，相互取长补短，充分发挥肥效。使用时要掌握用量，撒施均匀。减少单施化肥给土壤带来的不良影响。

四、石榴树所需营养元素在树体中的生理作用

植物正常生长发育所需要的营养元素有必需元素和有益元素之分。必需元素，指植物正常生长发育所必需、直接参与植物代谢作用，如果缺少，其他营养元素不能代替它的功能的营养元素。根据植物需要量的多少，必需元素又分为必需大量元素、中量元素和微量元素。

植物生长必需大量元素：碳（C）、氢（H）、氧（O）、氮（N）、磷（P）、钾（K）。

植物生长必需中量元素：硫（S）、镁（Mg）、钙（Ca）、硅（Si）。

植物生长必需微量元素：铁（Fe）、锰（Mn）、锌（Zn）、铜（Cu）、硼（B）、钼（Mo）、氯（Cl）、钠（Na）、镍（Ni）。

大量元素、中量元素与微量元素虽在需要量上有多少之别，但对植物的生命活动都具有重要功能，都是不可缺少的。在这些营养元素之间具有不可替代的作用，每一种元素都具有唯一性、缺一不可性和无可代替性，即这一种元素的作用无法代替另一种元素的作用，缺少了某一种元素则会发生相应的生理性病症，或者任何一种过多或过少都会影响石榴树的正常生长发育。

必需元素的生理功能可概括为：构成植物体内有机结构的组成成分，参与酶促反应或能量代谢及生理调节。如纤维素、单糖和多糖中含有碳、氢、氧；蛋白质中含有碳、氢、氧、氮、磷、硫；某些酶中含有铁或锌；镁离子和钾离子是两种不同的酶的活化剂；钾离子和氯离子对渗透调节具有重要作用等。

有益元素指一些植物正常生长发育所必需而不是所有植物必需的元素，如硒、钴、钠等。

硅是稻、麦、甘蔗等禾本科植物所必需的，对番茄、黄瓜、菜豆、草莓等也有一定作用。缺硅会使植物生殖生长期的受精能力减弱，降低果实数和果重。钴是豆科植物固氮及根瘤生长所必需的。镍在豆科植物氮代谢中有重要功能。

除可促进某些植物的生长发育外，有的有益元素可代替某种必需元素的部分生理功能。如对于某些嗜钠植物（甜菜等），钠离子可以在渗透调节等方面代替钾离子的作用。当钾离子供应不足时，钠离子可以取代钾离子。

不同的营养元素，在植物体内发生的作用不同，可以简单概括为："氮（N）"是（生命）元素；"磷"（P）是（能量）元素；"钾"（K）是（品质）元素；"硅"是（Si）（传导）元素；"钙"（Ca）是（表光）元素；"镁"（Mg）是（光合）元素；"硫"（S）是（风味）元素；缺"铁"（Fe）易发生黄叶病；缺"锌"（Zn）易发生小叶病；缺"钼"（Mo）易发生花叶病；缺"铜"（Cu）易发生早期落叶病和果树流胶病；缺"硼"（B）、缺"锌"（Zn）影响坐果；"锰"（Mn）多中毒发生粗皮病；果树多为忌"氯"（Cl）植物，最好的果树氯肥"氯"（Cl）的含量≤3%。

了解各种元素的生理功能对于科学施肥、实现优质高产具有重要的意义。

1. 碳（C）、氢（H）、氧（O）

这3种元素在植物体内含量最多，占植物干重的90%以上，是植物有机体的主要组成，以各种碳水化合物，如纤维素、半纤维素和果胶质等形式存在，是细胞壁的组成物质；还可以构成植物体内的活性物质，如某些纤维素和植物激素；也是糖、脂肪、酸类化合物的组成成分。

此外，氢和氧在植物体内生物氧化还原过程中也起到很主要的作用，由于碳、氢、氧主要来自空气中的二氧化碳和水，因此一般不考虑肥料的施用问题。但塑料大棚和温室要考虑施用二氧化碳肥，但需注意二氧化碳的浓度应控制在0.1%以下为好。

2. 氮（N）

氮是蛋白质的主要成分，是植物细胞原生质组成中的基本物质，也是植物生命活动的基础，没有氮就没有生命现象。氮是叶绿素、核酸、各种生物酶、维生素B_1、维生素B_2、维生素B_6和烟碱、茶碱等生物碱的组成成分，也是植物体内许多重要有机化合物的成分，在多方面影响着植物的代谢过程和生长发育。氮肥用量适当，根系生长良好，枝叶多而健壮，树势强，光合效能提高，增进品质和提高产量，并可提高抗逆性和延缓衰老。

春季为石榴树器官的生长与建造时期，根、枝、叶、花的生长随气温上升而加速，现蕾、开花、授粉、受精、坐果都要求有充足的氮供应。黄淮石榴产区4、5月是石榴树生长吸收氮元素的第一个高峰。

5—6月是石榴大量开花和幼果膨大期，大部分叶片定型，新梢春梢生长逐渐停止，光合作用旺盛，碳水化合物开始积累。此期对氮元素的需求量显著下降，但应维持平稳的氮素供应。过多易使新梢旺长，生长期延长，花芽分化减少；过少易使成叶早衰，树势下降，果实生长缓慢。进入9月以后停止用氮素肥料，对果实大小无明显影响，如再供氮肥，果实风味即下降，还易引起枝叶后期旺长、延迟落叶，而石榴树不能按时进入休眠期，降低抗寒能力，从而影响安全越冬。

3. 磷（P）

磷是植物体内许多有机化合物，如蛋白质、核酸、磷脂、生物膜、三磷酸腺苷（ATP）、各种脱氢酶、氨基转移酶等的主要组成部分，以多种方式参与植物体内的各种代谢过程，在植物地上地下生长发育过程中起着重要的、不可替代的作用。磷具有提高植物的抗逆性和适应外界环境条件的能力。能增强果树的生命力，促进花芽分化，提高坐果率，增大果实体积和改进品质；有利于种子的形成和发育；可提高根系的吸收能力，促进新根的发生和生长；增强果树抗寒和抗旱能力。

养分吸收与新生器官生长相联系，新梢生长、花芽分化、幼果发育和根系生长的高峰期正是磷元素的吸收高峰期，石榴树对磷元素的吸收期主要在6、7月，7月中下旬后逐渐降低，植物吸收得越早对磷元素的利用率越高。

4. 钾（K）

钾不是植物体内有机化合物的组成成分，主要呈离子状态存在于植物细胞液中，但可以促进养分运转。它是多种酶的活化剂，在代谢过程中起着重要作用，不仅可促进光合作用，还可以促进氮代谢，提高植物对氮的吸收和利用；可以调节植物组织细胞的渗透压，调节植物生长和经济用水。钾可以促进果实膨大、增加含糖量、提高果实品质和耐贮性，促使新梢加粗生长和组织成熟，增强石榴对旱、寒、病害、盐碱、倒伏等不良因素的抵抗能力，提高石榴树对不良环境的抗逆能力。

春季为石榴树器官的生长与建造时期，根、枝、叶、花的生长随气温上升而加速，现蕾、开花、授粉、受精、坐果都要求有充足的钾供应。黄淮石榴产区4、5月是树体吸收钾的第一个高峰。

石榴树对钾的第二个吸收高峰期出现在7月中下旬，此时正处于果实迅速膨大期；果实成熟的中后期对钾的要求仍较高，膨大、着色、增糖都需要钾，若钾后期供应不足，直接影响果实内在品质的提高和外观。

5. 钙（Ca）

钙能促进细胞壁的发育，稳定生物膜结构，保持细胞完整性，从而提高树体的抗逆能力；是几种酶的活化剂，有平衡生理活动的功能，影响氮的代谢和营养物质的运输，中和蛋白质分解过程中产生的草酸，减轻土壤中钾、钠、锰、铅等离子的毒害而起到解毒功能，使石榴树正常吸收铵态氮。但钙元素容易被固定，生长季节叶面喷施为好。

6. 镁（Mg）

镁是叶绿素的重要组成成分，又是植物生命活动过程中多种酶的特殊催化剂，对植物的光合作用、碳水化合物的代谢和呼吸作用具有重要意义，可以促进果实膨大，增进品质。

7. 铁（Fe）

铁是叶绿素合成所必需的，并参与光合作用，是许多酶的必要成分。

8. 硼（Be）

硼能促进碳水化合物的正常运转，促进生殖器官的形成和发育，可以促进雌蕊受精作用的完成，提高坐果率，增加产量；在果实发育过程中，提高维生素的含量，增进果实品质；促进根系发育，增强吸收能力，可提高豆科植物的固氮能力。

9. 锌（Zn）

锌是某些酶的组成成分或活化剂，如叶绿体中的碳酸脱氢酶，锌通过酶的作用对植物碳、氮代谢产生广泛的影响，并直接参与光合和呼吸作用，参与生长素的合成，促进生殖器官发育和提高抗逆性。

10. 锰（Mn）

锰是形成叶绿素和维持叶绿素结构所必需的元素，也是许多酶的活化剂，所以又叫催化元素；在光合作用中有重要功能，并参与呼吸过程。

11. 铜（Cu）

铜是植物体内许多重要酶的组成成分和某些酶的活化剂，参与许多氧化还原反应，还参与光合作用，影响氮的代谢，促进维生素 A 的形成和花器官的发育。

12. 钼（Mo）

钼是固氮酶和硝酸还原酶等一些酶的成分，氮代谢和豆科植物共生固氮都需要钼的参与，钼还能促进光合作用，并能促进植物对氮素的利用，有固氮作用。

13. 硫（S）

硫是蛋白质、辅酶 A 及维生素中硫胺素和生物素的重要成分，参与碳水化合物、脂肪和蛋白质的代谢。

14. 氯（Cl）

氯在植物光合作用中参与水的光解，参与叶和根细胞的分裂，并与钾离子等参与渗透势的调节，调节气孔开闭。植物缺氯时，幼叶卷曲、皱缩，叶片破裂和茎裂，植株萎蔫，叶片失绿坏死；同时根系生长受阻、顶部附近膨大，根尖变为棒状；侧根增加，使根呈现粗短密集的形态。植物对氯的需要量很少，而大气、雨水中所含的氯远超过植物每年的需要量，因此在大田生产条件下，一般不易发生缺氯症，而氯的毒害却屡有发生，植物受氯害的一般症状是生长停滞，叶片黄化。

15. 镍（Ni）

镍是脲酶的组成部分，直接影响植物的氮代谢，若没有镍元素的参与，尿素就不可能完成转化，而尿素的转化是为植物提供充足氮元素的保证，可增强光合作用，促进植物地上地下营养和生殖生长发育。镍可提高多酚氧化酶活性，间接影响酚类合成，并提高植物的抗病性。缺镍引发植物出现幼叶小而卷曲、生长发育迟缓、叶片萎黄和分生组织死亡的现象。

16. 钠（Na）

钠为植物生长发育的有益元素，其对某些植物是必需的，而且在一定限度内能替代钾的一些植物生理功能。有些植物缺钠后会出现黄化病。

17. 硒（Se）

硒是高等植物生长的必需营养元素。硒可以促进植物过氧化物酶活性升高，增强植株抗氧化、拮抗有害重金属等能力，从而提高植株的抗逆性、抗病性和抗衰老能力，保证植株的正常生长，从而促进植物产量提高。

硒是一种非金属元素，植物通过根系和叶片从土壤和空气中吸收。而土壤是植物生长所需硒的主要来源。

在植物生长的前中期，植物从土壤中吸收并储存硒，植物根部硒浓度较高，而生长后期，植物的种子和果实的聚硒作用比叶、茎要强得多，硒趋向于种子和果实富集而含硒量更高。

当硒缺乏时，植物出现叶片萎缩干枯等症状。

过量硒使植物体内的过氧化作用增强，而对植物有毒害作用。植物表现为未老先衰、病害加重等。

我国除陕西、湖北、湖南、四川和贵州等省存在面积不大的富硒地区外，有70%以上的地区属于缺硒地区，因此，石榴生产中，要进行土壤元素含量的测定，若是缺硒地区，一定要注意补充果树专用硒元素肥。

植物营养元素之间不仅有协同（促进）作用，而且有拮抗（抑制）作用。例如"氮"抑制"钾、铁、硼、锌、镁、钙"的吸收；"氮、磷、钾"拮抗"铁、硼、锌、镁"的吸收等。各种元素在植物体内的存在有一个合理的比例关系，因某一元素增加或减少，元素间的比例关系失调，都会影响植株对其他元素的正常吸收利用，而影响树体的正常生长。

五、各种营养元素对石榴树生长发育的相互影响

关于果树生长需要的大量元素、中量元素、微量元素，是依据其在果树树体内含量多少的不同来划分的，而不是依据其作用来划分的，其实，对果树而言，各种营养元素都是必不可缺的，对树体生长的重要性是同等的，仅是需要量的差别。

大量元素氮磷钾好比是人吃的主食（面食和米饭等淀粉类），中量元素好比是人吃的肉蛋奶（蛋白质类），微量元素好比是人吃的副食（水果或蔬菜）。影响果树生长的各类营养元素，在植物体内的作用以及对植物生长发育的影响原理，遵循大家都熟知的"木桶原理"（短板效应）理论（彩图 7-2）。以桶内盛水的高度代表土壤供肥水平，各种营养元素和土壤条件就是构成木桶的板，常量元素碳氢氧和大量元素氮磷钾好比是组成木桶"比较宽"的那些木板，中量元素硅钙镁硫和微量元素铁硼铜锰钼氯锌好比是"稍微窄"的那些木板，决定整体营养水平高低的是这些营养元素中满足程度最低的那一种，即最短的一块板，当加长这块板后，又有其他较短的板决定营养水平的高低，只有所有的"宽板""短板"等齐，即树体需要的大量营养元素和中微量营养元

素供应均衡时，各营养元素的作用才能发挥到最大。故在对果树进行营养补充时，一定要平衡施肥、全营养施肥、全元素施肥，不能只偏重对大量元素的施用，而忽视对中微量元素的补充，既要考虑使用量，更应注意各种营养元素的配合补充。

六、石榴树需肥规律

石榴树生命周期一般分为：营养生长期（幼树阶段）、生长结果期（初果期）、盛果期、衰老更新期。不同树龄的果树有其特殊的生理特点和营养要求。

（一）石榴树生长一生的需肥特点

营养生长期（1~3年生的幼树阶段）：石榴树以营养生长为主，此期主要任务是完成树冠和根系骨架的发育，此期由于果树树体尚小，吸肥能力弱，需肥较少，但对肥料反应十分敏感。因此，此期氮肥应是营养主体，以促进树体营养生长，加速树冠形成；适当补充磷、钾肥，以促进枝条性成熟，即尽快转入开花结果的生殖生长阶段，营养生长期氮：磷：钾为1：1：0.5较适宜。

生长结果期（4~6年生的初结果期）：是石榴树营养生长向生殖生长的转化期，此期施肥要增施磷、钾肥，配合施入中量和微量元素肥，适量控制氮肥，以促使树体由营养生长向生殖生长的转化，继续扩大树冠和促进花芽分化，生长结果期氮：磷：钾为1：1：1较适宜。

盛果期（六年生及以后的结果期）：石榴树转入以结果为主的生殖生长阶段，消耗大量的养分。管理目标是：保证持续丰产、稳产、优质，尽量延长盛果期，既要保证当年的产量和果实良好品质，又能保证花芽分化良好，满足翌年的丰产需要。施肥管理方面要求：施肥量要足够，营养成分要齐全，营养元素要均衡，盛果期氮：磷：钾为1：0.5：1为宜，同时，注意中、微量元素肥料的施用。

衰老更新期（结果后期）：树体生长逐渐衰弱，结果量及品质下降，由生殖生长为主逐渐转化为衰弱的营养生长和生殖生长。施肥管理方面要求：增加施肥量，并增施氮肥，以促进营养生长，使其继续维持盛行不衰，延长结果年限。或者通过修剪、断根实现老弱树的更新复壮。

（二）石榴树生长一年的需肥特点

1.石榴树营养的年周期分配规律

石榴树和其他落叶果树一样，在年周期内树体营养生长和开花、结果等生殖生长，都需要足够的营养元素供应和补充，其树体内各器官的营养状况年周期内的不同时期也不尽相同，其表现为：萌芽生长至开花坐果期养分从多到少，幼果生长发育至果实成熟期处于低养分时期，果实采收后至落叶期养分开始积累，冬季落叶休眠期养分又处于相对较高期。

掌握果树营养物质的合成运转和分配规律，根据不同生长时期、不同器官生长发育需肥特点，及时供给各种必要的大量和中微量营养元素，克服果园施肥管理中的片面性，从而达到高产、优质、稳产、高效的目的。

（1）萌芽生长至开花坐果期。此期是利用贮藏营养的器官建造期，这一时期包括根系活动、萌芽、展叶、开花、新梢生长，即从萌芽到春梢封顶期。此期果树的一切生命活动的能源和新生器官的建造，主要依靠上年贮藏的营养。贮藏养分的多少，不但关系早春萌芽、展叶、开花、授粉坐果和新梢生长，而且还影响后期果树生长发育和同化产物的合成积累。贮藏水平高的果树叶片大而厚，开花早而整齐，而且对外界不良环境有较强的抵抗能力，表现叶大、枝壮、坐果率高、生长迅速等。如果开花过多，新梢和根系生长就会受到抑制，当年果实大小和花芽形成等也无法得到保证。果树盛花期过后，新梢生长、幼果发育和花芽生理分化等对养分需求量加大，根系、枝干贮藏营养因春季生长的消耗渐趋殆尽，而叶片只有长到成龄叶面积的70%左右时制造的光合产物才能外运，因此出现营养养分临界期或转换期。由于养分竞争激烈，如果贮藏营养不足，则会导致落果加重、花芽分化不良、直接影响翌年产量等；如上年贮藏营养充足，当年开花适量，则有利于此期营养的转换，使后期树体营养器官制造的光合产物及时补充供给生产。如果上年结果量过多、病虫为害较重或未施秋肥，则应于萌芽前后补施以氮为主的速效肥料，并配合灌水，加速肥料溶解和吸收，满足树体正常营养生长需要，促进新梢生长、开花坐果和为花芽分化创造有利条件。

（2）幼果生长发育至果实成熟期。此期是利用当年同化营养期，这一时期从6月生理落果后到果实成熟采收前。此期叶片已经形成，部分中短树枝封顶，进行花芽分化，果实也开始迅速膨大；营养器官同化功能最强，光合产物上下输导、合成和贮藏同时发生，树体消耗以利用当年有机营养为主。

此期生长前期，即6月中下旬至8月上中旬，干枝叶等营养生长和果实膨大、营养积累等生殖生长都处于年周期生长的高峰期，需要大量营养物质供应，如果养分不足，则果实生长受阻而变小，枝叶生长减弱或被迫停止。这一时期树体养分来源是树体原有贮存养分和当年春季叶片本身制造的养分，以及同期营养器官制造的养分。此期果树生长需求量大，因此必须有充足的营养补充。

此期生长后期，即8月中下旬至9月下旬。由于果实膨大，内含物和水分不断填充，果实体积明显增大，淀粉水解转化为糖和蛋白质分解成氨基酸的速度加快，糖酸比明显增加，同时叶片同化产物源源送至果实，是果实品质和风味提高的关键时期。此期如果施氮过多或降水、灌水过多，均不利于果实品质和风味的提高。

此期的管理水平直接影响当年果品质量优劣、产量高低和翌年成花数量及质量。施肥方面，在此期生长前期，即生理落果后，土壤追施一次速效性氮、磷、钾复合肥，此次追肥量应占年周期内总肥量的20%左右，氮元素比例大于磷元素和钾元素；在此期生长后期，可以连续喷施多元叶面肥，以磷元素和钾元素为主，氮元素为辅，可以增施其他中微量矿物质元素，如钙元素等。

（3）果实采收前至落叶期。此期是有机营养贮藏期，这一时期大体从果实采收前到落叶。此时果树已基本完成年周期生长，所有器官体积不再增大，只有根系还有一次生长高峰，但吸收的养分大于消耗营养。叶片中的同化产物除少部分供果实外，绝大部分从落叶前1~1.5个月内开始陆续向枝干的韧皮部、髓部和根部回流贮藏，直到落叶结束。

绿叶是制造营养物质的主要场所，果实采收后保持健康、持久的叶片至关重要。当年载果量过多、果实采收过晚，或病虫为害造成早期落叶等都会造成营养消耗多、积累少、树体贮藏养分不足，而此期贮藏营养对果树越冬及翌年春季的萌芽、开花、展叶、抽梢和坐果等过程的顺利完成有显著的影响。我国黄淮石榴产区，此期既要保证一定的肥水供应，及时防治病虫害，维持石榴树叶片正常生长，以制造更多的营养物质向枝干根部运输贮藏，充分提高树体抗逆能力；同时还要控水控肥，避免石榴树贪青旺长，不能按时正常落叶进入越冬休眠期，而影响安全越冬。在我国黄淮石榴产区，此期的肥水科学管控，直接影响翌年石榴的丰产和稳产。而在云南、四川等南方石榴产区，因冬季不存在石榴冻害问题，且石榴年周期生长期长、结果量大、树体消耗营养多，可在采果后及时开沟深施有机肥（基肥），并配全氮、磷、钾复合肥，施肥量为全年需肥量的70%以上。

（4）冬季落叶休眠期。此期是有机营养相对沉淀期，这一时期从落叶之后到翌年萌芽前。研究资料表明，果树落叶后少量营养物质仍按小枝→大枝→主干→根系这个方向回流，并在根系中累积贮存。翌年春发芽前养分随树液流动便开始从地下部向地上部流动，其顺序与回流正好相反。与生长期相比，休眠期树体活动比较微弱，地上部枝干贮藏营养相对较少，适于冬剪。我国黄淮石榴产区，应在落叶后及时开沟深施有机肥（基肥），并配全氮、磷、钾复合肥，施肥量为全年需肥量的70%以上。

2. 石榴树年生长周期需肥特点

石榴树根系在一年内没有自然休眠期，当环境条件适合时可以全年不断生长，如生长在热带、亚热带地区的石榴树，全年没有明显的休眠期；而生长在暖温带、温带地区的石榴树，冬季由于低温影响，被强迫休眠而进入休眠期，休眠期因温度高低影响，时间长短也不一样。

石榴树根系在年周期内，不同时期的生长强度不同。石榴树根系生长高峰同时也是根系对肥料吸收的高峰。石榴树根系在一年内有3次生长高峰，不同地区因环境因素影响，3次高峰出现的时间不同。

黄淮产区年生长周期内根系第一次生长高峰，一般从年生长周期的3月上旬开始，其生理表现为"先生根后生芽"，至5月15日前后达最高峰。此时，地上部开始进入初花期，枝条生长高峰期刚过，处在叶片增大期，需要消耗大量的养分，根系的高峰生长有利于扩大吸收营养面，吸收更多营养供地上所需，为大量开花坐果做好物质准备，以后地上部大量开花坐果，消耗大量养分，而抑制了地下生长，根的生长转入低潮。这次高峰发根较多，但时间短，主要依靠上年贮藏的养分。如果上年施肥不足时要以氮肥为主配合施入磷、钾肥及微量元素肥。

黄淮产区年生长周期内根系第二次生长高峰，出现在 6 月 25 日前后，此期地上部大量开花基本结束进入幼果期，果实加速生长和年生长周期内第一次花芽分化开始，出现根的第二次生长高峰，这时由于叶片多、同化能力强、制造养分多，所以能促进根系迅速生长，并且生长时间较长、生长势强、发根数量多，是全年发根最多的时期，有利大量吸收营养，供地上营养生长和生殖生长。随着果实迅速增大、花芽大量分化和秋梢开始生长，地上部消耗养分增多，根系生长趋于平缓，吸收营养主要供果实生长。在根的第二次生长高峰到来前，土壤开沟追施一次速效性氮、磷、钾复合肥，氮元素比例大于磷元素和钾元素，此次追肥量应占年周期内总肥量的 20% 左右；在根的第二次生长高峰后期、第三次根系生长高峰到来前，增施磷、钾肥，配合施入氮及其他中微量元素，可以叶面喷施，也可以开沟深施，一定是速效性肥料。

黄淮产区年生长周期内根系第三次生长高峰，出现在 9 月 5 日前后，此期地上部正值果实成熟前期和年生长周期内第二次花芽分化开始。根据果树营养的年周期运转规律，叶片所制造养分开始回流，根系得到的养分增加，所以新根生长加快，吸收营养加速，促进了果实成熟、花芽分化及果实采收后树体积累更多养分。这次根系高峰生长特点是生长持续时间长、发根多、吸收量大、储存营养丰富，有利于翌年果树的发芽、开花、坐果和新梢的生长。在此次根系进入高峰生长前后，由于果实细胞内含物和水分不断填充，果实体积明显增大，淀粉水解转化为糖和蛋白质分解成氨基酸的速度加快，糖酸比明显增加，同时叶片同化产物源源送至果实，果实品质和风味不断提高，是改善和增进果实品质的关键时期。此期如果施氮过多或降水、灌水过多，均可降低果实品质和风味。所以，为了获得优质果实和丰产，应特别注意果实膨大期到成熟前控制过量的氮和灌水。在此次根系生长高峰出现前后可以叶面喷施含磷、钾、钙等元素肥料，提高果实品质；在落叶后、根系进入休眠前，开沟全量深施有机肥和复合肥，施肥量占石榴树年生长周期内需肥量的 70% 左右，为翌年石榴树的营养生长和生殖生长奠定基础。

七、石榴园施肥中应避免的问题

1. 避免重施无机化肥而轻视有机肥的使用

石榴在我国普遍种植在低山和丘陵区，石榴园土壤肥力普遍不高，有机质严重不足，大部分石榴园土壤有机质含量不到 1%，远远不能满足优质石榴生产的需要。有机肥料在果树生产中的作用是不可代替的。一是所含营养成分丰富、全面，是任何一种化肥种类所不具备的；二是能改良土壤，改善土壤质地；三是有利于促进土壤中微生物的活动，加速土壤中生物小循环过程，有利于果树的生长发育；四是有机肥料在分解过程中能够产生大量的有机酸，可以使一些难溶性养分变为可溶性养分，从而提高土壤养分的利用率。实际生产中，一定要保证果园有机肥料的施用量。

2. 避免施用未经腐熟的有机肥

有机肥为完全肥料，但养分主要以有机状态存在，必须经过腐熟分解后才能被石榴树吸收利用，直接施入未腐熟的有机肥，不但不能及时提供养分供石榴树吸收利用，影响其正常的生长发育，还会因未腐熟有机肥在腐熟分解过程中产生的有害物质而伤害石榴树根系，未腐熟有机肥施入土壤后再腐熟分解的肥效发挥，与石榴树的需肥时间又很难一致，极易造成肥效流失或浪费。

3. 避免过多依赖无机化肥，偏重施用氮肥

由于有机肥料普遍欠缺，施用不如化肥方便，石榴园施肥主要依赖化肥。化肥具有养分含量高、肥效快等特点，但养分单纯，且不含有机物，肥效期短，长期单独使用，易使土壤板结，土质变坏。在化肥中，又偏重使用氮肥，如尿素等，过多的氮肥还影响石榴树对钙、钾的吸收，使树体营养失调，芽体不饱满，叶片大而薄，枝条不能及时停长，花芽形成难，石榴果实着色差，风味寡淡口感差，耐贮藏性能下降等。

4. 避免偏重施入氮磷钾等大量元素肥，忽视中微量元素间的平衡

石榴树的生长发育需要吸收多种营养元素，除了氮、磷、钾等大量元素外，中微量元素也很重要，若缺乏则易患缺素症，若过量施入又会影响对其他元素的吸收。同时，各种营养元素间还存在着协同或拮抗作用。如氮与钾、硼、铜、锌、磷等元素间存在拮抗作用，如过量施用氮肥，而不相应地施用上述元素，树体内的钾、硼、铜、锌、磷等元素含量就相应减少。所以，一定要按要求，各种营养元素肥合理均衡施入。

5. 避免施肥的盲目性和随意性，基肥施用时间要因地适时施入

石榴树的需肥时期与石榴树的生长节律密切相关。而一些果农或石榴种植企业老板，施肥不是以石榴树的需要为前提，而是以资金、劳动力等人为因素确定施肥时期，因而达不到施肥的预期目的，有时还会适得其反造成损害。施用基肥时，黄淮石榴产区宜在石榴落叶后至上大冻前或春季土壤解冻后至发芽前进行，而不宜在石榴采摘后及时施入；云南、四川等南方产区，施基肥时间则可在石榴采摘后及时施入。

6. 避免因施肥方法不当而造成肥料浪费

土壤施有机肥和无机化肥，都要开沟深施，并且严格按施肥要求科学施入，避免过浅或过深，避免撒施。未施在根系集中分布层，不利于根系吸收，降低了肥料利用率；施肥点偏少或未与土壤充分搅拌，肥料过于集中，造成土壤局部肥料浓度过高，易产生肥害；磷肥土壤内移动性差，局部集中不利于肥效发挥。

7. 避免施肥和浇水配合失当

施用有机肥或无机肥后，要注意浇水，土壤干旱也要适时浇水补充土壤水分，以利肥效及时、有效发挥，避免重施肥、轻灌水或灌水太多的现象发生。

8. 避免叶面喷施肥用肥种类、浓度、时间不合理问题

叶面喷施肥料能够直接被叶片吸收，是一种高效、快速为石榴树补充营养的方法，要注意避免肥料种类选择不当、浓度掌握或高或低而不准、喷洒时间不对、喷洒量不

足等问题。根据补充营养的目的，正确选用叶面肥品种，以合理的浓度、在正确的时间对叶面喷洒，以叶片湿润、欲滴未滴为度，为提高喷施效果，最好间隔 10～15 d，连续喷洒 2～3 次。

9. 避免因微量元素的缺乏而影响果实产量和品质

中国科学院南京土壤研究所对全国土壤微量元素锌、硼、锰、钼、铜、铁含量的调查结果表明，我国大部分地区都存在不同程度的微量元素缺乏。在重视对土壤氮磷钾等大量元素补充的同时，要重视对土壤中中微量元素的补充，将"木桶理论"（短板效应）的影响降到最低。

八、平衡施肥原则

要保证石榴树持续优质丰产，科学平衡施肥、全元素施肥是关键，有机长效肥＋无机速效肥＋有益菌增效肥，三者缺一不可。单纯的施用氮磷钾含量分别为三个 15、三个 16、三个 17 或三个 20 的复合肥，不符合石榴树对养分的需求规律，也就无法达到提质增效或降本增效的目的。

平衡施肥有 3 个依据：一是养分最小率：即石榴的产量是由土壤中的相对含量最小养分也就是最缺的养分决定，而不是需求最多的养分决定，即"木桶的短板效应原理"；二是各种养分同等重要、不可替代率：即石榴所需的各种元素，不论大量元素，还是中微量元素都同样重要，缺一不可，并且谁都代替不了谁；三是养分归还率：即石榴每年从土壤中吸收多少养分，必须给土壤补充多少养分，这样才能保证地力连年不衰。

石榴园平衡施肥量的确定要根据产量、树体需肥量、土壤供肥量、肥料利用率和肥料的有效养分含量来确定。

1. 根据产量确定施肥量

石榴营养生长和生殖生长都需要消耗大量的养分，这些养分都需要从土壤里吸收补充，消耗多少补充多少，施肥量要根据预测的结果量（消耗的有效养分量）来确定。

2. 根据树龄、树势需肥量施肥

石榴树一生中，生长与结果、衰老与更新、地上部与地下部根系间经常处在对立统一之中，在一定条件下发生相互转换。在施肥上要注意年龄时期的变化，如幼树期是营养生长期，要以氮肥为主，磷、钾为辅。树势旺的要少施氮肥，树势弱的则多施。对结果多的树施肥量要足，才能多产大果，提高商品价值。

3. 根据肥料种类性质施肥

不同肥料的有效养分含量不同，不同肥料的利用率也不同，不同肥料发挥的速度不同。施入土壤的肥料，一部分被雨水淋湿或被土壤固定变成无效养分，另一部分则分解挥发掉，因而不能被果树完全吸收利用；迟效性肥料应距石榴树需肥期较早施入，容易挥发的速效性肥料或易被土壤固定的肥料，宜距石榴树需肥期较近施入。应根据肥料的种类、性质、可利用率，采用合适的方法如深施或浅施，合理的时间如早施或晚施或及时施入，以及时满足石榴树生长发育的需要。

4. 根据气候施肥

根系对养分的吸收受温度、水分等多种因素的影响，因气温、土温、水分直接影响根系的生理活动以及土壤微生物的活动，从而影响肥料在土壤中的转化、运输和根系的吸收能力。

5. 根据土壤条件和土壤肥力水平（供肥量）施肥

不同的土壤肥力及理化性状相差较大，冲积土较疏松肥沃，通透性较好，有机、无机肥料均适宜；而红壤土、黄壤土等质地紧实，易板结，有机质少，通透性较差，以多施深施有机肥料为主，化肥为辅，以改良土壤。

6. 根据叶片及土壤分析结果科学施肥

根据叶片及土壤的养分状况，以及石榴树不同生长发育时期对养分的需要指导施肥，做到缺什么养分，就施入含有该养分的肥料，以及时满足树体对养分的需要，并减少肥料的浪费。

7. 根据物候期施肥

物候期不同，石榴树生理情况不同，其对养分的需要也有差别，因此要注意按物候期科学施肥。

九、施肥时期

合理确定适宜施肥时期，才能及时满足石榴树生长发育的需要，最大限度地获得施肥的效果。

适宜的施肥时间，应根据果树的需肥期和肥料的种类及性质综合考虑。石榴树的需肥时期，与根系和新梢生长、开花坐果、果实生长和花芽分化等各个器官在一年中的生长发育动态是一致的。几个关键时期供肥的质和量是否能够满足，以及是否供应及时，不仅影响当年产量，还会影响翌年产量。

（一）基肥

基肥以有机肥为主，是较长时期供给石榴树多种养分的基础性肥料。

基肥的施用时期，分为秋施和春施。春施时间在解冻后到萌芽前。秋施时间因产地不同可以不同，在黄淮石榴产区，以石榴树落叶前后，即秋末冬初结合秋耕或深翻施入，以秋施效果最好；而在南方石榴产区，如云南、四川石榴产区，石榴采摘后可以及时开沟施入。因此时根系尚未停止生长，断根后易愈合并能产生大量新根，增强了根系的吸收能力，所施肥料可以尽早发挥作用；地上部生长基本停止，有机营养消耗少，积累多，能提高树体贮藏营养水平，增强抗寒能力，有利于树体的安全越冬；能促进翌年春新梢的前期生长，减少败育花比率，提高坐果率；石榴树施基肥工作量较大，秋施相对是农闲季节，便于进行。

（二）追肥

追肥又称补肥，是在石榴树年生长期中几个需肥关键时期的施肥，是满足生长发育的需要，当年壮树、高产、优质及翌年继续丰产的基础。追肥宜用速效性肥，通常用无机化肥或腐熟人畜粪尿及饼肥、微肥等。

追肥包括土壤施肥和叶面喷肥。追肥针对性要强，次数和时期与树势、生长结果情况及气候、土质、树龄等有关。

石榴树追肥一般掌握3个关键时期。

（1）花前追肥。春季地温较低，基肥分解缓慢，难以满足春季枝叶生长及现蕾开花所需大量养分，需以追肥方式补给。此次追肥（沿黄地区4月下旬至5月上旬）以速效氮肥为主，辅以磷肥。追肥后可促使营养生长及花芽萌发整齐，增加完全花比例，减少落花，提高坐果率，特别对提高早期花坐果率（构成产量的主要因子）效果明显。对弱树、老树、土壤肥力差、基肥施得少，应加大施肥量。对树势强、冬前基肥数量充足者可少施或不施，花前肥也可推迟到花后，以免引起徒长，导致落花落果加重。

（2）盛花末期和幼果膨大期追肥。石榴花期长达2个月以上，盛花期20 d左右。由于石榴树大量营养生长、大量开花同时伴随着幼果膨大、花芽分化，此期消耗养分最多，要求补充量也最多，此期（沿黄地区6月下旬至7月上旬）追肥可促进营养生长，扩大叶面积，提高光合效能，有利于有机营养的合成补充，减少生理落果，促进花芽分化，既保证当年丰产，又为翌年丰产打下基础。此次追肥要氮、磷配合，适量施钾肥。一般花前肥和花后肥互为补充，如果花前追肥量大，花后也可不施。

（3）果实膨大和着色期追肥。时间在果实采收前的15~30 d进行，这时正是石榴果实迅速膨大期和着色期。此期追肥可促进果实着色、果实膨大、果形整齐、提高品质、增加果实商品率；可提高树体营养物质积累，为第二次（9月下旬）花芽分化高峰的到来做好物质准备；可提高树体的抗寒越冬能力。此次追肥以磷、钾肥为主，辅之以氮肥。

十、施肥量

石榴树一生需肥情况，因树龄的增长、结果量的增加及环境条件变化等而不同。正确地确定施肥量，是依据树体生长结果的需肥量、土壤养分供给能力、肥料利用率三者来计算。一般每生产1 000 kg果实，需吸收纯氮5~8 kg。

土壤中一般都含有石榴树需要的营养元素，但因其肥力不同供给树体可吸收的营养量有很大差别。一般山地、丘陵、沙地果园土壤瘠薄，施肥量宜大；土壤肥沃的平地果园，养分含量较为丰富，可释放潜力大，施肥量可适当减少。土壤供肥量的计算，一般氮为吸收量的1/3，磷、钾约为吸收量的1/2（表7-2）。

表 7-2　黄淮地区适宜发展石榴主要土壤耕层化学性

土类	pH 值	有机质（%）	全氮（%）	全磷（%）	全钾（%）
棕壤	5.8～6.3	0.319～0.898	0.01～0.143	0.160～0.233	0.62～0.79
褐土	7.2～7.8	0.47～0.50	0.029～0.030	0.089～0.099	1.82～1.83
碳酸盐褐土	7.8～8.5	0.31～0.67	0.024～0.045	0.105～0.117	1.95～1.98
黄垆土	6.5～6.8	0.671～1.047	0.19～0.035	0.121～0.163	2.38～2.76
黄棕壤	6.2～6.3	0.408～0.759	0.017～0.040	0.078～0.087	2.58～2.66
黄刚土	7.2～7.6	0.48～0.78	0.041～0.064	0.021～0.104	2.12～2.84
沙土	9.0	0.17～0.23	0.017～0.023	0.016	2.0～2.6
淤土	8.5～8.8	0.68～0.91	0.055～0.071	0.154	2.38
两合土	8.7～8.8	0.48～0.72	0.035～0.044	0.153	2.0～2.6
砂姜黑土	6.6～7.0	0.596～1.060	0.050～0.072	0.02～0.049	2.01～2.35

　　施入土壤中的肥料由于土壤固定、侵蚀、流失、地下渗漏或挥发等，不能被完全吸收。肥料利用率一般氮为50%，磷为30%，钾为40%。现将各种有机肥料、无机肥料的主要养分列于表7-3、表7-4，以供计算施肥量时参考。

表 7-3　石榴园适用有机肥料的种类、成分（%）

肥类	水分	有机质	氮（N）	磷（P）	钾（K）
人粪尿	80 以上	5～10	0.5～0.8	0.2～0.4	0.2～0.3
猪厩粪	72.4	25.0	0.45	0.19	0.60
牛厩粪	77.4	20.3	0.34	0.16	0.40
马厩粪	71.3	25.4	0.58	0.28	0.53
羊圈粪	64.6	31.8	0.83	0.23	0.67
鸽粪	51.0	30.8	1.76	1.73	1.00
鸡粪	56.0	25.5	1.63	1.54	0.85
鸭粪	56.6	26.2	1.00	1.40	0.62
鹅粪	77.1	13.4	0.55	0.54	0.95
蚕粪	—	—	2.64	0.89	3.14
大豆饼	—	—	7.00	1.32	2.13
芝麻饼	—	—	5.80	3.00	1.33

肥类	水分	有机质	氮（N）	磷（P）	钾（K）
棉籽饼	—	—	3.41	1.63	0.97
油菜饼	—	—	4.60	2.48	1.40
花生饼	—	—	6.32	1.17	1.34
茶籽饼	—	—	1.11	0.37	1.23
桐籽饼	—	—	3.60	1.30	1.30
玉米秆	—	—	0.60	1.40	0.90
麦秆	—	—	0.50	0.20	0.60
稻草	—	—	0.51	0.12	2.70
堆肥	60～75	12～25	0.4～0.5	0.18～0.26	0.45～0.70
泥肥	—	2.45～9.37	0.20～0.44	0.16～0.56	0.56～1.83
墙土	—	—	0.19～0.28	0.33～0.45	0.76～0.81
鱼杂	—	69.84	7.36	5.34	0.52

表 7-4　石榴园适用无机肥料的种类、成分（%）

肥类	肥项	含量	酸碱性	施用要点
氮肥（N）	硫酸铵	20～21	弱碱	基肥、追肥、沟施
	硝酸铵	34～35	弱碱	基肥、追肥、沟施
	尿素	45～46	中性	基肥、追肥、沟施、叶面施
磷肥（P_2O_5）	过磷酸钙	12～18	弱酸	基肥、追肥、沟施、叶面施
	重过磷酸钙	36～52	弱酸	基肥、追肥、沟施
	钙镁磷	14～18	弱碱	基肥、沟施
	骨粉	22～33	—	与有机肥堆沤后作基肥，适于酸性土壤
钾肥（K_2O）	硫酸钾	48～52	生理酸性	基肥、追肥、沟施
	氯化钾	56～60	生理酸性	基肥、追肥、沟施
	草木灰	5～10	弱碱	基肥、追肥、沟施、叶面施
复合肥（N-P-K）	硝酸磷	20-20-0	—	追肥、沟施
	磷酸二氢钾	0-52-34	—	叶面喷施
	硝酸钾	13-0-46	—	追肥、沟施、叶面喷施

　　不同的肥料种类，肥效发挥的速度不一样，有机肥肥效释放慢，一般施后的有效期可持续 2～3 年，故可实行 2～3 年间隔使用有机肥，或在树行间隔行轮换施肥。无机肥养分含量高，可在短期内迅速供给植物吸收。有机肥料、无机肥料要合理搭配（表 7-5）。

表7-5 石榴园适用肥料的肥效

肥料种类	第一年（%）	第二年（%）	第三年（%）	肥效发挥初始时间（d）
人粪尿	75	15	10	10～12
牛粪	25	40	35	15～20
羊粪	45	35	20	15～20
猪粪	45	35	25	15～20
马粪	40	35	25	15～20
禽粪	65	25	10	12～15
草木灰	75	15	10	12～18
饼肥	65	25	10	15～25
骨粉	30	35	35	20～25
绿肥	30	45	25	10～30
硝酸铵	100	0	0	5～7
硫酸铵	100	0	0	5～7
尿素	100	0	0	7～8
过磷酸钙	45	35	20	8～10
钙镁磷肥	20	45	35	8～10

石榴园施肥还受树龄、树势、地势、土质、耕作技术、气候情况等方面的影响。据各地丰产经验，施肥量依树体大小而定，随着树龄增大而增加，幼龄树一般株施优质农家肥 8～10 kg，结果树一般按结果量计算施肥量。每生产 1 000 kg 果实，应在上年秋末结合开沟深施一次性施入 2 000 kg 优质农家肥，配合适量氮磷肥较为合适，并在生长季节的几个关键追肥期，追施相当于基肥总量 10%～20% 的肥料，即 200～400 kg，并适量追施氮、磷、钾肥。根外追肥用量很少，可以不计算在内。

理论施肥量的计算公式为：理论施肥量 =（吸收量 - 土壤供给量）/ 肥料利用率。

十一、施肥方法

可分为土壤施肥和根外（叶面）追肥两种形式，以土壤施肥为主，根外追肥为辅。

（一）土壤施肥

土壤施肥是将肥料施于果树根际，以利于吸收。施肥效果与施肥方法有密切关系，应根据地形、地势、土壤质地、肥料种类，特别是根系分布情况而定。石榴树的水平根群一般集中分布于树冠投影的外围，因此，施肥的深度与广度应随树龄的增大由内及外、由浅及深逐年变化。

（1）环状沟施肥法。此法适于平地石榴园，在树冠垂直投影外围挖宽 50 cm 左右、深 25～40 cm 的环状沟，将肥料与表土混匀后施入沟内覆土。此法多用于幼树，有操作简便、经济用肥等特点，但挖沟易切断水平根，且施肥范围较小（图7-1）。

（2）放射状沟施肥法。在树冠下面距离主干1 m左右的地方开始以主干为中心，向外呈放射状挖4～8条至树冠投影外缘的沟，沟宽30～50 cm，深15～30 cm，沟长50～80 cm，肥土混匀施入。此法适于盛果期树和结果树生长季节内追肥采用。开沟时顺水平根生长的方向开挖，伤根少，但挖沟时要躲开大根。可隔年或隔次更换放射沟位置，扩大施肥面，促进根系吸收（图7-2）。

（3）穴状施肥法。在树冠投影下，自树干1 m以外挖施肥穴施肥。有的地区用特制施肥锥，使用很方便。此法多在结果树生长期追肥时采用（图7-3）。

图7-1　环状沟施肥法

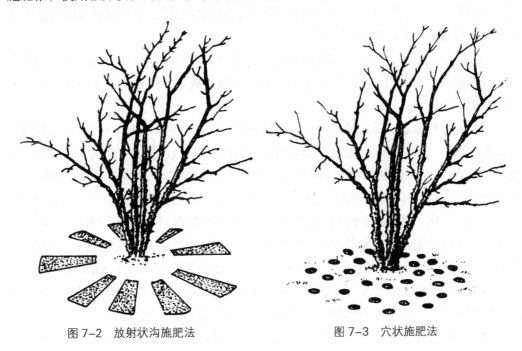

图7-2　放射状沟施肥法　　　　　图7-3　穴状施肥法

（4）条沟施肥法。结合石榴园秋季耕翻，在行间或株间或隔行开沟施肥，沟宽、深、施肥法同环状沟施法。翌年施肥沟移到另外两侧。此法多用于幼园深翻和宽行密植园的秋季施肥（图7-4）。

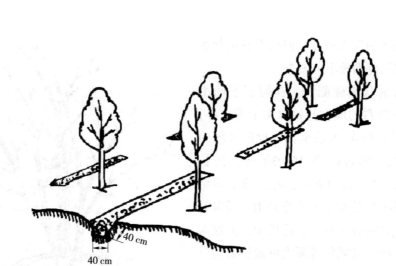

图 7-4 条沟施肥法

（5）全园施肥。成年树或密植果园，根系已布满全园时采用。先将肥料均匀撒布全园，再翻入土中，深度约 20 cm。优点是全园撒施面积大，根系都可均匀地吸收到养分。但因施得浅，长期使用，易导致根系上浮，降低抗逆性。如与放射沟施肥法轮换使用，则可互补不足，发挥最大肥效。

（6）灌溉式施肥。即灌水与施肥相结合，肥分分布均匀，既不伤根，又保护耕作层土壤结构，节省劳力，肥料利用率高。树冠密接的成年果园和密植果园及旱作区采用此法更为合适。

（7）施肥枪施肥。施肥枪由枪把、手握开关、活动手柄、枪杆、限深挡、固定丝、脚蹬架、枪头、枪尖组成。其施肥原理是把肥料配制成适宜的低浓度溶液，管子的一端连接施肥枪，另一端连接肥料溶液贮存器，在果树主干的环形土壤带中均匀布置施肥点，调节限深挡，施肥时将施肥枪竖直插入并通过控制开关闭合把肥料溶液经枪尖周围的喷水孔注射入土壤。用施肥枪施肥的好处是：将石榴树所需的营养元素直接注入根际，不伤根系，不仅使施肥层的养分均匀，而且使土层间养分分布更加均匀，达到集中供给、精量补充、养分平衡供应的目的。成龄树每株 10～15 个施肥点，3～5 min 即可完成，可以比沟施、穴施或地面撒施节约肥料，并可节省大量人工；也可以结合追肥进行地下施药，防治病虫害。如果土壤板结严重，有石头，则不适宜用施肥枪施肥。

（8）水肥一体化。把灌溉与施肥融为一体的先进的节本增效农业施肥、灌水新技术，是高产优质果品生产的发展方向（彩图 7-3，彩图 7-4）。

水肥一体化是借助水质好的水井、水库、蓄水池等固定水源，利用地形的自然落差或泵加压方式，建设一套水源、管道、喷头等完整的喷滴灌系统，将可溶性固体或液体肥料，按土壤养分含量和果树种类的需肥规律及特点，配兑成的肥液与灌溉水一起，通过可控管道系统供水、供肥，使肥水相融后，通过管道和滴头形成喷滴灌，均匀、定时、定量浸润植物根系发育生长区域，使主要根系土壤始终保持疏松和适宜的含水量；同时根据不同植物的需肥特点，土壤环境和养分含量状况，植物不同生长期需水、需肥规律情况，进行不同生育期的需求设计，把水分、养分定时定量，按比例直接提供给植物。

水肥一体化的灌水方式：可采用管道灌溉、喷灌、微喷灌、泵加压滴灌、重力滴灌、渗灌、小管出流等。

水肥一体化适宜肥料种类：可选择固态或液态肥料，如尿素、硫铵、硝铵、磷酸一铵、磷酸二铵、氯化钾、硫酸钾、硝酸钾、硝酸钙、硫酸镁等肥料，要求水溶性强，不含杂质，如果选用沼液或腐殖酸液肥，必须经过过滤，以免堵塞管道。

灌溉施肥的操作要领如下。

第一，固态肥料必须充分溶解与混匀。

第二，严格控制施肥量，注入肥液的适宜浓度大约为灌溉流量的 0.1%，例如灌溉流量为亩设定的 50 m^3 的水，注入肥液大约为 50L；过量施用可能造成肥害。

第三，灌溉施肥的程序分 3 个阶段。第一阶段，选用不含肥的水湿润；第二阶段，施用肥料溶液灌溉；第三阶段，用不含肥的水清洗灌溉系统。

水肥一体化技术优点：水肥供应均衡；节水省肥，据研究，灌溉施肥体系比常规施肥可节省肥料 50%～70%，节水 30%～40%；省工省时；控温调湿，减轻病害；增加产量，改善品质，提高经济效益。

水肥一体化缺点：灌溉系统投资较大，维护费用高。

采用何种施肥方法，各地可结合石榴园具体情况加以选用。采用环状沟、放射状沟、穴状、条沟施肥时，应注意每年轮换施肥部位，以便根系发育均匀。

（二）根外追肥

1.叶面追肥

又叫叶面喷肥，具有肥料用量少、补充树体所需养分快、方法简单易行等优点，是辅助土壤施肥的有效方法。方法是把可溶于水的肥料溶于水中，制成合适浓度的肥料水溶液，采用喷雾的方式喷洒于树冠上，使果树叶面、枝干、幼果迅速吸收液肥，及时补给树体所需营养，增强酶的活性，快速提高叶片光合强度。第一，可增加树体营养，提高产量和改进果实品质，一般可提高坐果率 2.5%～4.0%，果重提高1.5%～3.5%，产量提高 5%～10%；第二，可及时补充一些缺素症对微量元素的需求。叶面施肥的优点表现在吸收快、反应快、见效明显，一般喷后 15 min 至 2 h 可吸收，10～15 d 叶片对肥料元素反应明显，可避免许多微量元素施入土壤后易被土壤固定、降低肥效的可能。

叶面施肥喷洒后 25～30 d 叶片对肥料元素的反应逐渐消失，因此只能是土壤施肥的补充，石榴树生长结果需要的大量养分还是要靠土壤施肥来满足。

叶面施肥主要是通过叶片上气孔和角质层进入叶片，然后运行到树体的各个器官。叶背较叶面气孔多，细胞间隙大，利于渗透和吸收。喷施液体叶面肥时雾化要好，喷布均匀，特别要注意喷布叶片背面，增加叶背面着肥量。

一般能溶于水的肥料均可用于根外追肥（表7-6），叶面施肥要特别注意几点：一是根据施肥目的选用不同的肥料品种，不同的肥料品种、叶面喷施浓度不同。二是要注意过滤干净不能溶解的肥料残渣，雾化要好。三是应根据物候期、肥料性质及天气情况确定使用浓度，如新梢嫩叶期浓度应低些，果树生长的中后期，肥液浓度可适当高些，如尿素液的使用浓度一般应掌握0.2%～0.3%。四是叶面施肥可结合病虫害防治进行，肥液可与农药、植物激素混喷，以节省劳动成本，但肥液与农药药剂混合喷施时，必须注意不降低药效、肥效，如碱性农药石硫合剂、波尔多液不能与过磷酸钙、锰、硼、铁、锌、钼等混合施用，以免形成不溶性盐类而失效；过磷酸钙与机油乳剂混用，易产生沉淀，破坏乳剂性能；波尔多液中也不宜加尿素，因钙会减少植物对尿素的吸收；而尿素可以与敌敌畏、辛硫磷、退菌特等农药混合施用。五是叶面喷施浓度要准确，防止造成药害、肥害，喷施时还可加入少量湿润剂，如肥皂液、洗衣粉、皂角油等，可使肥料和农药黏着叶面，提高对肥料有效元素的吸收和防治病虫害的效果。六是根外追肥效果与温度、湿度有关，最适温度是18～25℃，夏季高温季节，应选在阴天、多云天气或晴天的10时以前和16时以后进行，有利于吸收，避免产生药害。喷施叶面肥后6 h内如遇有效降雨，需要重新喷施。

表7-6　石榴园叶面追肥常用品种与浓度

肥料种类	有效成分（%）	常用浓度（%）	施用时间	主要作用
尿素	45～46	0.1～0.3	5月上旬、6月下旬、9月上旬	提高坐果率，增强树势，增加产量
硫酸铵	20～21	0.3	生长期	增强树势，提高产量
硫酸钾	48～52	0.4～0.5	5月上旬至9月下旬，3～5次	促进花芽分化，果实着色，提高产量，增强抗逆性
草木灰	5～10	1.0～3.0	5月上旬至9月下旬，3～5次	作用同硫酸钾
硼砂	11	0.05～0.2	初花盛花末各1次	提高坐果率
硼酸	17.5	0.02～0.1	初花盛花末各1次	提高坐果率
磷酸二氢钾	32～34	0.1～0.3	5月上旬至9月下旬，3～5次	促进花芽分化，果实膨大，提高产量，增强抗逆性
过磷酸钙	12～18	0.5～1.0	5月上旬至9月下旬，3～5次	促进花芽分化，提高品质、产量
硫酸锌	23～24	0.01～0.05	生长期	防缺锌
硫酸亚铁	19～20	0.1～0.2	叶发黄初期	防缺铁
钼酸铵	50～54	0.05～0.1	蕾、花期	提高坐果率
硫酸铜	24～25	0.02～0.04	生长期	增强光合作用

2. 树干涂氨基酸肥

在春季树液流动后至萌芽期、开花至幼果期和秋季梢停长后的 3 个时期，在石榴树的主干上喷涂或涂抹氨基酸肥料，能迅速补充树体营养，增强树势，提高树体的抗逆性。喷涂氨基酸肥时宜加入适量的杀菌剂，既可以补肥，又可以杀菌防病，防治枝干上的病害。

十二、石榴树缺素症与矫治方法

石榴树对多种元素的亏缺和过量表现比较敏感，当树体某些营养元素不足或过多时，则生理机能产生紊乱，表现出一定症状，石榴树开花量大、果期长，又多栽于有机质含量低的沙地或丘陵山地，更容易表现缺素症，见表 7-7。

表 7-7　石榴树主要缺素症状与矫治方法

缺素	症状	矫治方法
氮	根系不发达植株矮小，树体衰弱；枝梢顶部叶淡黄绿色，基部叶片红色，具褐色和坏死斑点，叶小，秋季落叶早；枝梢细尖，皮灰色；果实小而少，产量低	4 月下旬、5 月下旬、6 月下旬、8 月上旬树冠喷施 0.2%～0.3% 尿素液，或土壤施尿素，每株 0.25 kg
磷	叶稀少，暗绿转青铜色或发展为紫色；老叶窄小，近缘处向外卷曲，重时叶片出现坏死斑，早期落叶；花芽分化不良；果实含糖量降低，产量、品质下降	生长期叶面喷施 0.2%～0.3% 的磷酸二氢钾溶液，或土施过磷酸钙、磷酸二铵等，每株 0.25 kg
钾	新根生长纤细，顶芽发育不良，新梢中部叶片变皱且卷曲，重则出现枯梢现象；叶片瘦小发展为裂痕、开裂，淡红色或紫红色易早落；果实小而着色差，味酸易裂果	每株土施氯化钾 0.5～1 kg，或生长期叶面喷洒 0.2%～0.3% 硫酸钾液或 1.0%～2.0% 草木灰水溶液
钙	新根生长不良，短粗且弯曲，出现少量线状根后，根尖变褐至枯死，在枯死根后部出现大量新根；叶片变小，梢顶部幼叶的叶尖、叶缘或沿中脉干枯，重则梢顶枯死、叶落、花朵萎缩	生长初期叶面喷施 0.1% 硫酸钙；土壤补施钙镁磷粉、骨粉等
镁	植株生长停滞，顶部叶片褪绿，基部老叶片出现黄绿至黄白色斑块，严重时新梢基部叶片早期脱落	生长期叶面喷施 0.3% 硫酸镁；土施钙镁磷肥
铁	俗称黄叶病。叶面呈网状失绿，轻则叶肉呈黄绿色而叶脉仍为绿色，重则叶小而薄，叶肉呈黄白色至乳白色，直至叶脉变成黄色，叶缘枯焦，脱落，新梢顶端枯死，多从幼嫩叶开始	发芽前树干注射硫酸亚铁或柠檬铁 1 000～2 000 倍液；叶片生长发育初期叶面喷涂 0.3%～0.5% 硫酸亚铁溶液
硼	叶片失绿，出现畸形叶，叶脉弯曲，叶柄、叶脉脆而易折断；花芽分化不良，易落花落果；根系生长不良，根、茎生长点枯萎，植株弱小	花期喷 0.25%～0.5% 硼砂或硼酸溶液

缺素	症　状	矫治方法
锌	俗称小叶病，新梢细弱，节间短，新梢顶部叶片狭小密集丛生，下部叶有斑纹或黄化，常自下而上落叶，花芽少，果实少，果畸形	发芽初期喷施 0.1% 硫酸锌溶液，或生长期叶面喷施 0.3%～0.5% 硫酸锌溶液
铜	叶片失绿，枝条上形成斑块和瘤状物，新梢上部弯曲、顶枯	生长期喷施 0.1% 硫酸铜溶液
锰	幼叶叶脉间和叶缘褪绿；开花结果少，根系不发达，早期落叶；果实着色差，易裂果	生长期叶面喷施 0.3% 硫酸锰溶液
钼	老叶叶脉间出现黄绿或橙黄色斑点，重则至全叶，叶边卷曲、枯萎直至坏死	蕾花期叶面喷施 0.05%～0.1% 钼酸铵溶液
硫	叶片变为浅黄色，幼叶比成叶重，枝条节间缩短，茎尖枯死	生长期叶面喷稀土 400 倍水溶液

石榴树缺素症的出现须根据果园土壤营养特点，施用富含多种营养元素的肥料，在管理方面保持石榴树营养生长和生殖生长协调，保证石榴树营养的生理平衡。

第三节　灌溉与排水

一、灌水

1. 灌水时期

正确的灌水时期是根据石榴树生长发育各阶段需水情况，参照土壤含水量、天气情况以及树体生长状态综合确定。依据石榴树的生理特征和需水特点，要掌握 4 个关键时期的灌水，即萌芽水、花前水、催果水、封冻水。

（1）萌芽水。黄淮流域早春 3 月萌芽前的灌水。此时植株地下地上相继开始活动，灌萌芽水可增强枝条的发芽势，促使萌芽整齐，对春梢生长、绿色面积增加、花芽分化、花蕾发育有较好的促进作用。灌萌芽水还可防止晚霜和倒春寒危害。

（2）花前水。黄淮流域石榴一般于 5 月中下旬进入开花坐果期，时间长达 2 个月，此期开花坐果生殖生长与枝条的营养生长同时进行，需消耗大量的水分。而黄淮流域春季干旱少雨且多风，土壤水分散失快，因此要于 5 月上中旬灌一次花前水，为开花坐果做好准备，以提高结果率。

（3）催果水。依据土壤墒情保证灌水 2 次以上。第一次灌水安排在盛花后幼果坐稳并开始发育时进行，时间一般在 6 月下旬。此时经过花期大量开花、坐果，树体水分和养分消耗很多，配合盛花末幼果膨大期追肥进行灌水，促进幼果膨大和 7 月上旬的第一批花芽分化，并可减少生理落果。第二次灌水，黄淮流域一般在 8 月中旬，果实正处于迅速膨大期，此期高温干旱，树体蒸腾量大，灌水可满足果实膨大对水分的要求，保持叶片光合效能，促进糖分向果实的运输，增加果实着色度提高品质，同时可以促进9月上旬的第二批花芽分化。

（4）封冻水。土壤封冻前结合施基肥耕翻管理进行。封冻前灌水可提高土壤温度，促进有机肥料腐烂分解，增加根系吸收和树体营养积累，提高树体抗寒性能达到安全越冬的效果，保证花芽质量，为翌年丰产奠定良好基础。秋季雨水多，土壤墒情好时，冬灌可适当推迟或不灌，至翌年春萌芽水早灌（彩图7-5）。

2. 灌水方法

（1）行灌。在树行两侧，距树各50 cm左右修筑土埂，顺沟灌水。行较长时，可每隔一定距离打一横渠，分段灌水。该法适于地势平坦的幼龄果园（彩图7-6）。

（2）分区灌溉。把果园划分成许多长方形或正方形的小区，纵横做成土埂，将各区分开，通常每株树单独成为一个小区。小区与田间主灌水渠相通。该法适于石榴树根系庞大、需水量较多的成龄果园，但极易造成全园土壤板结（彩图7-7）。

（3）树盘灌水。以树干为中心，在树冠投影以内的地面，以土作埂围成圆盘。稀植果园、丘陵区坡台地及干旱坡地果园多采用此法。稀植的平地果园，树盘可与灌溉沟相通，水通过灌溉沟流入树盘内。

（4）穴灌。在树冠投影的外缘挖穴，将水灌入穴中。穴的数量依树冠大小而定，一般为8～12个，直径30 cm左右。穴深以不伤粗根为准，灌后覆土还原。干旱地区的灌水穴可不覆土而覆草。此法用水经济，浸湿根系范围的土壤较宽而均匀，不会引起土壤板结，在干旱地区尤为适用。

（5）环状沟灌。在树冠投影外缘修一条环状沟进行灌水，沟深宽均为20～25 cm。适宜范围与树盘灌水相同，但更省水，尤其适用树冠较大的成龄果园。灌毕封土。

（6）滴灌。通过首部枢纽（水泵、储水罐、过滤器、控制仪表等）、管路、滴头等灌溉系统，将水一滴一滴，均匀而又缓慢地滴入植物根区土壤中的灌水方法。滴灌滴头位置分地表面和地下两种（彩图7-8）。

滴灌的优点：

①节水、节肥、省工：滴灌属全管道输水和局部微量灌溉，可适时供应植物根区所需水分，不存在外围水的损失问题，使水分的渗漏和损失降低到最低限度，大大提高了水的利用效率，据测算，对水的利用率高达90%以上，比喷灌还节约用水50%～60%；同时，还可以把易溶解肥料灌注入灌溉系统，把施肥与灌溉水结合在一起，实现水肥一体化，水肥渗漏少，节约化肥施用量，减轻污染；通过管道完成了灌水、施肥，减少了人工，大大节约了生产成本。

②保持土壤结构：滴灌属微量灌溉，水分缓慢均匀地渗入土壤，对土壤结构能起到保持作用，并形成适宜的土壤水、肥、热环境。

③控制温度和湿度：大棚栽培控制温度和湿度、减少病虫害发生的效果尤其明显。

因滴灌属于局部微灌，大部分土壤表面保持干燥，减少了水分蒸发，有利地温保持稳定，便于控制棚内空气湿度和土壤湿度，较传统的沟灌可明显减少病虫害的发生。

④改善品质、增产增效：应用滴灌显著减少了水肥、农药的施用量以及病虫害的发生，可明显改善产品的品质。

滴灌的缺点：

①易引起堵塞：滴灌对水质要求较高，管道易被水中的泥沙、有机物质或是微生物以及化学沉凝物等堵塞，使整个系统无法正常工作，甚至报废。

②可能限制根系的发展：植物的根系有向水性，由于滴灌只湿润部分土壤，使植物根系集中向湿润区生长而限制了根系向深度、广度发展，从而影响根系对营养及水分的吸收，进而影响树体的生长。

（7）喷灌。借助首部枢纽（水泵、储水罐、过滤器、控制仪表等）、管道系统、喷头或利用自然水源的落差，把具有一定压力的水喷到空中，以雨滴状态降落到植物和地面上的灌溉方式。

喷灌的优点：

具有省水（比田间漫灌节约水量30%～50%）、省工、增产、提高土地利用率（因减少灌水沟渠和畦埂，可增加耕种面积7%～10%）、适应性强（在坡地和起伏不平的地面均可进行喷灌）等优点。

喷灌的缺点：

喷灌系统建设投资较高；喷头旋转易受风的影响，风速大时，喷洒不均匀；水质不好时管道易堵塞。

3. 灌水应特别注意的关键问题

成熟前10～15 d直至成熟采收不要灌水，特别是久旱果园。此期灌水极易造成裂果，因此采收前应注意的关键问题是避免灌水，或合理灌水。

二、排水

园地排水是在地表积水的情况下解决土壤中水、气矛盾，防涝保树的重要措施。短期内大量降水，连阴雨天都可能造成低洼石榴园积水，致使土壤水分过多，氧气不足，抑制根系呼吸，降低吸收能力，严重缺氧时引起根系死亡，在雨季应特别注意低洼易涝区的排水问题。

第四节　保花保果管理

一、落花落果的类型

石榴落花现象严重，雌性退化花脱落是正常的，但两性正常花脱落和落果现象也很严重。其落花落果可分为机械性和生理性两种。机械性落花落果往往因风、雹等自然灾害所引起；而生理性落花落果的原因很多，在正常情况下都可能发生，落花落果率有时高达90%以上。

二、落花落果的原因

1. 授粉受精不良

授粉受精对提高坐果率有重要作用，如果授粉受精不良，则会导致大量落花落果。套袋自花授粉的结实率仅为33.3%，而经套袋并人工辅助授粉的结实率高达83.9%。因此保证授粉受精是提高结实率的重要条件。

2. 激素与落果（坐果）的关系

植物花粉中含有生长素、赤霉素以及类似赤霉素的物质——芸苔素等，但它们在花粉中含量极少。受精后的胚和胚乳也可合成生长素、赤霉素和细胞分裂素等激素，均有利于坐果。果实的生长发育受多种内源激素的调节，高浓度的内源激素含量提高了向果实调运营养物质的能力。石榴盛花期使用赤霉素处理花托，可明显提高坐果率。

3. 树体营养

在树体营养较好的条件下，授粉良好，受精正常，胚的发育以及果实的发育都好，否则就差，严重的因营养不良而导致落花落果。据程亚东山东大青皮酸品种丰产性试验，同品种生长在中等肥力的园地正常花比例为15.4%，坐果率为1.65%；而生长在山腰地等不良土质条件下，正常花比例只有0.9%～2.3%，坐果率仅为0.11%～0.50%；地下管理好的丰产园坐果率为1.57%，比对照的0.38%高出3倍。

4. 水分过多或不足

开花时阴雨连绵则落花严重，若雨后放晴则有利于坐果。当阴雨连绵时，限制了昆虫活动及花粉的风力传播，不利于授粉受精；雨后放晴，不但有利于昆虫活动，而且有利于器官的发育，给授粉受精创造了良好的条件，故而能提高坐果率。我国淮河以南的湖北、湖南、浙江、福建、广东、广西等省区，石榴开花期正逢"梅雨"季节，阴雨寡照，导致石榴普遍坐果率不高，这也是近些年来突尼斯软籽石榴品种在这些地区引种失败的主要原因。

5. 光照不足

光是通过树冠外围到达内膛的，而石榴树枝条冗繁，叶片密集，由于枝叶的阻隔，光到达内膛逐次递减，其递减率随枝叶的疏密程度，由冠周到内膛的距离而有所不同。枝叶紧凑较稀疏光照强度递减率要大，品种不同，枝叶疏密程度不同，修剪与否，修剪是否合理都影响透光率。合理修剪，树体健壮，通风透光条件好，其坐果率可以提高3～6倍。实际观察发现，在光照不足的内膛，坐果少且小，发育慢，成熟时着色也不好，这和内膛叶片的光合作用强度的低下有关。所以石榴坐果主要在树冠的中外围。

6.病虫和其他自然灾害

桃蛀螟是石榴的主要蛀果害虫，高发生年份虫果率达 90% 以上，蛀干害虫茎窗蛾将枝条髓腔蛀空，使枝条生长不良甚至死亡，遇风易扭断等，加之其他如桃小食心虫、黑蝉、黄刺蛾及干腐病等都是为害石榴花、果比较严重的病虫，对石榴产量影响很大，严重者造成绝收。

造成石榴落果的自然灾害也很多，诸如花期阴雨，阻碍授粉受精；大风和冰雹吹（打）落花果，造成当年减产，甚至把叶、枝打（扭伤）坏，形成更为严重的后果，几年内树势都难以恢复。

三、提高坐果率的途径

1.加强果园综合管理

凡可以促进光合作用，保证树体正常生长发育，使树体营养生长和生殖生长处于合理状态，增加石榴树养分积累的综合管理措施的合理运用，都有利于提高石榴坐果率。

2.疏蕾花

石榴花期长，花量大，且雌性败育花占很大比例，从现蕾、开花、脱落消耗了树体大量有机营养。及时疏蕾疏花，对调节树体营养、增进树体健壮、提高果实的产量和品质有重要作用（彩图 7-9）。

（1）时间。从花蕾膨大能用肉眼分辨出正常蕾与退化蕾时开始，摘除结果枝顶端果位下部分尾尖瘦小的退化蕾与花，保留正常花，直至盛花期结束连续进行，避免漏疏，蕾花期疏蕾疏花同时进行。

（2）方法与效果。逐果枝手工摘掉尾尖瘦小的退化蕾与花，保留正常花，疏蕾花比例不同，其效果不同（表 7-8）。

表 7-8　人工疏蕾花对坐果率的影响（冯玉增，1988）

处理	坐果率（%）	
	平均	± 百分点
不疏蕾花，自动授粉（对照）	31.8	0.0
疏全树 30% 及果位下败育蕾花，人工授粉	52.2	+20.4
疏全树 50% 及果位下败育蕾花，人工授粉	53.6	+21.8
疏全树 70% 及果位下败育蕾花，人工授粉	60.8	+29.0

经对疏蕾花不同处理的坐果率进行方差分析，均较对照达极显著水平。说明疏蕾花辅以人工授粉在石榴生产上应作为极其重要的措施予以应用。疏蕾花量掌握在全树败育花量的 70% 以内，以不影响自然授粉所需花粉为宜。疏除簇生花序（2～9 个）中

顶生正常花以下所有蕾花（正常和退化）提高顶生花坐果率效果明显（表7-9）。

表7-9 簇生花序疏蕾效应（冯玉增，1988）

处理	正常花（个）	坐果（个）	坐果率（%）	较对照 ± 百分点
不疏蕾花，自然授粉（对照）	20	12	60.0	0.0
不疏蕾花，人工授粉	24	16	66.7	+6.7
疏蕾花，自然授粉	22	15	68.2	+8.2
疏蕾花，人工授粉	28	26	92.9	+32.9

石榴花量大，花期长，完全靠手工疏蕾花对幼树还可，随着树体增大，手工整株疏蕾花难以完成，只对簇生花序果位下疏蕾花，既节省时间，又可起到疏蕾花提高坐果率的理想效果。以疏簇生花序果位下蕾花配合人工授粉效果最好，坐果率达92.9%。

3. 辅助授粉

（1）石榴园放蜂。石榴属于虫媒花，自花异花均可完成授粉受精过程，但辅助授粉可明显提高坐果率。在石榴开花期，果园放（蜜）蜂是提高坐果率的有效措施，一般5～8年生树，每150～200株树放置一箱蜜蜂（约1.8万头蜜蜂）即可满足传粉的需要。果园放置蜂箱数量，视株数而定。蜜蜂对农用杀虫剂非常敏感，因此石榴园放蜂切忌喷洒农药。阴雨天放蜂效果不好，应配合人工辅助授粉。

（2）人工授粉。石榴雌性败育花较多，但花粉发育正常，可于园内随采随授。方法是摘取花粉处于生命活动期（花冠开放的第二天，花粉粒金黄色）的败育花，掰去萼片和花瓣，露出花药，直接点授在正常柱头上，每朵可授8～10朵花。此法费工，但效果好，一般坐果率在90%以上，是提高前期坐果率的最有效措施（彩图7-10）。

（3）机械喷粉。把花粉混入0.1%的蔗糖液中（糖液可防止花粉在溶液中破裂，如混后立即喷，可减少糖量或不加糖）利用农用喷雾器喷粉。配制比例为水10 kg：蔗糖0.01 kg：花粉50 mg，再加入硼酸10 g（用前混入可增加花粉活力）。

花粉的采集：在果园随采随用，一般先将花粉抖落在事先铺好的纸上，然后除去花丝、碎花瓣、萼片和其他杂物，即可用。花粉液随配随用，以防混后时间久了花粉在液体中发芽影响授粉能力。

石榴花期较长，在有效花期内都可人工授粉，但以盛花期（沿黄地区6月15日）前辅助授粉为好，以提高前期坐果率，增加果实的商品性。每天授粉时间，在天气晴朗时，以8—10时花刚开放、柱头分泌物较多时授粉最好。连阴雨天昆虫活动少，要注意利用阴雨间隙时间抢时授粉。

花期每1～2 d辅助授粉1次。花量大时每个果枝只点授一个发育好的花，其余蕾花全部疏除。对授过粉的正常花可用不同的方法作标记，以免重复授粉增加工作量。机械喷粉无法控制授粉花朵数，很容易形成丛生果，要注意早期疏果。

4. 应用生长调节剂

落花落果的直接原因是离层的形成，而离层形成与内源激素（如生长素）不足有关。应用生长调节剂和微量元素对防止果柄产生离层有一定效果，其作用机理是改变果树内源激素的水平和不同激素间的平衡关系。

于石榴盛花期用脱脂棉球蘸取激素类药剂涂抹花托可明显提高坐果率，如用 5～30 mg/L 赤霉素处理，坐果率提高 17.7%～22.9%；用 10～40 mg/L 萘乙酸处理的坐果率为 19.4%～18.5%，均明显高于用清水作对照处理的 7.1%。

冯玉增用上海联合化工厂生产的坐果灵涂抹石榴花托，浓度 10～50 mg/L，坐果率为 75%～79.2%，明显高于用清水作对照处理的 46.7%。

冯玉增等研究发现，于 5 月 26 日、6 月 10 日、6 月 25 日连续 3 次叶面喷洒 0.3% 的硼砂溶液，坐果率为 83.2%，高于清水作对照喷洒的 79.3%，提高 3.9 个百分点。

初冬对 4～5 年生树株施多效唑有效成分 1 g，能促进花芽的形成，单株雌花数提高 80%～150%，雌雄花比例提高 27.8%，单株结果数增加 25%，增产幅度为 47%～65%。夏季显蕾始期对二年以上树龄叶面喷施 500～800 mg/L 的多效唑溶液，能有效地控制枝梢徒长，增加雌花数量，提高前期坐果率，单株结果数和单果重分别增加 17.5% 和 13.2%，单株产量提高 25.6%。使用多效唑要特别注意使用时期、剂量和方法，如因用量过大，树体控制过度，可用赤霉素喷洒缓解。

5. 疏果

疏果视载果量在果实坐稳后（基部膨大颜色变青）进行，首先疏掉病虫果、畸形果及丛生果的侧位果。结果多的幼树、老弱树、大果形品种树适当多疏；健壮树、小果形品种树适当少疏，使果实在树冠内外、上下均匀分布，充分合理利用树体营养。一般径粗 2.5 cm 左右的结果母枝，留果 3～4 个（彩图 7-11）。

如果坐果过多，修剪又不合理，养分供应不充分，易导致树体生长失衡，果实膨大发育和品质提高都可能受影响，当年新的花芽分化所需营养不足，致花芽分化不良，就会造成"大小年"结果现象，即当年产量过多（大年），果实也小，翌年则因花芽过少形成产量很低的小年。

6. 摘叶转果或转枝

摘叶分 2 次进行：第一次在 6 月上中旬结合疏果定果，摘除果梗基部小叶和覆盖果面的叶片；第二次在 9 月上旬中间果实着色前 15～20 d，摘掉遮挡直射果面阳光的叶片或小枝组。转动果实，使其全面着光。着生在大、中粗枝上的果实无法转动，在二次摘叶 5 d 后，通过拉、别、吊等方法，调整转动结果母枝位置。摘叶转果或转枝的目的是促进果实着色和内部籽粒品质的提高。

四、裂果原因及预防

石榴裂果是石榴丰产栽培不容忽视的问题，在石榴果实整个发育期，都有裂果现象，但主要是后期裂果。据冯玉增等1995—1996年调查，旱岭地裂果率一般为9%～11%，严重的达到38.5%～75%；水浇地为3.0%～6.5%；淹水的石榴园裂果率为17.3%～28.6%。裂果后籽粒外露为鸟类和动物取食提供了方便，使果实完全失去了商品价值；裂果形成伤口有利病菌侵染，遇雨容易发病烂果，同时裂果后果实商品外观变差，商品价值降低，造成严重的经济损失。

1. 裂果特点

石榴裂果发生的严重时期沿黄地区一般始于8月下旬，以果实采收前10～15 d，即9月上中旬最为严重，直至9月中下旬的采收期。早熟品种裂果期提前，8月上旬即出现较为严重的裂果现象。裂果与坐果期有关，坐果期早裂果现象严重，坐果期晚裂果现象较轻。成熟果实裂果重，未成熟果实裂果轻。

石榴的裂果形式，因品种不同而有所差异，多数以果实中部横向开裂为主，伴以纵向开裂，严重的有横纵、斜向混合开裂的，少数品种以纵向开裂为主，纵向开裂的部位在果实的纵平面，即子房室中部。

树冠的外围较内膛、朝阳较背阴裂果重。果实以阳面裂口多，机械损伤部位易裂果。

品种不同，裂果发生差异明显。果皮厚、成熟期晚的果实裂果轻。果皮薄、成熟期早的果实裂果重。

2. 裂果原因

石榴果实由果皮（外果皮、中果皮、内果皮）、胎座隔膜、种子（外种皮、内种皮）三部分组成。在果实发育的前期，细胞分生能力强，果皮的延展性较好，种子和果皮的生长趋于同步，不易发生裂果，随着果实临近成熟采收和经过夏季长时间的伏旱、高温、干燥和日光直射，致使外果皮组织受到损坏，再加上细胞组织的自然衰老，分生能力变弱，导致外果皮组织延展性降低。而中果皮以内的组织，因受外界不良影响较少，仍保持较强的生长能力，加之植物本身养分优先供应生长中心——种子，保证繁衍后代的生物学特性，种子（籽粒）的生长始终处于旺盛期，导致种子和果皮内外生长速度的差别，条件不利时有可能造成裂果。

导致裂果的外部因素主要是环境水分的变化。在环境水分相对稳定条件下，如有灌溉条件的果园，结合降水，土壤供应树体及果实水分的变幅不大，果实膨大速度相对稳定，即使到后期果实成熟采收，裂果现象较轻。持久干旱又缺乏灌溉果园，突然降水或灌溉，根系迅速吸水输导至植株的根、茎、叶、果实各个器官，众多种子（籽粒）的生长速度明显高于处于老化且基本停止生长的外果皮，当外果皮承受能力达到极限时导致果皮开裂。由这种原因引起的裂果，集中、量大，损失重。

3. 裂果预防

（1）尽量保持园地土壤含水量处于相对稳定状态。采取有效措施降低因土壤水分变幅过大造成的裂果，可采用树盘地膜覆盖、园地覆草增施肥料、改良土壤等技术，提高旱薄地土壤肥力，增强土壤持水能力。掌握科学灌水技术，不因灌水不当造成不应有的裂果损失。

（2）适时分批采收果实。早坐果早采，晚坐果晚采，成熟期久旱遇雨，雨后果实表面水分散失后要及时采收。

（3）采取必要的保护措施。将石榴果实套袋，既防病、防虫，又减少了机械创伤和降水直淋，且减少因防病治虫使用农药造成的污染，并可有效地减少裂果（彩图7-12）。

（4）应用生长调节剂。在中后期喷施 25 mg/L 的 GA3（赤霉素），可使裂果减少30% 以上。

第八章　整形修剪技术

对石榴树进行合理的整形修剪，就是要让树体生长健壮，发育均衡，结构和框架布局合理，并保证果园和树体的通风透光；调节营养物质的制造、积累及分配；调节生长和结果的关系，使树体骨架牢固，从而达到壮树、高产、稳产、优质、低成本的栽培目的，提高果园的生产效率和树体的经济寿命。石榴品种较多，品种不同，长势有别，有些品种成龄树生长稳健，徒长枝较少，而有些品种生长旺盛，徒长枝较多；幼树、成龄树、衰老树生长中心有差别，要分别对待；管理水平高低，不同的自然条件，对石榴树体会产生不同的影响，树体生长也有差异。因此，修剪时应根据不同品种、不同树龄、不同树体轻重截疏，灵活运用，合理搭配。其修剪原则应是因时、因地、因树适疏少截，以轻为主，顺其自然地进行修剪。

第一节　石榴树与修剪有关的生长特点

一、树势平缓，枝条紧凑

石榴树为落叶灌木或小乔木，属于多枝树种。树势生长平缓，自然生长的石榴树树形有近圆形、椭圆形、纺锤形等。冠内枝条繁多，交错互生，抱头生长，没有明显的主侧枝之分，扩冠速度慢，内膛枝衰老快，易枯死。基部蘖生苗能力强，冠内易抽生生长旺盛的徒长枝。蘖生苗和徒长枝不利的是易扰乱树形、无谓消耗树体营养，有利的是老树易于更新。

二、萌芽率高，成枝力强

一年生枝条上的芽在春天几乎都能萌发，一般在枝条中部的芽生长速度较快，往往有二次、三次枝芽萌发生长。而枝条上部和下部的芽生长速度较慢，一年一般只有一次生长。

三、顶端优势不明显，不易形成主干

石榴枝条顶端生长优势不明显，顶芽一年一般只有春季生长，春季生长停止后，一部分顶尖停止生长，少部分顶端形成花蕾。夏、秋梢生长只在一部分徒长枝上进行。

石榴主干不明显，扩冠主要靠侧芽生长完成。

第二节　芽、枝种类与修剪有关的生物学特性

一、芽的种类

芽是石榴树上的一种临时性重要器官，是各类枝条、叶片、花和果实等营养器官、生殖器官的原始体。各种枝条都是由不同的芽发育而成的，石榴生长和结果、更新和复壮等重要的生命活动都是通过芽来实现的。栽培和修剪中，了解各种芽的形成特征、生长发育规律，以做到管理措施得当，因芽合理修剪。

1. 按芽的功能可分为叶芽、花芽、中间芽

（1）叶芽。萌发后发育为枝叶的芽叫叶芽。石榴叶芽外形瘦小，先端尖锐，鳞片狭小，芽体多呈三角形。未结果幼树上的芽都是叶芽，进入结果期后，部分叶芽分化成花芽。

（2）花芽。石榴花芽是混合芽，萌发后先长出一段新梢、在新梢先端形成蕾花结果。混合芽外形较大，呈卵圆形，鳞片包被紧密，多数着生在各种枝组的中间枝（叶丛枝）顶端。石榴树上的混合芽多数分化程度差，发育不良，其外形与叶芽很难区分。这类混合芽发育的果枝，花器发育不良，成为退化花不能结果，修剪时应剪除。质量好的混合芽多着生在 2～3 年生健壮枝上。

（3）中间芽。指各类极短枝上的顶生芽，其周围轮生数叶，无明显腋芽。石榴树中间芽外形近似于混合芽，数量很多，一部分发育成混合芽抽生结果枝；一部分遇到刺激后萌发成旺枝；多数每年仅微弱生长，仍为中间芽。

2. 按芽的着生位置可分为顶芽、侧芽、隐芽、主芽、副芽

（1）顶芽。着生于各类枝条先端的芽叫顶芽。顶芽发育充实且处于顶端优势位置，容易萌发和形成长枝。石榴树只有中间枝才有顶芽，其他营养枝顶芽多退化为针状茎刺。

（2）侧芽。着生于各类枝叶腋间的芽叫侧芽。侧芽因着生位置不同，萌芽和成枝能力也不同，由于顶端优势的作用，上部侧芽易萌发成中、长枝，中部侧芽抽枝力减弱，下部侧芽多不萌发，或虽萌发但不抽生新枝。

（3）隐芽。一年生枝上当年或翌年春季不能按时萌发而潜伏下来伺机萌发的芽叫隐芽或潜伏芽。正常情况下，隐芽不能按期萌发，如遇某种刺激（如伤口），使营养物质转向隐芽过量输送时，即萌发形成长、旺枝。石榴隐芽寿命极长，多年生老枝干遇刺激后都可萌发形成旺枝，因而老枝老干更新复壮比较容易。

（4）主芽。着生于叶腋中央发育充实的芽叫主芽。主芽可以是叶芽也可以是花芽

（混合芽）。石榴树较强营养枝上的主芽当年萌发形成二三次枝上的主芽多，中下部枝上的主芽和二三次枝上的主芽又多于翌年萌发形成的中间枝上的主芽。

（5）副芽。副芽是着生于主芽两侧其形极小的芽。副芽多不萌发而形成隐芽潜伏，如遇刺激则萌发发育为中、长枝。

3. 按其着生位置及活动情况分为定芽、不定芽、活动芽

（1）定芽。按照一定配列方式着生于枝条顶端或叶腋的芽叫定芽。石榴有发育枝顶芽退化成针状茎刺的现象。侧芽在枝条上相互交错对生，在部分旺枝上呈3～4芽轮生，也有个别枝条上的芽互生。

（2）不定芽。发生无一定位置的芽叫不定芽。不定芽的发生是由于机械创伤造成地上部与地下部之间失去平衡而引起的。不定芽萌芽后往往形成旺枝。

（3）活动芽。一年生枝上当年或翌年萌芽期能按时萌发的芽叫活动芽。石榴枝上的芽几乎都能萌发，只有中下部部分芽和二三次枝基部的芽不能萌芽成为隐芽。

二、枝的种类

植物学中把枝称作茎。枝由叶芽或混合芽萌发生长而成。因所处位置、形态差异、萌发先后、枝龄大小等而有不同名称。识别和掌握不同类枝的特性，对于整形修剪有很大作用。

1. 主干、主枝和侧枝

地上部分从根茎到树冠分枝处的部分叫主干。石榴属于小乔木或灌木树种，单干树主干明显，只有一个主干，大部分植株呈多主干丛生，主干不明显。着生于主干上的大枝叫主枝，着生于主枝上的枝叫侧枝。主干、主枝和侧枝，构成树冠骨架，在树冠中分别起着承上启下的作用。主枝着生于主干，侧枝着生于主枝，结果枝、结果枝组着生于各个侧枝或主枝上。修剪时必须明确保持其间的从属关系。

2. 直立枝、斜生枝、下垂枝、水平枝

凡直立生长的枝叫直立枝（彩图8-1）；与直立枝有一定倾斜角度的枝叫斜生枝；枝的先端下垂生长的枝叫下垂枝；呈水平生长的枝叫水平枝。

3. 内向枝、重叠枝、平行枝、轮生枝、交叉枝、并生枝

向树冠内部生长的枝叫内向枝；两枝上下相互重叠生长的枝叫重叠枝（彩图8-2）；同一水平上两枝平行伸展的枝叫平行枝；数个由同一基段周缘发生，向四周放射状伸展的枝叫轮生枝；两枝交叉生长的叫交叉枝；自一节或一芽并生出两个以上的枝称并生枝。

4. 一次枝、二次枝、三次枝、四次枝

春季由叶芽或混合芽萌发生长成的枝叫一次枝或新梢，一次枝上的芽当年萌发形成的枝叫二次枝，二次枝上萌芽形成三次枝，三次枝上萌芽形成四次枝。二次枝、三次枝、四次枝又叫副梢。

5. 新梢与一年生枝、二年生枝

当年由芽形成的枝叫新梢，落叶后又叫一年生枝，一年生枝再长一年叫二年生枝。依此类推，即三年生枝、四年生枝，以至多年生枝。

6. 生长枝（营养枝或发育枝）

当年只长叶不开花的枝叫生长枝。根据长势强弱又可分为普通生长枝、徒长枝（彩图 8-3）、纤细枝（彩图 8-4）等。

树冠内发育充实、生长健壮，有时还有二三次生长的枝叫普通生长枝，是构成树冠骨架、扩大树冠体积、形成结果枝的主要枝，在幼树、结果树上较多，在老弱树上较少发生。

树冠内长势特旺、节间长、叶片薄、芽瘦小、组织不充实的枝叫徒长枝。石榴徒长枝上多具三四次枝，长度可达 1～2 m。在初结果和盛果期，是扰乱树体结构、影响通风透光、破坏营养均衡的有害枝，修剪中多疏除，但也可用来扩大树冠。衰老树上徒长枝是用来更新复壮树体的宝贵枝。

树冠内长度不足 30 cm、枝条瘦弱、芽体秕小、组织不充实的枝叫纤细枝。如果阳光充足，营养良好，纤细枝也可转化为结果枝开花结果，修剪中对过密者疏除，一般情况下或任其生长，或稍加短截回缩予以复壮。

树冠内着生在各类枝上的那些仅有一个顶芽、顶芽下簇状轮生 2～5 片叶、无明显节间和腋芽的极短枝叫中间枝或叶丛枝。石榴树中间枝极多，营养适宜时中间枝顶芽可转化为混合芽。

7. 结果母枝

结果母枝即生长缓慢、组织充实、有机物质积累丰富，顶芽或侧芽易形成混合芽的基枝。混合芽于当年或翌年春季抽生结果枝结果。

8. 结果枝

能直接开花结果的一年生枝叫结果枝。石榴结果枝是由结果母枝的混合芽抽生一段新梢，再于其顶端开花结果，属一年生结果枝类型。按其长度可分为长结果枝、中结果枝、短结果枝和徒长性结果枝 4 种。

（1）长结果枝。长度在 20 cm 以上，具有 5～7 对叶，有 1～9 朵花的结果枝。长果枝开花最晚，多于 6 月中下旬开花。由于数量少，所以结果不多（彩图 8-5）。

（2）中结果枝。长度在 5～20 cm，具有 3～4 对叶，有 1～5 朵花的结果枝。多于 6 月上中旬开花，其中退化花多，结果能力一般，但数量较多，仍为重要结果枝类。

（3）短结果枝。长度在 5 cm 以下，具有 1～2 对叶，着生 1～3 朵花的结果枝。多于 5 月中下旬开花，正常花多，结果牢靠，是主要结果枝类（彩图 8-6）。

（4）徒长性结果枝。6 月下旬以后树冠外围骨干枝上发生的长度在 50 cm 以上，具有多次分枝，其中个别侧芽形成混合芽，抽生极短结果枝的徒长枝叫徒长性结果枝。修剪中多按徒长枝处理，进行改造或疏除。

9. 辅养枝

幼树整形阶段，在主干、主枝上保留的不作永久性骨干枝培养，只利用其枝叶制造养分辅助幼树快速成型与结果，待树形形成后及时疏除的临时性枝叫辅养枝。生长季节要利用摘心、拿枝软化、环割等措施控制旺长以达到辅养树体的目的。

10. 更新枝

欲代替已衰弱的结果枝、老龄枝或骨干枝的新枝叫更新枝。在盛果后期对结果枝和结果枝组进行更新复壮使其延长结果年限称为局部更新。在衰老期对主枝或主干进行更新修剪重新整形称为整体更新。

11. 结果枝组

在骨干枝上生长的各类结果母枝、结果枝、营养枝、中间枝的单位枝群称结果枝组。石榴要想获得优质大果，必须培养好发育健壮、数量充足的结果枝组（彩图8-7）。

12. 萌蘖枝

由根际不定芽或枝干隐芽萌发形成的枝叫萌蘖枝。根际萌蘖枝大量消耗树体营养，扰乱树形结构，影响管理，修剪时应予以疏除或挖掉（彩图8-8）。

三、芽、枝与修剪

1. 芽的异质性

一个成龄石榴个体上芽的数量极多，但每个芽的发育状况、充实程度、形态特征都不一样，抽生的枝条，结出的果实也不完全相同，这种芽与芽之间的差异性叫芽的异质性。修剪中常利用优质芽培养骨干枝扩大树冠；利用优质混合芽抽生健壮结果枝结果。对于质量差、发育不充实的芽进行疏除，以节约树体营养和水分，促进树体生长和结果。

2. 萌芽力和成枝力

石榴枝条上的芽并不能全部萌发，把萌发芽数占总芽数的比率叫萌芽率或萌芽力；芽萌发后能够发育成中、长枝的能力叫成枝力。萌芽力、成枝力因芽在树体、枝组所处位置以及品种而不同。树冠上部、外围枝的成枝力强于中下部枝和内膛枝，直立枝较斜生枝、斜生枝较水平枝的萌芽力低但成枝力高。

石榴各品种的萌芽力均较强，一年生枝上的芽几乎都能萌发，但成枝力差别较大，有些品种极易形成二三次枝和大量叶丛枝，由于较强营养枝或徒长枝上的二三次枝很多，极易造成树冠郁闭影响光照，修剪中应特别注意不用或少用短截措施；而有些品种成枝力稍低，长旺枝较少，树冠不易郁闭，通风透光良好，修剪比较简捷。

3. 顶端优势

在同一单株、同一枝条，位于顶端的芽萌发早，长势旺；中部的芽萌发和长势逐渐减弱，最下部的芽多不萌发成为隐芽。直立枝条生长着的顶端与其发生的侧芽呈一定角度，离顶端越远，角度越大。若除去顶端对角度的控制效应，则所发侧枝又垂直生长，枝条的这种顶端枝芽生长旺盛的现象叫顶端优势。通过短截、曲枝等措施，可以改变枝条不同位置上芽的生长势，直立枝呈水平姿势后，中下部芽也具有较强的萌发力和成枝力。石榴枝条柔软，往往由于果实重量而使其弯曲下垂，因而中下部芽极易处于优势位置而抽生旺枝。

4.分枝角度

由于顶端优势的作用，新枝与母枝间的夹角叫分枝角度。新枝距母枝剪口愈近、树势越旺时分枝角度愈小。分枝角度大时骨干枝负载量大，角度小时负载量小，结果多时，易出现断裂、劈枝。石榴新枝多从母枝的二三次枝基部侧芽萌发生成，分枝角度一般较小，但因枝条柔软，可采用拉枝措施改变角度。

第三节　修剪技术

一、疏剪

疏剪包括冬季疏剪和夏季疏剪，方法是将枝条从基部剪除。疏剪的结果，减少了树冠分枝数，具有增强通风透光、提高光合效能、促进开花结果和提高果实质量的作用。较重疏剪能削弱全树或局部枝条生长量，但疏剪果枝反而有加强全树或局部生长量的作用，这是因为果实少了，消耗的营养也就少了，营养更有利于供应根系和新梢生长，使生长和结果同时进行，达到年年结果的目的。生产中常用疏剪来控制过旺生长，疏除强旺枝、徒长枝、下垂枝、交叉枝、并生枝、外围密集枝。利用疏剪疏去衰老枝、干枯枝、病枝、虫枝等，还有减少养分消耗、集中养分促进树体生长，增强树势的作用。

二、短截

短截又叫短剪，即把一年生枝条或单个枝剪去一部分。原则是"强枝短留，弱枝长留"。分为轻剪（剪去枝条的 1/4～1/3）、中剪（剪去枝条的 2/5～1/2）、重剪（剪去枝条的 2/3）、极重剪（剪去枝条的 3/4～4/5），极重剪对枝条刺激最重，剪后一般只发1～2 个不太强的枝。短截具有增强和改变顶端优势的作用，有利于枝组的更新复壮和调节主枝间的平衡关系，能够增强生长势，降低生长量，增加功能枝叶数量，促进新梢和树体营养生长。由于光合产物积累减少，因而不利于花芽形成和结果。短截在石榴修剪中用得较少，只是在老弱树更新复壮和幼树整形时采用。

三、缩剪

缩剪又叫回缩，即将多年生枝短截到适当的分枝处。由于缩剪后根系暂时未动，所留枝芽获得的营养、水分较多，因而具有促进生长势的明显效果，利于更新复壮树势，促进花芽分化和开花结果。对于全树，由于缩剪去掉了大量生长点和叶面积，光合产物总量下降，根系受到抑制而衰弱，使整体生长量降低。因此，每年对全树或枝组的缩剪程度，要依树势树龄及枝条多少而定，做到逐年回缩，交替更新，使结果枝组紧靠骨干，结果牢固；使衰弱枝得到复壮，提高花芽质量和结果数量。每年缩剪时，只要回缩程度适当，留果适宜，一般不会发生长势过旺或过弱现象。

四、长放

长放又叫缓放或甩放，即对1～2年生枝不加修剪。长放具有缓和顶端优势，增加短枝、叶丛枝数量的作用，对于缓和营养生长、增加枝芽内有机营养积累、促进花芽形成、增加正常花数量、促使幼树提早结果有良好的作用。长放要根据树势、枝势强弱进行，对于长势过旺的植株要全树缓放。由于石榴枝多直立生长，所以，为了解决缓放后光照不良的弊端，要结合开张主枝角度、疏除无用过密枝条和撑（彩图8-9）、拉（彩图8-10）、坠（彩图8-11）等措施，改变长放枝生长方向。

五、造伤调节

对旺树旺枝采用环割、环剥、刻伤和拿枝软化等措施制造伤口，使枝干木质部、韧皮部暂时受伤，在伤口愈合前起到抑制过旺的营养生长，缓和树势、枝势、促进花芽形成和提高产量的作用。

1. 环割、环剥、刻伤

用刀在枝干上环切一至数圈，切口深及木质部而不伤及木质部为环割。用刀环切两圈，并把其间的树皮剥去称为环剥。环剥口的宽度，一般为被剥枝直径的1/12～1/8，环剥后要将剥离的树皮颠倒其上下位置，随即嵌入原剥离处，并涂药防病和包扎使其不脱落，在干燥地区有保护伤口的作用。刻伤是环枝干基部用刀纵切深及木质部，刻伤长5～10 cm，伤口间距1～2 cm。

2. 扭梢（枝）、拿枝（梢）

扭梢就是将旺梢向下扭曲或将基部旋转扭伤，既扭伤木质部和皮层，又改变枝梢方向。拿枝就是用手对旺梢自基部到顶部捋一捋，伤及木质部，响而不折。

3. 其他

去叶、断根、去芽、折枝、圈枝、捋枝等均为造伤措施。

造伤的时间因目的不同而异，春季发芽前进行可促使旺树、旺枝向生殖生长转化，削弱营养生长；枝梢减缓生长，花芽分化前进行可增加花芽分化率；开花前进行可提高坐果率；果实速生期前进行，可促使果实膨大，提早成熟。一般造伤伤口越大，造伤效果越明显，但以不使枝条削弱太重，而且伤口能适时愈合为造伤原则。

六、调整角度

对角度小、长势偏旺、光照差的大枝和可利用的旺枝、壮枝,采用撑、拉、曲、坠等方法,改变枝条原生长方向,使直立姿势变为斜生、水平状态,以缓和营养生长和枝条顶端优势,扩大树冠,改善树冠内膛光照条件,充分利用空间和光能,增加枝内碳水化合物积累,促使正常花的形成。

七、抹芽、除萌

抹芽是生长季节的疏枝。主要是抹去主干、主枝上的剪、锯口及其他部位无用的萌枝和挖除剪掉主干根际萌蘖。抹芽、除萌蘖可以改变树冠内光照条件,减少营养、水分的无效消耗,有利于树形形成和促进成花结果。以春夏季抹芽挖根蘖,夏、秋季剪萌枝效果最好。

八、摘心

生长季节摘除新梢顶端嫩梢的方法叫摘心,主要在新梢旺盛生长到长度达 30 cm 左右时进行,摘除新梢顶端嫩梢,可节约大量养分,充实枝组成花,促生二三次枝形成枝组,填补空缺。

第四节　整形修剪的时期

一、修剪要求

石榴树是喜光植物,素来有"石榴树光照不好不结果,石榴树枝不丛生产量低"的说法。为达到既满足石榴树喜光,又能达到枝条丛生丰产的目的,首先要解决光照问题,只有让树冠内各个部位都得到光照,才有开花结果的可能。无论是什么树形的石榴树,均需在幼树和初结果期培养骨架、调整合理结构,到盛果期逐步疏除影响光照的辅养枝,保持大枝稀、大型枝组稀,使大枝与大枝之间、枝组与枝组之间透光通风。枝组内枝径粗 1 cm 左右的枝适当稀一些,枝径 0.5 cm 以下、短粗、中庸、健壮的小枝要密而有序地丛生。根据石榴树单条枝不易形成花,只有短小、粗壮的丛生枝易成花结果的特性,骨干枝基部的枝组也不能过小,只有让枝组再稀一些,保持不交叉串接,有一定光照,这样内膛才会结果,并且每个骨干枝和各个枝组的开张角度要保持 75° 以下(实践证明,大于 75° 枝结果少,大于 90° 枝结果更少,或不结果),枝组外观形状要保持前尖后小中间肥大的树叶状。而整株树的外观形状要保持上不压下、前不挡后、外不挡内、左不欺右的主从关系,而大小枝条在树冠上的分布为上稀下密、内稀外密、大枝稀小枝密的"三稀三密"状态，也就是大小枝在树冠的分布合理，内外都通风透光。

二、修剪原则

修剪总体原则是：冬疏、春抹、夏剪枝。

冬疏：即冬季（休眠期修剪）以疏为主，疏除扰乱树形的大枝或通过重度回缩，重新培养骨干枝和结果枝组。

春抹：春季发芽后至开花坐果前，以抹芽、摘心、除萌为主。

夏剪枝：果实坐稳后，通过拂枝、扭枝变向，开张角度，缓和树势，促进养分向果实输送，并保持树冠内枝条合理分布，保证良好的通风透光环境。

三、不同生长时期的修剪技术

1.冬季（休眠期）修剪

冬季（休眠期）修剪在落叶后至萌芽前休眠期间进行，北方冬季寒冷，易出现冻害，以春季芽萌动前进行修剪较安全。而在不易受冻害的地区，落叶后的休眠期可以随时进行。冬季（休眠期）修剪以培养、调整树体结构，选配各级骨干枝，调整安排各类结果母枝为主要任务。冬季（休眠期）修剪在无叶条件下进行，不会影响当时的光合作用，但影响根系输送营养物质和激素量。疏剪和短截，都不同程度地减少了全树的枝条和芽量，使养分集中保留于枝和芽内，打破了地上枝干与地下根的平衡，从而充实了根系、枝干、枝条和芽体。由于冬季管理不动根系，所以增大了根冠比，具有促进地上部生长的作用。

以单干式疏散分层形树形为例，冬季（休眠期）修剪步骤和要点如下。

（1）首先全部疏去或剪掉病、虫、残、伤、细、弱枝，以及背下枝、下垂枝。

（2）大枝和骨干枝的配置。按"三稀三密"的原则，主枝以及侧枝间，第一层3~4个主枝，主枝间夹角为90°~120°，第二层主枝与第一层主枝层间距80~120 cm，主枝与主干之间夹角为45°~70°，以利于小枝（枝组）有着生的空间。主侧枝间距离小时可采用疏大枝或拉开大枝的办法，务必达到大枝间距要求的标准。

（3）小枝的配置。主侧枝间距拉开后，用疏剪的方法使小枝（大小枝组）在树冠上的分布呈上稀下密、内稀外密的状态。内膛要空，小枝易少，要求是小枝间互不交叉、互不重叠和留有余空，保证在萌芽后新梢生长所需的空间。

（4）结果母枝的配置。在疏剪过程中要尽量多保留有花芽的结果母枝，并在其周围保留3~5个营养枝。如果结果母枝过多，可再疏去一些细小的结果母枝，留下粗壮的、花芽肥大的结果母枝，并使结果母枝与营养枝比例大致为1：10。如果原树枝条过密，没有形成花芽或花芽过少，只要求修剪到小枝互不交叉、互不重叠和留有余空的目标就行。这些枝条留待翌年春季萌芽后再作结果枝与营养枝比例的调整。冬剪后有利于结果枝和营养芽获得更多的根系营养物，从而促使正在分化中的花芽和少量营养芽转变为花芽和结果母枝。

2. 春季修剪

在萌芽后至开花前的蕾期进行，国内各石榴产区因物候期的差异，时间不尽相同，黄淮产区时间在4月中旬至5月中下旬。此时结果母枝的花芽已萌发出结果枝和花蕾。此期的主要修剪任务是调整果枝与营养枝之间的比例，促使二者比例适宜。春季修剪的主要措施如下。

（1）复剪。对休眠期修剪不到位的地方进行复剪，我国北方石榴产区及新疆产区冬季有冻害及抽梢现象的，剪去冻伤枝条及干梢。

（2）抹芽和除萌。这是春季修剪的重点，及时抹去树干及树冠上新萌发的、没有保留价值的嫩芽，并挖除根部新生根蘖。对于树冠内新生的、有生长空间的新生萌条要注意保留，通过拿枝、变向，培养为结果枝组。

抹芽、除萌、挖除根蘖，可减少树体养分浪费，保持树形，同时保持树冠内良好的通风透光条件，保证开花结果良好。

（3）摘心。对幼树的主、侧枝及结果树有生长空间的徒长枝摘心，可以增加分枝，扩大树冠；对有目的培养为结果枝组的新梢进行摘心，可促进分枝，有利结果枝组的形成。摘心时期以意欲培养的新梢基部已木质化、长度30 cm左右时为好。

（4）调节果枝比。疏剪去过多的上下相互重叠、左右相互影响的细小果枝或结果母枝。

3. 夏季修剪

夏季修剪是指从石榴开花后期（幼果期）至采收前对石榴树的修剪，此期正处于石榴树旺盛生长阶段和营养物质转化时期，前期生长依靠贮藏营养，后期依靠新叶制造营养。夏季也是树体年周期生长中最旺盛时期，如果营养失调，生长过旺或过弱，都会影响当年果实的生长发育，也影响花芽分化，继而影响翌年的开花结果和果品的质量和产量，极有可能形成大小年现象。通过夏剪，改善并创造良好的树体结构，调节营养生长与合理结果的矛盾，平衡树势，达到连年丰产的目的。夏剪的核心是通过撑、拉、压、疏等措施，开张骨干枝角度、改变枝向，扩大树冠，加快树体形成，缓和树势，改善光照条件，提高光合效率。主要技术措施如下。

（1）拉枝。夏季枝条比较绵软，柔韧性好，因有大量的叶片，拉枝很易保持所需开张的状态。通过拉枝增大枝条开张角度，一般不需要绳拉、枝撑就可以达到枝条角度开张的目的。

（2）扭枝、圈枝、别枝、捋枝。7—8月对辅养枝进行扭伤，并通过圈枝、别枝、捋枝等措施，改变枝条养分供应方向，促进养分向果实输送，抑制旺枝生长，促进花芽分化。

（3）疏枝。疏除生长位置不当的直立枝、徒长枝及其他扰乱树形的枝条，对尚可暂时利用、不致于形成后患的枝条用拿枝、扭梢、缓放处理，使其结果后再酌情疏除。拿枝、扭枝一般要伤到木质部。

（4）继续抹芽、除萌蘖。夏剪时，要注意疏枝不能过重，避免砍、锯过多的枝条影响树势。树势弱的树，最好不夏剪或者只疏除枯枝病枝和极少量的细弱枝。对幼树、旺树、不结果的成龄树可以正常夏剪处理。

4.秋季修剪

采果后至落叶前的修剪根据情况进行，有些夏季修剪不到位，9—10月，树冠内又萌发许多萌芽和二次及三次新梢，树冠枝条密集，这部分枝在我国北方冬季石榴树易受冻害地区，往往不能正常越冬，多被冻死或干梢。

（1）疏枝。疏去密生、徒长、有病虫的枝条，这部分枝条此时不剪，冬剪时也需剪除，若不剪白白消耗树体营养。

（2）采果后及落叶前进行根系修剪。10月中旬至11月，果实采收后叶片制造的光合产物，将全部输送到分化中的花芽、叶芽、各级枝干和根系。对根际进行深耕修剪，一是促进花芽继续分化，保证翌年产量；二是促进根系生长发出大量新根；三是在枝干和根系中储存大量光合产物，及时转化成可溶性糖类，以提高石榴的越冬抗寒和抗旱能力。根系修剪宜结合秋季深耕施肥进行。

第五节 推荐丰产树形和树体结构

现在石榴生产的发展，多以企业经营为主，少则数十公顷，多则上千公顷，要求机械化程度较高、管理统一规范，从业人员素质差别较大，规范统一的树形是高产优质石榴生产的基础。以下推荐几种国内外比较流行且较先进的石榴栽培树形。

一、单干式疏散分层形

每株培养一个中心主干，在距地面50～60 cm高处，在中心主干上按圆周不同方位均匀选留第一组3～4个主枝，主枝与中心主干夹角为55°～60°，主枝与中心主干上直接着生结果母枝和结果枝；在第一组主枝上部50～60 cm处，选留第二组3～4个主枝，主枝与中心主干夹角为50°～55°，主枝与中心主干上直接着生结果母枝和结果枝；在第二组主枝上部50～60 cm处，选留第三组3～4个主枝，主枝与中心主干夹角为45°～50°，主枝与中心主干上直接着生结果母枝和结果枝。树总高控制在2.8～3 m。三组主枝上下注意分散开，不要形成上下平行枝（彩图8-12）。

幼树期，中心主干的培养，需用竹竿或细木杆绑缚固定，一般需绑缚固定3年。这种树形构建完成后，每层主枝清楚，层次明显，通风透光好，适合密植栽培和后续各项管理（彩图8-13）。

二、单主干纺锤形（彩图 8-14）

该树形与单主干分层形有相似之处，有一个中心主干，但与主干分层形树形不同的是，各主枝呈螺旋状着生在中心主干上，上下相邻主枝非平行生长，交错互生，间距 30 cm 左右；各主枝与中心主干夹角为 50°～60°；主枝上直接着生各类结果枝组和辅养枝，没有明显的侧枝。树总高控制在 2.8～3 m。

幼树期，中心主干的培养，需用竹竿或细木杆绑缚固定，一般需绑缚固定 3 年。这种树形结构简单，成形快，结果早，构建完成后，主枝清楚，层次明显，通风透光好，适合密植栽培；在后续各项管理中，便于操作；每年的修剪也相对简便容易，只要不剪掉主枝、保持基本树形就不会因修剪不当破坏树形。

三、单主干倒伞形（彩图 8-15）

该种树形为单主干自然圆头改良形。单主干高 80～100 cm，上按不同方位均匀着生 3～4 个主枝，主枝与冠下中心主干夹角 110°～120°，每个主枝上着生 3～5 个侧枝，侧枝上着生结果枝组。该种树形主枝为单层，适合枝条较绵软的品种和日灼发生严重产区。结果枝下垂在枝叶层的下部，夏季高温时段，由于有枝叶的遮挡，避免了太阳光的直射，保护果实不易发生日灼。在管理过程中，要注意几个问题：一是树冠上部易发生直立枝，修剪时注意控制；二是下垂果，注意不要因摆动而被划伤，可以采用套袋或固定的方法避免；三是此种树形冠部较大，在多风地区，遇大风时树易被吹倒。

该种树形优点是利于果园通风透光，保护果实免受日灼伤害。缺点是修剪难度较大，树形不好控制，特别是上层直立枝的控制较麻烦；垂直空间利用得不够，单位面积产量低，在修剪时应注意在主枝、侧枝上合理增加结果枝组的数量，以增加对垂直空间的利用。

四、单主干篱架式（彩图 8-16，彩图 8-17，彩图 8-18）

1. 架形结构

顺树行每隔 2～3 株树立一个"Y"形金属架，"Y"形金属架立杆长 1.6～2.0 m，地下部分埋深 80 cm 左右，地上分叉处高度与石榴树预设主干高度相同或略高，一般 80～90 cm；主干上部左右两侧有"Y"形两个臂，"Y"形两个臂之间的夹角为 120°～140°，"Y"形两个臂长分别为 1.2～1.5 m，每个臂上有等距离的 3～4 个钢缆孔，两个臂间一般需横杆固定加强；在"Y"形两个臂上由上至下顺行向从钢缆孔内穿过扯拉 3～4 道钢缆。先在"Y"形斜杆顶部加装钢缆顺行向固定，然后依次向下从钢缆孔内顺行向扯拉第二道、第三道钢缆，在主干分叉处顺行向也要加装一道钢缆固定。在每株树前后用钢丝把最上部左右钢缆牵引在一起，围绕树体形成方框状网格。在每行树的两端有一个与地面呈 45°角的地锚将顺行向的钢缆斜拉固定。

2. 树形结构

基本形式有两种。

第一种：石榴树定植后，在距地面 70~80 cm 处定干，当年在截口以下 15~20 cm 整形带内萌生数个枝条，选择保留 6~8 个生长健壮枝条，促其延长生长。

待枝条木质化后，将 6~8 个新生枝条均匀分向"Y"形两侧，每侧 3~4 个，将每侧的 3~4 个枝条，尽量向平面分散开，固定在扯拉的钢缆上，根据枝条生长速度，绑固在扯拉的每道钢缆上。

分向两侧的 6~8 个枝条，也就是每侧的 3~4 个枝条，即为主枝，在主枝上直接培养结果枝组，逐步培养成"V"形架面结构。

也可以在每穴呈"V"形定植两株幼苗，定植后在距地面 70~80 cm 处定干，当年在截口以下 15~20 cm 整形带内萌生数个枝条，选择保留 3~4 个生长健壮枝条，促其延长生长。其后续绑缚固定同单主干"Y"形。依靠两株苗的根系吸收地下营养，完成对地上树冠的供应，更有利于石榴树健壮生长。

第二种：石榴树定植后，在距地面 40~60 cm 处定干，在主干上左右两侧分别培养 1~2 个短缩骨干枝，再在骨干枝上分别培养 4~5 个主枝及主枝上的结果枝组，分别牵引固定在左右网格架面和前后牵引线上，上部形成"V"形架面结构。

这是一种新的、先进栽植模式，该树形建造时要求技术较高，也较复杂，但当树形建造完成后，树形管理就较容易。其优点是内膛光照充足，果实生长在枝条和叶幕的下方，太阳光不能直接照射在果实上，不用套袋，也不易发生日灼，有利于生产优质果。

要求园地地势较平坦，以方便架设支架，投资较大。因架设有支架，与一般的果园建设与管理有差别，最好采用水肥一体化技术，方便施肥浇水和果园除草；在幼树期，需要绑缚固定分散开的各主枝，增加了工作量和用工投资；对修剪技术要求也较高，在进行常规修剪同时，"V"形架面内膛特别易生徒长枝，要注意及时抹除，还须注意尽量多地培养结果枝组和结果枝组的更新，以利多结果、结好果。

五、单主干二层开心形

刘保领等总结推荐了一种单主干二层开心形整形修剪技术，结构为第一层主枝下干高 1 m 左右，第一层 3~4 个主枝，第二层 2 个主枝呈开心形，层间距 1.5 m 左右。此树形比自然开心形产量高，比多主干疏层形节约肥力，成形相对较慢，但可以边整形边结果，逐渐整理好树形。其具体整形修剪技术如下。

1. 幼树的修剪

管理上以促为主，增加枝条量，扩大树冠。但要适当控制整形带以下的枝条数量和生长量，此部分枝条只是辅养幼树生长的过渡枝。

2. 初果期树的修剪

初结果树修剪以疏放为主，短截、回缩为辅。结果初期，确定和调整好各个主枝的方位，少开张一点角度，不让主枝结果，保留生长势，剪去病虫枝、细弱枝和密生枝。对于整形带以下、层间距以内未结过果、生长强旺的非主枝性大枝，在5月底和7月下旬分别环剥2次，环剥口宽度为枝条直径的1/8，利用其早结果见效益。初果中后期，随着结果量的增加，树冠、枝干和枝量也增大，内膛光照变差，宜多疏枝，但不能违背在结果的同时整理好树形的原则，在结果的同时培养丰产树形骨架，为盛果期打下良好基础。修剪时首先疏除病虫枝和影响光照与生长的枝，疏除主枝上的背下枝、下垂枝和过密枝，让主枝的生长占有绝对优势。树冠不够大的，适当短截主枝延长头，回缩因结果压下垂和平行的结果枝主轴，直到抬头处。对于第一层主枝以下主干上的枝，分年疏除，第一层和第二层主枝之间的枝逐步疏除，其中少数不影响整形和主枝光照、生长、结果的枝可以晚疏。与此同时，第二层主枝以上的中心领导干也要逐年落头开心。

3. 盛果期树的修剪

盛果初期继续疏除多余的枝，完成落头开心，主枝上配合结果枝组，每株树留5～6个主枝。第一层主枝下干高1 m左右，第一层主枝3～4个，分别向东南、西南、西北、东北方向四斜向生长。开张角度75°左右，层内枝距30 cm左右。株距4 m以内的果园，主枝上一般不配备侧枝，只排列各类结果枝组，突尼斯软籽等枝条较软的品种适当配备侧枝。

（1）第一层主枝。基部30 cm内不留结果枝组，30 cm外的大型结果枝组间距为60 cm左右（软籽品种间距为40 cm左右），开张角度30°～70°，即隔一枝30°、隔一枝70°，主枝两侧的枝组要错位排开。主枝基部和梢端的枝组长度保持在50 cm左右，中部枝组长100 cm左右，枝组基的直径为着生处主侧枝直径的1/3～1/2。主枝上除了配备好的枝组外，适当多留直径0.3～1.0 cm的斜生和直立性中小型结果枝组。疏除背下枝、下垂枝、细弱枝和直立粗旺枝。

（2）第二层主枝。着生方位要根据第一层主枝情况定，第一层有4个主枝的，第二层2个主枝东西方向生长；第二层有3个主枝的，第二层偏南方向的主枝低、偏北方向的主枝高，与第一层主枝交错生长，避免正南正北方向生长，影响果实着色。第二层主枝的长度是第一层主枝长度的1/2左右，开张角度65°左右。主枝基部25 cm以外排列枝组，主枝上的大型结果枝组间隔60 cm左右，主枝两侧的结果枝组不要对生。枝组开张40°～70°，即隔一枝40°、隔一枝70°，长度保持在50 m左右，主枝梢端的枝组长度可稍短一些。枝组直径为着生处主枝直径的1/3～1/2。第二层主枝上除排列好的枝组外，多留的直径0.3～1.0 cm的中小型结果枝组要比第一层主枝上的稀一些。

第六节 常见树形和树体结构

石榴树的栽培树形目前常见的有单干形、双干形、三干形和多干半圆形4种。

一、单干形

每株只留一个主干，干高33 cm左右，在中心主干上按方位分层留3～5个主枝，主枝与中心主干夹角为45°～50°，主枝与中心主干上直接着生结果母枝和结果枝（图8-1）。这种树形枝级数少，层次明显，通风透光好，适合密植栽培，但枝量少，后期更新难度较大（彩图8-19，彩图8-20）。

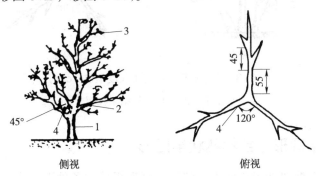

图 8-1 单干形树形结构（长度单位：cm）

1.主干 2.主枝 3.结果枝组 4.夹角

二、双干形

每株留两个主干，干高33 cm，每主干上按方位分层各留3～5个主枝，主枝与主干夹角为45°～50°，2个主干间夹角为90°（图8-2）。这种树形枝量较单干形多，通风透光好，适宜密植栽培，后期能分年度更新复壮（彩图8-21）。

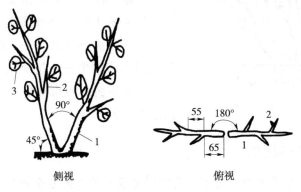

图 8-2 双干形树形结构（长度单位：cm）

1.主干 2.主枝 3.结果枝组

三、三干形

每株留3个主干，每个主干上按方位留3～5个主枝，主枝与主干夹角为45°～50°（图8-3）。这种树形枝量多于单干形和双干形树形，少于丛干形，光照条件较好，适合密植栽培，后期易分年度更新复壮树体（彩图8-22）。

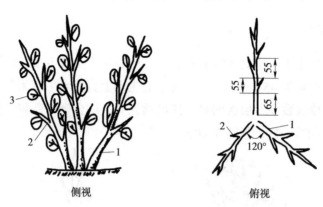

侧视　　　　　　　　俯视

图8-3　三干形树形结构（长度单位：cm）

1.主干　2.主枝　3.结果枝组

四、多干半圆形（自然丛状半圆形）

该树形多在石榴树处于自然生长状态、管理粗放的条件下形成。其树体结构，每丛主干5个左右，每个主干上直接着生侧枝和结果母枝（图8-4），形成自然半圆形。

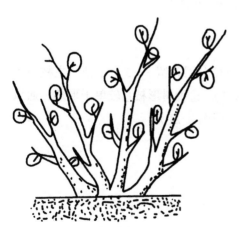

这种树形的优点是老树易更新，逐年更新不影响产量。缺点是干多枝多，树冠内部荫蔽，通风透光不良，内膛易光秃，结果部位外移，有干多枝多不多结果的说法，加强修剪后也可获得较好的经济效益（彩图8-23）。

根据不同树形修剪试验，修剪后的3种树形均优于丛干形。分析其原因，石榴幼树生长旺盛，丛状树形任其生长，根际萌蘖多，大量养分用于萌蘖生长，花少果少；单干形、双干形、三干形树形整形修剪后养分相对集中，所以结果较多。

图8-4　多干半圆形树形结构

五、匍匐扇形树形

新疆产区由于冬季寒冷，为了使石榴树冬季不被冻死安全越冬，采用匍匐栽培方式，入冬前将树体收拢并埋土，翌年春季再扒开埋土（图8-5）。

匍匐栽培的定植方式：采用宽行距小株距开沟密植带状定植，必须按南北走向开定植沟，行距 4～5 m，株距 2.5～3 m。苗木定植时必须倾斜栽植成一条直线，梢南根北，倾斜角度 60°～70°。梢南根北，向南匍匐，是新疆石榴定植必须遵守的原则，好处是向南倾斜栽植可有效地避免午时阳光直射灼伤主枝基部。为便于埋土下压，每穴多苗定植，培养时不留主干，每个单株培养为一个主枝。在苗

图 8-5　匍匐扇形树形结构

木不足时，可进行单苗定植，定植后极低定干或直接平茬，诱促枝条从地面或贴近地面发出，尽量不留主干。

1. 树形特点

（1）匍匐扇形。无主干，全树留 4～5 个主枝，每个主枝培养 2～3 个侧枝，侧枝在主枝两侧交替着生，侧枝间距 30 cm 左右。主枝下部 40 cm 内的分枝和根蘖全部剪除。各主枝与地面以 60°～70° 夹角向正南、东南、西南方向斜伸，呈一个扇面分布，互不交叉重叠。该树形适于密植，株行距（2～3）m×4 m。

（2）双侧匍匐扇形。无主干，全树留 8～10 个主枝，每 4～5 个为一组，共 2 组。一组枝条斜伸向正东、东南及东北方向，另一组枝条反向斜伸向正西、西北及西南方向。主枝与地面夹角呈 60°～70° 夹角，整个树形分为东、西两个扇面，呈蝴蝶半展翅状，故又称"蝶形"整形。每主枝培养 2～3 个侧枝，于两侧交替着生，间距 30 cm。主枝下 40 cm 分枝及地面根蘖除尽。该树形适于（4～5）m×4 m 的株行距。

（3）双层双扇形。双层双扇形的基本树形是将树冠分为两层，第一层由 4～6 个主枝组成，呈扇形分布，各主枝基本分布在与地面呈 30° 的平面上，主枝间保持 20°～30°，主枝上着生一定数量的结果枝组和营养枝。第二层由 3～5 个主枝组成，各主枝分布在与地面呈 60°～70° 的平面上，主枝间夹角为 20°～30°，如果主枝下垂，可用木棒支撑。每个主侧枝上配 3～5 个结果枝组，营养枝按结果枝组的 5～6 倍配置。主枝虽然分布在两个平面上，但枝组可以向四周发展。

2. 整形技术要点

（1）匍匐扇形整形方法。多苗定植（或者单苗定植后进行极低定干），当年加强管理，促其快速生长。翌年以后，从树丛基部选留 4～5 个分布合理的粗壮枝条为主枝，其余的全部从基部剪除。将主枝基部 40 cm 内的分枝清除，这项工作随树龄增长和树冠扩大，须年年进行。保持主枝下部及基部无分枝无根蘖，扩大中上部树冠。每个主枝上培养 2～3 个侧枝，其在主枝上间隔 30～40 cm 交替着生。在定植后的前 2～3 年

主要采用撑枝、拉枝的方法，着重开张主枝间、主侧枝间的角度，保持树体健壮生长，在每年春季出土后至萌芽前对主、侧枝延长头可适当短截，促树冠加快成型。

（2）双侧匍匐扇形整形方法。整形方法与匍匐扇形类似，只是有两个反向扇面，在越冬埋土时也要将石榴树按其主枝伸展方向分两侧埋土。

（3）双层双扇形树形整形方法。需2～3年完成。定植后的当年促其生长，翌年从地表选留4～6个生长健壮的枝条作为主枝来培养，其余的全部从基部剪除，以促发萌蘗、根蘗条产生。夏季选留地表基部萌蘗条、徒长条3～5个，摘心处理，将其余全部清除。第三年出土后将上年选留的3～5个一年生枝作为第二层，将其余4～6个多年生枝作为第一层，进行撑、拉、顶、坠等处理，使它们分处两层。即每株石榴选留7～11个主枝，其余主枝从基部疏除。将倾斜的丛状树冠分为两层，第一层由4～6个主枝组成，各主枝分布在与地面呈30°～40°夹角的平面上；第二层由3～5个主枝组成，各主枝分布在与地面呈60°～70°夹角的平面上；第一层与第二层之间保持30°左右的夹角，同一层的各主枝之间呈15°～20°的夹角，呈扇形分布。每个主枝配置一定数量的结果枝组。夏季及时疏除背上徒长枝、交叉枝、过密枝、病虫枝和根蘗枝，采用短截和摘心等方法培养新枝组。

匍匐栽培石榴，由于主枝倾斜生长，在其根茎部易形成大量的根蘗条，这些根蘗条直立生长，生长势强，生长量大，消耗大量的树体营养和水分，严重影响树体的正常生长发育，在整形修剪过程中，非必要保留的要随时剪除。

新疆冬季气候寒冷，绝对低温低，持续时间长，采用匍匐栽培方式，冬季对石榴树体在10月底至11月中旬进行人工埋土越冬，3月下旬至4月初出土。出土后要及时清理树冠下及树冠基部的余土。树冠基部如有积土，易诱发大量基部萌蘗枝，增加修剪工作量。

第七节　不同树龄石榴树的修剪特点

一、幼树整形修剪（1～5年生）

1. 单干树形

每株只留一个主干。石榴苗当年定植后，选一个直立壮枝于70 cm处截梢"定干"，其余分蘗全部剪除。当年冬剪时在剪口下30～40 cm整形带内萌发的新枝按方位留3～4个，其中剪口下第一个枝选留作中心主干，其余2～3个枝作为主枝，与中心主干夹角45°～50°，其余枝条全部疏除。干高33 cm左右。选留作中心主干的枝在上部50～60 cm处再次剪截。翌年冬剪时将第二次剪口下第一个枝选留作中心主干，以下再选留2～3个枝作第二层主枝。第三、第四年在整形修剪的过程中，除了保持中心主干和各级主侧枝的生长势外，要多疏旺枝，留中庸结果母枝；根际处的萌蘖，结合夏季抹芽、冬季修剪一律疏除。通过上述过程，树形整形基本完成（图8-6）。

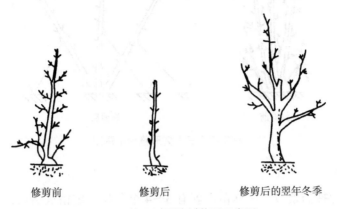

修剪前　　　　　修剪后　　　　　修剪后的翌年冬季

图8-6　单干树形幼树整形示意图

2. 双干树形

每株选留两个主干。石榴苗定植后，选留两个壮枝分别于70 cm处截梢"定干"，其余枝条一律疏除。翌年、第三、第四年的整形修剪方法，分别同单干树形，每个干上按方位角180°选留两层主枝4～5个。两个主干之间要留中小枝，成形干高33 cm左右，主干与地面夹角50°左右，主枝与中心主干夹角45°左右（图8-7）。

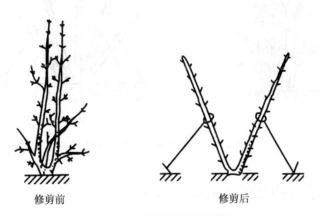

修剪前　　　　　　　　修剪后

图8-7　双干树形整形示意图

3. 三干树形

每株选留3个主干。石榴苗定植后，选3个壮枝分别于70 cm处截梢"定干"，以后的整形修剪方法均同单干树形。每干上按方位角选留两层主枝4～5个，三主干之间内膛多留中小型枝组，成形干高33 cm，主干与地面夹角50°左右，主枝与中心主干夹角45°～50°（图8-8）。

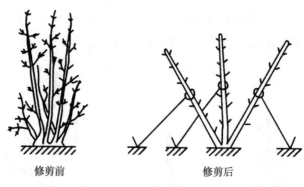

修剪前   修剪后

图 8-8　三干树形整形示意图

4.丛状树形

石榴树多为扦插繁殖，一株苗木就有 3～4 个分枝。定植成活后，任其自然生长，常自根际再萌生大量萌蘖，多达 20 条以上。在 1～5 年的生长过程中，第一年任其生长，在当年冬季或翌年春季修剪，选留 5～6 个健壮分蘖枝作主干，其余全部疏除。以后冬剪疏除再生分蘖和徒长枝，即可形成多主干丛状半圆形树冠（图 8-9）。

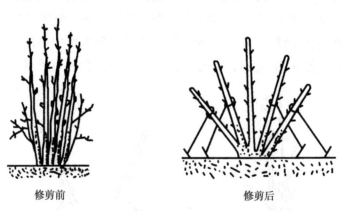

修剪前   修剪后

图 8-9　丛状树形幼树整形示意图

二、盛果期树的修剪（五年生以上）

石榴树 5 年以后逐渐进入结果盛期，树体整形基本完成，树冠趋于稳定，生长发育平衡，大量结果。修剪的主要任务是除去多余的旺枝、徒长枝、过密的内向枝、下垂枝、交叉枝、病虫枝、枯死枝、瘦弱枝等。树冠呈下密上稀、外密内稀、小枝密大枝稀的"三密三稀"状态，内部不空、风光通透，养分集中，以利多形成正常花，多结果，结好果。

石榴的短枝多为结果母枝，对这类短枝应注意保留，一般不进行短截修剪。在修剪时除对少数徒长枝和过旺发育枝用作扩大树冠实行少量短截外，一般均以疏剪为主。

三、衰老期树的修剪与更新改造

石榴树进入盛果期后，随着树龄的增长，结果母枝老化，枯死枝逐渐增多，特别是50～60年生树，树冠下部和内膛光秃，结果部位外移，产量大大下降，结果母枝瘦小细弱，老干糟空，上部焦梢。此期除增施肥水和加强病虫害防治外，每年应进行更新改造修剪。

1. 缩剪衰老的主侧枝

翌年在萌蘖旺枝或主干上发出的徒长枝中选留2～3个，有计划地逐步培养为新的主侧枝和结果母枝，延长结果年限。

2. 一次进行更新改造

第一年冬将全株的衰老主干从地上部锯除；翌年生长季节根际会萌生出大量根蘖枝条，冬剪时从所有的枝条中选出4～5个壮枝作新株主干，其余全部疏除；第三年在加强肥水管理和防病治虫的基础上，短枝可形成结果母枝和花芽；第四年即可开花结果。

3. 逐年进行更新改造

适宜于自然丛干形，主干一般多达5～8个。第一年冬季可从地面锯除1～2个主干；翌年生长季节可萌生出数个萌蘖条，冬季在萌生的根蘖中选留2～3个壮条作新干，余下全部疏除，同时再锯除1～2个老干；第三年生长季节从翌年更新处又萌生数个蘖条，冬季再选留2～3个壮条留作新干，余者疏除。第一年选留的2～3个新干上的短枝已可形成花芽。第三年冬再锯除1～2个老干。第四年生长季节又从更新处萌生数个萌蘖条，冬季选留2～3个萌条作新干。第一年更新后的短枝已开花结果，翌年更新枝已形成花芽。这样更新改造衰老石榴园，分年分次进行，既不绝产，4年又可更新复壮，恢复果园生机。

第八节　伤口保护

石榴树伤口愈合缓慢，修剪以及田间操作造成的伤口如果不及时保护，会严重影响树势，因此修剪过程中一定要注意避免造成过大、过多的伤口。石榴树修剪时要避免"朝天疤"，这类伤口遇雨易引起伤口长期过湿，愈合困难并导致木质部腐烂。

修剪后，一定要处理好伤口，锯枝时锯口茬要平，不可留桩，要防止劈裂，为了避免伤口感染病害，有利于伤口的愈合，必须用锋利的刀将伤口四周的皮层和木质部削平，再用5波美度石硫合剂进行消毒，然后进行保护。常见的保护方法有涂抹油漆、稀泥、地膜包裹等，这些伤口保护方法均能防止伤口失水并进一步扩大，但是在促进伤口愈合方面不如涂抹伤口保护剂效果好，现在已有一些商品化的果树专用伤口保护剂，生产中可选择使用，也可以自己进行配制。

一是液体接蜡，用松香6份、动物油2份、酒精2份、松节油1份配制。先把松香和动物油同时加温化开、搅匀后离火降温，再慢慢地加入酒精、松节油，搅匀装瓶密封备用。

二是松香清油合剂，用松香1份、清油（酚醛清漆）1份配制。先把清油加热至沸，再将松香粉加入拌匀即可。冬季使用应酌情多加清油；热天可适量多加松香。

三是豆油铜素剂，用豆油、硫酸铜、熟石灰各1份配制。先把硫酸铜、熟石灰研成细粉，然后把豆油倒入锅内熬煮至沸，再把硫酸铜、熟石灰加入油内，充分搅拌，冷却后即可使用。

此外，石榴树常因载果量太大造成大枝自基部劈裂，对于这类伤害，应采用支棍进行撑扶，并及时刮平劈裂处，然后用塑料薄膜包裹，促使伤口愈合。劈裂的枝条可以不用紧密绑回原处，让其继续保持劈裂状态，伤口愈合往往较回复到原位置好。

第九章 石榴病虫害综合防治技术

病虫害防治与优质生产关系最为密切，其中化学农药的使用是其中的关键因素之一，药剂种类的选择、使用的浓度、方法和时期，都直接决定了生产的果品是否能够达到优质果品的要求。为此，一方面要对优质果品标准和包括农药残留在内的优质石榴安全卫生指标有一个基本的了解，另一方面应该按照病虫害发生规律，以农业防治和物理防治为基础，生物防治为核心，同时最大限度地合理使用农药，从而有效控制病虫为害，降低果品的农药和其他有害物质残留，为优质石榴生产创造条件。

第一节 优质石榴安全卫生指标

2018 年公布的国家林业行业标准《石榴质量等级》（LY/T 2135—2018）中，明确给出了石榴果品安全指标限量，对石榴果品的农药和有害重金属残留量提出了具体要求。在石榴的优质生产实践中，可以参照这些指标限量、科学合理地使用农药，并对环境或产品进行有效监测，从而确保生产出符合优质食品标准质量要求的石榴产品。

第二节 适宜石榴园使用的农药种类及其合理使用原则

一、适宜石榴园使用的农药种类及使用原则

按农药的毒性，可将其分为高毒、中毒和低毒三类，优质石榴对农药的使用要求是：尽量不用化学农药；若要使用化学农药时，优先采用低毒农药，有限制地使用中毒农药，严禁使用高毒、高残留农药和"三致"（致癌、致畸、致突变）农药。石榴树上允许、有限度使用和禁止使用的主要农药品种介绍如下，供参考。

（一）允许使用的部分农药品种及使用要求

在优质石榴生产中，要根据防治对象的生物学特性和为害特点合理选择允许使用的药剂品种。主要种类如下。

1.植物源杀虫、杀菌素

包括除虫菊素、鱼藤酮、烟碱、苦参碱、植物油、印楝素、苦楝素、川楝素、茴

蒿素、松脂合剂、芝麻素等。

2.矿物源杀虫、杀菌剂

包括石硫合剂、波尔多液、机油乳剂、柴油乳剂、石悬剂、硫黄粉、草木灰、腐必清等。

3.微生物源杀虫、杀菌剂

如 Bt 乳剂、白僵菌、阿维菌素、中生菌素、多氧霉素和农抗 120 等。

4.昆虫生长调节剂

如灭幼脲、除虫脲、氟虫脲、性诱剂等。

5.低毒低残留化学农药

（1）主要杀菌剂。5%菌毒清水剂、70%甲基硫菌灵可湿性粉剂、50%多菌灵可湿性粉剂、40%氟硅唑乳油、1%中生菌素水剂、70%代森锰锌可湿性粉剂、70%乙膦铝·锰锌可湿性粉剂、843 康复剂、15%三唑酮乳油、75%百菌清可湿性粉剂、50%异菌脲可湿性粉剂等。

（2）主要杀虫杀螨剂。1%阿维菌素乳油、10%吡虫啉可湿性粉剂、25%灭幼脲 3 号悬浮剂、50%辛脲乳油、50%蛾螨灵乳油、20%杀铃脲悬浮剂、50%马拉硫磷乳油、50%辛硫磷乳油、5%噻螨酮乳油、20%螨死净悬浮剂、15%哒螨灵乳油、40%蚜灭多乳油、99.1%敌死虫乳油、5%氟虫脲乳油、25%噻嗪酮可湿性粉剂、25%氟啶脲乳油等。

允许使用的化学合成农药每种每年最多使用 2 次，最后一次施药距安全采收间隔期应在 20 d 以上。

（二）限制使用的部分农药品种及使用要求

限制使用的化学合成农药品种主要有 48%哒嗪硫磷乳油、50%抗蚜威可湿性粉剂、25%辟蚜雾水分散粒剂、2.5%三氟氯氰菊酯乳油、20%甲氰菊酯乳油、30%菊马（桃小灵）乳油、80%敌敌畏乳油、50%杀螟硫磷乳油、10%高效氯氰菊酯乳油、2.5%溴氰菊酯乳油、20%氰戊菊酯乳油、40%乐果乳油等。

优质石榴生产中限制使用的农药品种，每年最多使用 1 次，施药距安全采收间隔期应在 30 d 以上。

（三）禁止使用的农药

在优质石榴果品生产中，禁止使用剧毒、高毒、高残留、致癌、致畸、致突变和具有慢性毒性的农药，主要包括以下几种。

（1）有机磷类杀虫剂。甲拌磷、乙拌磷、久效磷、对硫磷、甲基对硫磷、甲胺磷、乙酰甲胺磷、甲基异柳磷、特丁硫磷、甲基硫环磷、治螟磷、内吸磷、氧化乐果、磷胺、灭线磷、硫环磷、蝇毒磷、地虫硫磷、氯唑磷、苯线磷、水胺硫磷、硫线磷、杀扑磷。

（2）氨基甲酸酯类杀虫剂。克百威、涕灭威、灭多威、氟虫胺等。

（3）二甲基甲脒类杀虫剂。杀虫脒。

（4）取代苯类杀虫剂。五氯硝基苯、五氯苯甲醇。

（5）有机氯类杀虫剂。滴滴涕、六六六、毒杀芬、二溴氯丙烷、二溴乙烷、林丹、艾氏剂、狄氏剂、硫丹。

（6）有机氯类杀螨剂。三氯杀螨醇、克螨特。

（7）砷类杀虫、杀菌剂。福美胂、福美甲胂、甲基胂酸锌、甲基胂酸铁铵、福美甲、砷酸钙、砷酸铅。

（8）氟制类杀菌剂。氟化钠、氟化钙、氟乙酰胺、氟铝酸钠、氟硅酸钠、氟乙酸钠。

（9）有机锡类杀菌剂。三苯基醋酸锡、三苯基氯化锡。

（10）有机汞类杀菌剂。氯化乙基汞（西力生）、醋酸苯汞（赛力散）等。

（11）其他禁用的杀虫、杀菌剂。敌枯双、溴甲烷等。

（12）除草剂类。除草醚、草枯醚、氯磺隆、胺苯磺隆、甲磺隆、百草枯、2,4-滴丁酯、草甘膦。

（13）杀鼠剂。毒鼠强、毒鼠硅、磷化钙、磷化镁、磷化锌、甘氟。

（14）国家规定优质水果生产禁止使用的其他农药。

（四）允许和禁止使用的天然植物生长调节剂及使用要求

允许使用的植物生长调节剂及使用要求，如赤霉素类、细胞分裂素类［如苄基腺嘌呤（6-BA）、玉米素等］，要求每年最多使用 1 次，施药距安全采收期间隔应在 20 d 以上。也可使用能够延缓生长、促进成花、改善树体结构、提高果实品质及产量的其他生长调节物质，如乙烯利、矮壮素等。

禁止使用污染环境及危害人体健康的植物生长调节剂，如比九（B$_9$）、萘乙酸、2,4-二氯苯氧乙酸（2,4-D）等。

二、科学合理使用农药

为了减轻农药的污染，应科学合理使用农药。

1. 对症施药

根据田间的病虫害种类和发生情况选择农药，防治病害以保护性杀菌剂为基础。

2. 适时施药

根据预测预报和病虫害的发生规律，确定使用药剂的最佳时期。喷药次数，要根据药剂的残效期和病虫害发生程度而定，不要随意提高用药剂量、浓度和次数，应从改进施药方法和喷药质量方面来提高药剂的防治效果。

3. 使用农药要喷布均匀周到

选择合适的药械和使用方法，保证使用的农药准确、均匀、到位。

4. 严格按照农药的使用剂量使用农药

应严格控制农药的施用量，在有效的浓度范围内，尽量用低浓度的药剂进行防治。

同一种类的允许使用的药剂：一般保护性杀菌剂可以使用3~5次；具有内吸性和渗透作用的农药可以使用1~2次，最好只使用1次；杀虫剂可以使用1~2次，最好使用1次。

5.严格按农药的安全间隔期使用农药

允许使用的农药品种，禁止在采收前20 d内使用。限制使用的农药禁止在采收前30 d内使用。如果出现特殊情况，需要在采收前安全间隔期内使用农药，必须在植保专家指导下采取措施，确保食品安全。

6.严格对使用农药的安全管理

每个生产者必须对石榴园中使用农药的时间、农药名称、使用剂量等进行严格、准确的记录。

7.严格农药登记

严格按国家有关部门核准登记的农药化合物范围内使用农药，严禁使用未经国家有关部门核准登记的农药化合物。

第三节　病虫草害无害化综合防治

一、病虫草害防治的基本原则

病虫草优质防治的基本原则是综合利用农业的、生物的、物理的防治措施，创造不利于病虫草害发生而有利于各类自然天敌繁衍的生态环境，通过生态技术控制病虫草害的发生。优先采用农业防治措施，本着"防重于治""农业防治为主，化学防治为辅"的优质防治原则，选择合适的可抑制病虫害发生的耕作栽培技术，平衡施肥、深翻晒土、清洁果园等一系列措施控制病虫草害的发生。尽量利用灯光、色彩、性诱剂等诱杀害虫，采用机械和人工以及热消毒、隔离、色素引诱等物理措施防治病虫害。病虫草害一旦发生，需采用化学方法进行防治时，注意严禁使用国家明令禁止使用的农药、果树上不得使用的农药，并尽量选择低毒低残留、植物源、生物源、矿物源农药。

二、病虫草害防治的基本措施

（一）生态调控

生态调控是根据农业生态环境与病虫发生的关系，通过改善和改变生态环境，调整品种布局，充分应用品种抗病、抗虫性以及一系列的栽培管理技术，有目的的改变果园生态系统中的某些因素，使之不利于病虫草害的流行和发生，达到控制病虫草为害，减轻灾害程度，获得优质、安全的果品的目的。农业防治方法是果园生产管理中的重要部分，不受环境、条件、技术的限制，虽不如化学防治那样能够直接、迅速地杀死病虫草，却可以长期控制病虫草害的发生，大幅度减少化学药剂的使用量，有利于果园长期的可持续发展。

1. 植物检疫

植物检疫是贯彻"预防为主、综合防治"的重要措施之一，即凡是从外地引进或调出的苗木、种子、接穗、果品等，都应进行严格检疫，防止危险性病虫草害的扩散。

2. 清理果园，减少病原

果园中多数病虫在病枝或残留在园中的病叶、病果上越冬、越夏，及时清理果园，可以破坏病虫越冬的潜藏场所和条件，有效地减少病害侵染源，降低害虫发生基数，可以很好地预防病害的流行和虫害的发生。秋季或早春清扫枯枝落叶，集中高温堆沤，可消灭其中越冬病菌和害虫。结合修剪，剪除病虫枝条、病芽，摘除病虫果、叶，剪除病虫枝条可以有效地防治天牛类、刺蛾类、食心虫、介壳虫等。对于病虫株残体和落在地面上的病虫果，应及时清除并高温堆沤或深埋，可以大大减少病虫的传播与为害。此外，及时清除田间杂草，不但减少了杂草种子在果园的残留，亦可以大大减少害虫寄生的机会。

3. 合理整形修剪，改善果园通风透光条件

果园在密闭条件下病虫害发生严重，过于茂盛的枝叶常成为小型昆虫繁衍的有利场所。合理整形修剪，使树体枝组分布均匀，改善了树冠内通风透光条件，可以有效地控制病虫害的发生。

4. 科学施肥，合理灌溉

加强肥水管理对提高树体抵抗病虫害能力有明显的效果，特别是对具有潜伏侵染特点的病害和具有刺吸口器害虫的抵抗作用尤其明显。施肥种类及用量与病虫害发生有密切关系，不要过量施用氮肥，避免引起枝叶徒长，树冠内郁闭，而诱发病虫害发生。厩肥堆积过多，常成为蝇、蚊、蛴螬等土栖昆虫的栖息繁殖场所。因此，提倡配方施肥、平衡施肥、多施充分腐熟的有机肥、增施磷钾肥，以提高植株抗病性，增强土壤通透性，改善土壤微生物群落，提高有益微生物的生存数量，并保证根系发育健壮。此外，减少氮肥，增施磷钾肥，能增强树体对病害侵染的抵抗力。

果园湿度过大，易导致真菌类病害疫情的发生，湿度越大，病害越重。而果树生长中后期灌水过多，易使果树贪青徒长，枝条发育不充实，冬季抵抗冻害的能力差。因此，果园浇水应尽量避免大水漫灌，以免造成园内湿度过大，诱发病害发生，宜尽量采用滴灌等节水措施。利用滴灌技术、覆盖地膜技术可以有效地控制园内空气湿度，防止病害的发生。遇大雨后应及时排水，避免影响果树生长和降低抵抗病虫害能力。

5. 刮树皮，刮涂伤口，树干涂白

为害果树的多种害虫的卵、蛹、幼虫、成虫，以及多种病菌孢子隐居在树体的粗翘皮裂缝里休眠越冬，而病虫越冬基数与翌年为害程度密切相关，应刮除枝、干上的

粗皮、翘皮和病疤，铲除腐烂病、干腐病等枝干病害的菌源，同时还可以促进老树更新生长。刮皮一般以入冬时节或翌年早春 2 月进行，不宜过早或过晚，以防止树体遭受冻害以及失去除虫治病的作用。幼龄树要轻刮，老龄树可重刮。操作动作要轻，防止刮伤嫩皮及木质部，影响树势。一般以彻底刮去粗皮、翘皮，不伤及白颜色的活皮为限。刮皮后，皮层集中烧毁或深埋，然后用石灰水涂白剂，在主干和大枝伤口处进行涂白，既可以杀死潜藏在树皮下的病虫，还可以保护树体不受冻害。石灰涂白剂的配制材料和比例：生石灰 10 kg，食盐 150～200 g，面粉 400～500 g，加清水 40～50 kg，充分溶化搅拌后刷在树干伤口处，以不流淌、不起疙瘩为度。由虫伤或机械伤引起的伤口，是最容易感染病菌和害虫喜欢栖息的地方，应将腐皮朽木刮除，用刀削平伤口后，涂上 5 波美度石硫合剂或波尔多液消毒，促进伤口早日愈合。

6. 刨树盘

刨树盘是果树管理的一项常用措施，该措施既可起到疏松土壤、促进果树根系生长作用，还可将地表的枯枝落叶翻于地下，将土中越冬的害虫翻于地表。

7. 树干绑缚草绳，诱杀多种害虫

不少害虫喜在主干翘皮、草丛、落叶中越冬，利用这一习性，于果实采收后在主干分枝以下绑缚 3～5 圈松散的草绳，诱集消灭害虫。可用稻草或谷草、棉秆皮拧成草绳，绑缚要松散，以利于害虫潜入。

8. 人工捕虫

许多害虫有群集和假死的习性，如多种金龟子有假死性和群集为害的特点，可以利用害虫的这些习性进行人工捕捉。再如黑蝉若虫可食，在若虫出土季节，可以发动群众捕而食之。

9. 园内种植诱集作物，诱集害虫集中为害而消灭

利用桃蛀螟、桃小食心虫对玉米、高粱趋性更强的特性，园内种植玉米、高粱等，诱其集中为害而消灭。

10. 园内放养鸡、鸭等家禽，啄食害虫，减轻为害

（二）理化诱控

根据害虫的生活习性而采取的物理的、生物化学的方法防治害虫技术。

1. 灯光诱杀

（1）黑光灯诱杀。常用 20W 或 40W 黑光灯管做光源，在灯管下接一个水盆或一个广口瓶，瓶中放些毒药，以杀死掉入的害虫。此法可诱杀晚间出来活动的害虫，如桃蛀螟、黄刺蛾、茎窗蛾成虫等。

（2）频振式杀虫灯。利用大多数害虫晚上有趋光的特性，运用光、波、色、味 4 种诱杀方式杀灭害虫，它的主要元件是频振灯管和高压电网，频振灯管能产生特定频率的光波，引诱害虫靠近，高压电网缠绕在灯管周围能将飞来的害虫杀死或击昏，即近距离用光、远距离用波、黄色光源、性信息等原理设计的杀虫灯，以达到防治害虫

的目的。

频振式杀虫灯使用方法：可利用路两旁的电线杆或吊挂在牢固的物体上。每30～50（亩）一盏灯，灯间距离180～200 m，离地面高度1.5～1.8 m，呈棋盘式分布，挂灯时间为5月初至10月下旬。接通电源，按下开关，指示灯亮即进入工作状态。

2. 糖醋液诱杀

许多成虫对糖醋液有趋性，因此，可利用该习性进行诱杀。方法是在成虫发生的季节，将糖醋液盛在水碗或水罐内制成诱捕器，将其挂在树上，每天或隔天清除死虫。糖醋液的制备方法：酒、水、糖、醋按1：2：3：4的比例，放入盆中，盆中放几滴农药，并不断补足糖醋液。

3. 粘虫板诱杀害虫

利用昆虫的趋黄性诱杀害虫，可防治潜蝇成虫、粉虱、蚜虫、叶蝉、蓟马等小型昆虫；而蓝色板诱杀叶蝉效果更好，配以性诱剂可诱杀多种害虫的成虫。

粘虫板制作方法：购买粘虫纸，或用柠檬黄色塑料板、木板、硬纸箱板等材料，大小约20 cm×30 cm，先在板两面涂抹柠檬黄色油漆后，再均匀涂上一层粘虫胶或黄油、机油即可。

挂板方法及时间：于4月初至10月下旬挂板。田间用竹（木）细棍支撑固定，每亩均匀插挂20块黄板，呈棋盘式分布，高度比植株稍高，太高或太低效果均较差。当纸或板上粘虫面积占板表面积的60%以上时更换，板上胶不黏时及时更换。为保证自制黄板的黏着性，需1周左右重新涂1次。悬挂方向以板面东西方向为宜。

4. 树干缠粘虫带

利用害虫在树干上爬行，上树为害、下树栖息或化蛹等习性，在树干上缠普通塑料胶带或缠上涂有粘虫胶、黄油、机油的塑料胶带，设置阻截障碍，达到杀灭害虫的目的，对防治尺蠖类害虫及一些频繁上下树的害虫防治效果很好，既减少了用药，又避免了对人、益虫、鸟类、环境造成的为害和污染。

5. 涂捕虫圈

用捕虫胶在树干与树权交界处，涂一圈，宽3～4 cm，捕杀天牛效果好。

天牛产卵前在树的枝干多次来回爬行找适宜产卵的地方。一般选择斜着向上光滑部位，用嘴扒开树皮长约1.5 cm，宽约0.8 cm的小穴，将一粒卵产入，再用树皮盖住，产一粒卵换一个地方。在树干上涂几道捕虫圈，对捕杀天牛的效率非常高。有利将天牛等害虫消灭在产卵之前，使林果类树体少受为害。

6. 高浓度虫胶、粘鼠板捕鼠

鼠害重的果园在老鼠经常出没走道上，放置粘鼠板或摊一小块高浓度虫胶，又不引起老鼠注意。老鼠通过时踩上就被粘住。

7. 防虫网

通过覆盖在棚架上的防虫网，构建人工隔离屏障，将害虫拒之网外，切断害虫传播途径，有效控制保护地各类害虫的发生为害和与害虫传播有关的病害发生，减少了果园化学农药的施用，并具有抵御暴风、雨冲刷和冰雹侵袭等自然灾害的功能，是一种简便、科学、有效的防虫、防病措施。防虫网的孔径以 20～32 目为宜，好的防虫网，正确使用和保管可利用 3～5 年。

8. 性外激素诱杀

昆虫性外激素是由雌成虫分泌的用以招引雄成虫来交配的一类化学物质。通过人工模拟其化学结构合成的昆虫性外激素已经进入商品化生产阶段。性外激素已明确的果树害虫种类有 30 多种。目前国内外应用的性外激素捕获器类型有五大类 20 多种，如黏着型、捕获型、杀虫剂型、电击型和水盘型。我国在果树害虫防治上已经应用的有桃蛀螟、桃小食心虫、桃潜蛾、梨小食心虫、苹果小卷叶蛾、苹果褐卷叶蛾、梨大食心虫、金纹细蛾等昆虫的性外激素。捕获器的选择要根据害虫种类、虫体大小、气象因素等，确定捕获器放置的地点、高度和用量。

（1）利用性外激素诱杀。在果园放置一定数量的性外激素诱捕器，能够诱捕到雄成虫，导致雌、雄成虫的比例失调，减少了自然界雌、雄虫交配的机会，从而达到治虫的目的。

（2）干扰交配（成虫迷向）。在果园内悬挂一定数量的害虫性外激素诱捕器诱芯，作为性外激素散发器。这种散发器不断地将昆虫的性外激素释放到田间，使雄成虫寻找雌成虫的联络信息发生混乱，从而失去交配的机会。在果园的试验结果表明，在每亩栽植 110 株果树的情况下，每株树上挂 3～5 个桃小食心虫性外激素诱芯，能起到干扰成虫交配的作用。打破害虫的生殖规律，使大量的雌成虫不能产下受精卵，从而极大地降低幼虫数量。

9. 水喷法防治

在果树休眠期（11 月中下旬）用压力喷水泵喷枝干，喷到流水程度，可以消灭在枝干上越冬的介壳虫。

10. 果实套袋

果实套袋栽培是近几年我国推广的优质果品技术。果实套袋后，既能增加果实着色、提高果面光洁度、减少裂果，还能防止病菌和害虫直接侵染果实，减少农药在果品中的残留。目前国内用于果实套袋用袋按材质分主要有塑料薄膜袋、白色木浆纸袋、无纺布袋、双层纸袋等。

（三）生物防治

运用有益生物防治果树病虫害的方法称为生物防治法。生物防治是进行优质石榴生产有效防治病虫害的重要措施。在果园自然环境中有 400 多种有益天敌昆虫资源和促使石榴害虫致病的病毒、真菌、细菌等微生物。保护和利用这些有益生物，是开展石榴病虫害优质治理的重要手段。生物防治的特点是不污染环境，对人、畜安全无害，无农药残留问题，符合果品优质生产的目标，应用前景广阔。但该技术难度比较大，研究和开发水平比较低，目前应用于防治实践的有效方法还较少。各果园可以因地制宜，选择适合自己的生物防治方法，并与其他防治方法相结合，采取综合治理的原则防治病虫害。

1. 利用天敌昆虫防治虫害

害虫天敌分为寄生性天敌和捕食性天敌两大类。寄生性天敌昆虫是将卵产在害虫寄主的体内或体表，其幼虫在寄主体内取食并发育，从而引起害虫的死亡。如寄生卷叶虫的中国齿腿姬蜂、螟蛉瘤姬蜂、纵卷叶螟绒茧蜂；寄生梨小食心虫的梨小绒茧蜂、喜马拉雅聚瘤姬蜂；寄生潜叶蛾、刺蛾的刺蛾紫姬蜂、潜叶蛾伲姬小蜂等寄生蜂类。寄生鳞翅目害虫幼虫和蛹的寄生蝇类，如寄生梨小食心虫的稻苞虫鞘寄蝇、日本追寄蝇；寄生天幕毛虫的天幕毛虫抱寄蝇、普通怯寄蝇等。

捕食性天敌昆虫靠直接取食猎物或刺吸猎物体液来杀死害虫，致死速度比寄生性天敌快得多。如捕食叶螨类的深点食螨瓢虫（北方）、束管食螨瓢虫（南方）、大草蛉、中华通草蛉、食蚜瘿蚁等；捕食介壳虫的黑缘红瓢虫、红点唇瓢虫等。此外，还有螳螂、食蚜蝇、食虫蝽象、胡蜂、蜘蛛等多种捕食性天敌，抑制害虫的作用非常明显。我国常见的天敌昆虫有如下几种。

（1）瓢虫。为鞘翅目瓢虫科昆虫。常见的有七星瓢虫、小红瓢虫和异色瓢虫。均捕食蚜虫和介壳虫，其食量很大，如异色瓢虫的 1 龄幼虫每天捕食桃蚜数量为 10～30 头，4 龄幼虫为每天 100～200 头，成虫食量更大。而深点食螨瓢虫能捕食果树、蔬菜、花卉及林木等多种螨类的成虫、若虫和卵。它的成虫和幼虫发生时期长，世代重叠，食量大，对果树上的螨类有较好的控制作用。

（2）草蛉（草青蛉）。分布广，种类多，食性杂。我国常见的有 10 余种，其中主要是中华草蛉、大草蛉、丽草蛉等。草蛉的捕食范围包括蚜虫、叶蝉、介壳虫、蓟马、蛾类和叶甲类的卵、幼虫以及螨类。中华草蛉一年发生 6 代左右，在整个幼虫期的捕食量为棉蚜 500 多头，棉铃虫卵 300 多粒，棉铃虫幼虫 500 多头，棉红蜘蛛 1 000 多头，斜纹夜蛾 1 龄幼虫 500 多头，还有其他害虫的幼虫，由此可见中华草蛉控制害虫的重要作用。

（3）蜘蛛。种类多，种群的数量大。寿命较长，小型蜘蛛半年以上，大型蜘蛛可达多年。蜘蛛抗逆性强，耐高温、低温和饥饿。为肉食性动物，专食活体。蜘蛛分结网和不结网两类，前者在地面土壤间隙作穴结网，捕食地面害虫；后者在地面游猎捕食地面和地下害虫，也可从树上、植株、水面或墙壁等处猎食。蜘蛛捕食的害虫种类很多，是许多害虫如蚜虫、花弄蝶、毛虫类、椿象、大青叶蝉、飞虱、斜纹夜蛾等的重要天敌。

（4）食蚜蝇。主要捕食果树蚜虫，也能捕食叶蝉、介壳虫、蛾蝶类害虫的卵和初龄幼虫。其成虫颇似蜜蜂，喜取食花粉和花蜜。黑带食蚜蝇是果园中较常见的一种，一年发生 4～5 代，幼虫孵化后即可捕食蚜虫，每头幼虫每天可捕食蚜虫 120 头左右，整个幼虫期可捕食 840～1 500 头蚜虫。

（5）捕食螨。捕食螨又叫肉食螨，是以捕食害螨为主的有益螨类。我国有利用价值的捕食螨种类有东方钝绥螨、拟长毛钝绥螨、植绥螨等。在捕食螨中以植绥螨最为理想，它捕食凶猛，具有发育周期短、捕食范围广、捕食量大等特点，1 头雌螨能消灭 5 头害螨在半月内繁殖的群体，同时还捕食一些蚜虫、介壳虫等小型害虫。

（6）食虫蝽象。食虫蝽象是指专门吸食害虫的卵汁或幼（若）虫体液的蝽象，为益虫。它与有害蝽象的区别：有害蝽象有臭味，而食虫蝽象大多无臭味。食虫蝽象是果园害虫天敌的一大类群，主要捕食蚜虫、叶螨、蚧类、叶蝉、蝽象以及鳞翅目害虫的卵及低龄幼虫等，如桃小食心虫的卵。

（7）螳螂。螳螂是多种害虫的天敌，食性很杂，可捕食蚜虫类、桃小食心虫、蛾蝶类、甲虫类、椿象类等 60 多种害虫，自春至秋田间均有发生。1 只螳螂一生可捕食害虫 2 000 头。

保护和利用天敌昆虫可以采用以下措施。

①天敌的人工大量繁殖和释放：一般情况下，仅靠自然天敌难以将害虫控制在经济受害水平以下。因此，对重要害虫的有效天敌进行室内人工大量繁殖，然后释放到果园中是害虫生物防治的重要途径。由于害虫天敌种类较多，繁殖技术较高，目前已经实验成功可以利用的如中华通草蛉、捕食螨类以及多种寄生蜂。

②创造天敌的自繁数量，如人工设置天敌的越冬场所，种植蜜源植物，为一些食蚜蝇、寄生蜂类提供花蜜和花粉，提高其产卵率，注意化学药剂的喷药量和喷药时期，尽量避免杀死害虫的同时也杀死天敌昆虫。

2.利用食虫鸟类防治虫害

鸟类在农林生物多样性中占有重要地位，它与害虫形成相互制约的密切关系，是害虫天敌的重要类群。我国以昆虫为主要食料的鸟约有 600 种，如大山雀、大杜鹃、大斑啄木鸟、灰喜鹊、家燕、黄鹂等。鸟类捕食害虫的种类很多，主要有叶蝉、叶蜂、蛾类幼虫等，果园内所有害虫都可能被取食，对控制害虫种群作用很大。

（1）大山雀。山区、平原均有分布，它可捕食果园内多种害虫，如桃小食心虫、天牛幼虫、天幕毛虫幼虫、叶蝉以及蚜虫等。1 头大山雀 1 d 捕食害虫的数量相当于自身体重，在大山雀的食物中，农林害虫数量约占 80%。

（2）大杜鹃。杜鹃在我国分布很广，以取食大型害虫为主，特别喜食一般鸟类不敢啄食的毛虫，如刺蛾等害虫的幼虫，1 头成年杜鹃 1 d 可捕食 300 多头大型害虫。

（3）大斑啄木鸟。啄木鸟主要捕食鞘翅目害虫、椿象、茎窗蛾蛀干幼虫等。啄木鸟食量很大，每天可取食 1 000～1 400 头害虫幼虫。

（4）灰喜鹊。灰喜鹊可捕食金龟子、刺蛾、蓑蛾等 30 余种害虫，1 只灰喜鹊全年可吃掉 1.5 万头害虫。

保护鸟类的措施有禁止破坏鸟巢、杀死鸟卵和幼雏；禁止人为捕猎、毒害鸟类，可以人工为鸟类设置木板箱等居住场所吸引鸟类；避免频繁使用广谱性杀虫剂，以免误伤鸟类；人工饲养和驯化当地鸟类，必要时可操纵其治虫。

3.利用寄生性昆虫类防治虫害

寄生性昆虫又称为天敌昆虫，数量最多的是寄生蜂和寄生蝇。其特点是以雌成虫产卵于寄主（昆虫或害虫）体内或体外，以幼虫取食寄主的体液摄取营养，直到将寄主体液吸干死亡。而它的成虫则以花粉、花蜜等为食或不取食。除了成虫以外，其他虫态均不能离开寄主而独立生活。

（1）赤眼蜂。是一种寄生在害虫卵内的寄生蜂，体型很小，眼睛鲜红色，故名赤眼蜂。它能寄生400余种昆虫卵，尤其喜欢寄生鳞翅目昆虫卵，如果树上的梨小食心虫、刺蛾等，是果园中的一种重要天敌。赤眼蜂的种类很多，果树上常见的有松毛虫赤眼蜂等。

在自然条件下，华北地区1年可发生10～14代，每头雌蜂可繁殖子代40～176头。利用松毛虫赤眼蜂防治果园梨小食心虫，每亩放蜂量8万～10万头，梨小食心虫卵寄生率为90%，虫害明显降低，其效果明显好于化学防治。

（2）蚜茧蜂。是一种寄生在蚜虫体内的重要天敌。蚜茧蜂在4—10月均有成虫发生，但以6—9月寄生率较高，有时寄生率高达80%～90%，对蚜虫种群有重要的抑制作用。

（3）甲腹茧蜂。寄主为桃小食心虫，寄生率一般可达25%，最高可达50%。

（4）跳小蜂和姬小蜂。旋纹潜叶蛾的主要天敌，均在寄主蛹内越冬。寄生率可达40%以上。

（5）寄生蝇。是果园害虫幼虫和蛹期的主要天敌，如卷叶蛾鞘寄蝇寄主为梨小食心虫。

（6）姬蜂和茧蜂。可寄生多种害虫的幼虫和蛹。石榴树上主要有桃小食心虫白茧蜂和斑翅马尾姬蜂。

4.利用病原微生物防治病虫害

（1）利用病原微生物防治害虫。在自然界中，有一些病原微生物，如细菌、真菌、病毒、线虫等，在条件合适时能引发流行病，致使害虫大量死亡。利用病原微生物防治虫害主要有细菌、真菌、病毒三大类制剂。目前比较实用的制剂是可防治刺蛾类低龄幼虫的苏云金杆菌和防治卷叶蛾、食心虫、刺蛾、天牛的白僵菌等。

（2）利用病原微生物防治病害。主要是利用某些真菌、细菌和放线菌对病原菌的杀灭作用防治病害。目前国外已制成对部分病原微生物有抑制作用的微生物产品，如美国生产的防治根癌病的放射性土壤杆菌菌系K84，应用广泛效果显著。国内也已分离了一些菌株。在土壤中多施用有机肥，促进多种天然存在的抗生菌的大量繁殖，可以有效的防治果树根系病害，也是利用病原微生物防治病害的可行措施。

目前国内应用病原微生物防治病虫害的制剂主要有以下几种。

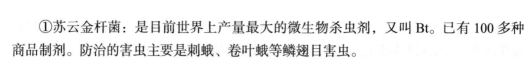

①苏云金杆菌：是目前世界上产量最大的微生物杀虫剂，又叫 Bt。已有 100 多种商品制剂。防治的害虫主要是刺蛾、卷叶蛾等鳞翅目害虫。

②白僵菌制剂：白僵菌是虫生真菌，对桃小食心虫的自然寄生率可达 20%～60%。据调查，用白僵菌高效菌株 B-66 处理地面，可使桃小食心虫出土幼虫大量感病死亡，幼虫僵死率达 85.6%，同时还可显著降低蛾、卵数量。

③病原线虫：其特点是能离体大量繁殖，在有水膜的环境中能蠕动寻找寄主，能在 1～2 d 内致死寄主。已成功防治的害虫有桃红颈天牛、桃小食心虫等，对鳞翅目幼虫尤为有效。

使用方法：昆虫病原杀虫剂的活性部分是活体线虫，要求在 10℃低温下存放。使用时按线虫的剂量要求兑水喷施即可。

5. 利用昆虫激素防治害虫

利用昆虫激素防治害虫主要采取预防策略，在害虫发生早期使用。对害虫相对简单的关键害虫，以及对世代较长、单食性、迁移性小、有抗药性、蛀茎蛀果害虫更为有效。昆虫激素主要有保幼激素、蜕皮激素、性信息激素三大类，前两者属于内激素，后者属于外激素，保幼激素的杀虫机理是通过阻止幼虫的正常转变形态，如使幼虫期延长或不能变为蛹，或者导致害虫的不育。蜕皮激素是调节昆虫的蜕皮和变态机制，使之不能完成幼虫到成虫的老化过程，生长发育异常而死亡。利用性外激素不仅可以诱杀成虫、干扰交尾，还可以根据诱虫时间和诱虫量指导害虫防治，提高防治质量。例如，用桃小性信息素橡胶芯载体，制成水碗式诱捕器悬挂在石榴园内，诱杀雄蛾，1 个诱捕器一晚上诱捕雄蛾量可达 100 头以上。

（四）化学防控

使用化学药剂防治病虫害具有作用迅速、见效快、方法简便的特点，在现阶段果品生产中仍然具有不可替代的作用。然而化学药剂的长期使用，存在着引起害虫抗性、污染环境、减少物种多样性、在果品中残留有危害人类健康有毒物质等多方面的副作用。尤其随着人民生活水平的提高，消费者越来越注重食品安全问题的今天，科学合理、正确的使用化学药剂生产优质果品日益受到重视。

优质果品生产并非完全禁止使用化学药剂，使用时应当遵守有关优质果品生产操作规程和农药使用标准，合理选择农药种类，正确掌握用药量。加强病虫测报工作，经常调查病虫发生情况，选择有利时机适时用药。选择对人、畜安全、不伤害天敌、不污染环境、同时又可以有效杀死病虫害的农药品种。严禁使用一切汞制剂农药以及其他高毒、高残留、致畸、致癌、致残农药，严禁使用未取得国家农药管理部门登记和没有生产许可证的农药。

第四节　石榴病害识别与防治

一、石榴干腐病

在国内各产区均有发生，除为害干枝外，也为害花器、果实，是石榴的主要病害，常造成整枝、整株死亡。

1. 症状与发生

干枝发病初期皮层呈浅黄褐色，表皮无症状。以后皮层变为深褐色，表皮失水干裂，变得粗糙不平，与健部区别明显。条件适合，发病部位扩展迅速，形状不规则，后期病部皮层失水干缩，凹陷，病皮开裂，呈块状翘起，易剥离，病症渐深达木质部，直至变为黑褐色，终使全树或全枝逐渐干枯死亡。而花果期于5月上旬开始侵染花蕾，以后蔓延至花冠和果实，直至一年生新梢。在蕾期、花期发病，花冠变褐，花萼产生黑褐色椭圆形凹陷小斑。幼果发病首先在表面发生豆粒状大小不规则浅褐色病斑，逐渐扩为中间深褐、边缘浅褐的凹陷病斑，再深入果内，直至整个果实变褐腐烂。在花期和幼果期严重受害后造成早期落花落果；果实膨大期至初熟期，则不再落果，而干缩成僵果悬挂在枝梢。僵果果面及隔膜、籽粒上着生许多颗粒状的病原菌体。石榴干腐病的发生与树势、品种、管理水平、气候条件有关，树势健壮、管理水平高的果园发病轻；高温高湿、密度大的果园易发病。河南产区蜜露软籽、蜜宝软籽抗病性较好（彩图9-1，彩图9-2）。

2. 病原菌

属半知菌类球壳孢目真菌。主要以菌丝体或分生孢子在病果、果台、枝条内越冬，其中果皮、果台、籽粒的带菌率最高。翌年4月中旬前后，越冬僵果及果台的菌丝产生分生孢子是当年病菌的主要传播源，发病季节病原菌随雨水从寄主伤口或皮孔处侵入。温度决定发病的早晚，发病温度为12.5～35℃，最适温度为24～28℃。雨水和相对湿度增加加速了病原菌的传播为害速度，相对湿度95%以上时孢子萌发率99%；相对湿度在90%时萌发率不减，但萌发速度变慢；相对湿度小于90%时几乎不萌发。7—8月在高温多雨及蛀果或蛀干害虫的作用下，加速了病情的发展。

3. 防治方法

石榴干腐病是果实的主要病害，应实行防重于治、早防治的原则。

（1）选育和发展抗病品种，如蜜露软籽、蜜宝软籽、青皮软籽等。

（2）冬春季节结合消灭桃蛀螟越冬虫蛹，搜集树上树下干僵病果烧毁或深埋，辅以刮树皮、石灰水涂干等措施减少越冬病源，还可起到树体防寒作用。

（3）坐果后套袋和及时防治桃蛀螟，可减轻该病害发生。

（4）药剂防治。从3月下旬至采收前15 d，喷洒1∶1∶160的波尔多液或40%多菌灵胶悬剂500倍液，或50%甲基硫菌灵可湿性粉剂800～1 000倍液4～5次，防治率可达63%～76%。黄淮地区以6月25日至7月15日的幼果膨大期防治果实干腐病效果最好。休眠期喷洒3～5波美度石硫合剂。

二、石榴褐斑病

在石榴分布区均有发生。主要为害果实和叶片，重病果园的病叶率达90%～100%，8—9月大量落叶，树势衰弱，产量锐减。尤其严重影响果实外观，从而降低了商品价值。其为害程度与品种、土肥水管理、树体通风透光条件和年降水量等有密切关系。

1. 症状与发生

叶片感染初期为黑褐色细小斑点，逐步扩大呈圆形、方形、多角形不规则的1～2 mm小斑块。果实上的病斑形状与叶片的相似，但大小不等，有细小斑点和直径1～2 cm的大斑块，重者覆盖1/3～1/2的果面。在青皮类品种上病斑呈黑色，微凹状，有色品种上病斑边缘呈浅黄色（彩图9-3，彩图9-4）。

2. 病原菌

属半知菌类的石榴尾孢霉菌。菌丝丛灰黑色，在25℃时生长良好。于4月下旬开始产生分生孢子，靠气流传播。5月下旬开始发病，侵染新叶和花器。黄淮地区7月上旬至8月末降水量集中的雨季是发病的高峰期，秋季继续侵染，但病情减弱，10月下旬叶片进入枯黄季节则停止侵染蔓延，11月上旬随落叶进入休眠期。

3. 防治方法

在落叶后至翌年3月清除园内落叶，摘除树上病果、僵果、枯叶深埋或烧毁，达到清除越冬病源的目的。药物防治同石榴干腐病。

三、石榴果腐病

在国内各石榴产区均有发生，一般发病率20%～30%，尤以采收后、贮运期间病害的持续发生造成的损失严重。

1. 症状与发生

由褐腐病菌侵染造成的果腐，多在石榴近成熟期发生。初在果皮上生淡褐色水浸状斑，迅速扩大，以后病部出现灰褐色霉层，内部籽粒随之腐坏。病果常干缩成深褐色至黑色的僵果悬挂于树上不脱落。病株枝条上可形成溃疡斑。

由酵母菌侵染造成的发酵果也在石榴近成熟期出现，贮运期可进一步发生。病果初期外观无明显症状，仅局部果皮微现淡红色。剥开带淡红色部位可见果瓤变红，籽粒开始腐败，后期整果内部腐坏并充满红褐色带浓香味浆汁。用浆汁涂片镜检可见大量酵母菌。病果常迅速脱落。

自然裂果或果皮伤口处受多种杂菌（主要是青霉和绿霉）的侵染，由裂口部位开始腐烂，直至全果，阴雨天气尤为严重。

果腐病的突出症状除一部分干缩成僵果悬挂于树上不脱落外，多数果皮糟软，果肉籽粒及隔膜腐烂，对果皮稍加挤压，就可流出黄褐色汁液，至整果烂掉，失去食用价值。

褐腐病病菌以菌丝及分生孢子在僵果上或枝干溃疡处越冬，翌年雨季靠气流传播侵染。病果多在温暖高湿气候下发生严重。酵母菌形成的发酵果主要与榴绒粉蚧有关。凡病果均受过榴绒粉蚧的为害，特别是在果嘴残留花丝部位均可找到榴绒粉蚧。酵母菌通过粉蚧的刺吸伤口侵入石榴果实。榴绒粉蚧常在6—7月少雨适温年份发生猖獗，石榴发酵果也因此发生严重。裂果严重的果腐病相对发生也重（彩图9-5）。

2. 病原菌

石榴果腐病原菌主要有3种：褐腐病菌，占果腐数的29%左右；酵母菌，占果腐数的55%左右；杂菌（主要是青霉和绿霉），占果腐数的16%左右。

3. 防治方法

（1）防治褐腐病。于发病初期用40%多菌灵可湿性粉剂600倍液喷雾，7～10 d 1次，连用3次，防效95%以上。

（2）防治发酵果。关键是杀灭榴绒粉蚧和其他介壳虫如康氏粉蚧、日本龟蜡蚧等，于4月下旬和6月上旬两次喷洒25%噻嗪酮可湿性粉剂800～1 000倍液。

（3）防治生理裂果。用浓度为50 mg/L的赤霉素于幼果膨大期喷布果面，7～10 d 1次，连续3次，防裂果率达47%。

四、石榴蒂腐病

在国内各石榴产区均有发生，主要为害果实。

1. 症状与发生

果实蒂部腐烂，病部变褐呈水清状软腐，后期病部生出黑色小粒点，即病原菌分生孢子器。病菌以菌丝或分生孢子器在病部或随病残叶留在地面或土壤中越冬，翌年条件适宜时，在分生孢子器中产生大量分生孢子，从分生孢子器孔口逸出，借风雨传播，进行初侵染和多次再侵染。一般进入雨季、空气湿度大易发病（彩图9-6）。

2. 病原菌

属半知菌类真菌，石榴拟茎点霉菌。

3. 防治方法

（1）加强石榴园管理。施用充分腐熟的有机肥或生物肥，合理灌水保持石榴树生长健壮，雨后及时排水，防止湿气滞留，减少发病。

（2）药剂防治。发病初期喷洒27%春雷霉素·王铜可湿性粉剂700倍液、75%百菌清可湿性粉剂600倍液、50%硫黄·百菌清悬浮剂600倍液等，10 d左右1次，防治2～3次。

五、石榴焦腐病

在高海拔地区及修剪不合理、日灼发生重的石榴园发病重。

1. 症状与发生

果面或蒂部初生水渍状褐斑，逐渐扩大变黑，后期产生很多黑色小粒点及病原菌的分生孢子器。病菌以分生孢子器或子囊在病部或树皮内越冬，条件适宜时产生分生孢子和子囊孢子，借风雨传播，该菌系弱寄生菌，常腐生一段时间后引起果实焦腐或枝枯（彩图9-7）。

2. 病原菌

属子囊菌门，葡萄座腔菌。子囊果近圆形，暗褐色。子囊棍棒状，子囊孢子8个，椭圆形，单胞无色。春天产生分生孢子器，分生孢子初单胞无色，成熟时双胞褐色。

3. 防治方法

（1）加强管理，科学防病治虫、浇水施肥，增强树体抗病力。

（2）药剂防治。发病初期喷洒1∶1∶160倍式波尔多液或40%百菌清悬浮剂500倍液、50%甲基硫菌灵可湿性粉剂1 000倍液等。

六、石榴疮痂病

多雨及管理不善、日灼发生重的果园发病重。

1. 症状与发生

主要为害果实和花萼，病斑初呈水渍状，渐变为红褐色、紫褐色直至黑褐色，单个病斑圆形至椭圆形，直径2～5 mm，后期多个病斑融合成不规则疮痂状，粗糙，严重的龟裂，直径10～30 mm或更大。湿度大时，病斑内产生淡红色粉状物，即病原菌的分生孢子盘和分生孢子。病菌以菌丝体在病组织中越冬，花果期气温高于15℃，多雨湿度大，病部产生分生孢子，借风雨或昆虫传播，经几天潜育形成新的病斑，又产生分生孢子进行再侵染。气温高于25℃病害趋于停滞，秋季阴雨连绵，此病还会发生或流行（彩图9-8）。

2. 病原菌

属半知菌类真菌，石榴痂圆孢菌。分生孢子盘暗褐色，近圆形，略凸起。分生孢子盘上着生排列紧密的分生孢子梗，无色透明，瓶梗形。分生孢子顶生，卵形至椭圆形，单胞无色，透明，两端各生1个透明油点。

3. 防治方法

（1）发现病果及时摘除，减少初侵染源。

（2）调入苗木或接穗时要严格检疫。

（3）发病前对重病树喷洒10%硫酸亚铁溶液。

（4）药剂防治。花后及幼果期喷洒 1∶1∶160 倍的波尔多液或 84.1% 王铜可湿性粉剂 800 倍液、70% 代森锰锌可湿性粉剂 500 倍液等。

七、石榴麻皮病

病因较复杂，全国各石榴产区都有发生。

1. 症状与发生

果皮粗糙，失去原品种颜色和光泽，影响外观，轻者降低商品价值，重者烂果。南方果实生长期处于多雨的夏季及庭院石榴通风透光不良，石榴果实易遭受多种病虫害的侵袭，而在高海拔的山地果园因干旱和强日照易发生日灼。多种原因导致石榴果皮上发生的病变统称为"麻皮病"（彩图 9-9）。引起果皮变麻的主要原因有以下几方面。

（1）疮痂病。南方产区该病发病高峰期为 5 月中旬至 6 月上旬，与这一时期降水量有较大关系，降雨多的年份发病较重，6 月下旬至 7 月上旬，管理差的果园，病果率可达 90% 以上。

（2）干腐病。该病初发期为 6 月上旬，盛发期为 6 月下旬至 7 月上旬，以树龄较大的老果园，密度大修剪不合理、郁蔽严重果园及树冠中下部的果实发病较多。

（3）日灼病。在高海拔的山地果园，由于日照强，树冠顶部和外围的石榴果实的向阳面，处于夏季烈日的长期直射下，尤其在石榴生长后期 7—8 月伏旱严重时，日灼病发生尤为严重。

（4）蓟马为害。为害石榴的主要是烟蓟马和茶黄蓟马，以幼果期为害较重。南方产区为害的高峰期为 5 月中旬至 6 月中旬，北方果区为害至 6 月下旬。因蓟马为害的石榴可达 85%～95%，由于蓟马虫体小，为害隐蔽，不易被发现，常被错误认为是缺素或是病害。

2. 病原菌

石榴麻皮病是一种重要的综合性病害，重病园病果率可达 95% 以上。病因复杂，主要由疮痂病、干腐病、日灼病、蓟马为害等所致。

3. 防治方法

石榴的麻皮为害是不可逆的，一旦造成为害，损失无法挽回，生产上应针对不同的原因采取相应的综合防治措施。

（1）做好冬季清园，清灭越冬病虫。冬季落叶后，结合冬季修剪，清除病虫枝、病虫果、病叶进行集中销毁，对树体喷洒 4～5 波美度的石硫合剂。

（2）药剂防治。春季石榴萌芽展叶后，用 80% 代森锌可湿性粉剂 600 倍液或 20% 丙环唑乳油 3 000 倍液消灭潜伏为害的病菌。

（3）幼果期是防治石榴麻皮的关键时期，主要防治好蚜虫、蓟马、绿盲蝽等虫害以及疮痂病、干腐病等病害。

（4）果实套袋和遮光防治日灼病。对树冠顶部和外围的石榴果实用白色木浆纸袋进行套袋，套袋前先喷洒杀虫杀菌混合药剂，既防治其他病虫，也可有效防治日灼病，于采果前 10～15 d 去袋。

八、石榴煤污病

衰老树和蚜虫、介壳虫类为害严重及低洼积水和田间郁蔽通风不良的果园易发病。该病影响光合作用，使果实失去商品价值。

1. 症状与发生

病部为棕褐色或黑褐色的污斑，边缘不明显，像煤斑。病斑有 4 种类型：分枝型、裂缝型、小点型及煤污型。菌丝层极薄，一擦即去（彩图 9-10）。

2. 病原菌

属半知菌类真菌，病原菌在石榴叶、果表皮上形成一个菌丝层，菌丝错综分枝，有许多厚壁的褐色细胞，有时菌丝体团结成小粒体，以后可发展为分生孢子器，但很少产生分生孢子。

3. 防治方法

（1）合理修剪创造良好的果园生态条件，并及时做好排水清淤工作，以降低果园湿度，减少发病条件。

（2）搞好蚜虫及介壳虫类的防治工作，杜绝病原。

（3）药剂防治。在发病的 6 月中旬到 9 月，喷洒 1∶1∶180 的波尔多液或 70% 丙森锌可湿性粉剂 600～800 倍液等 2～3 次，防效很好。

九、石榴黑霉病

1. 症状与发生

石榴果实初生褐色斑，后逐渐扩大，略凹陷，边缘稍凸起，湿度大时病斑上长出绿褐色霉层，即病原菌的分生孢子梗和分生孢子。温室越冬的盆栽石榴多发生此病，影响观赏。另从广东、福建等地北运的石榴，在贮运条件下，持续时间长也易发生黑霉病。病菌以菌丝体和分生孢子在病果上或随病残体进入土壤中越冬，翌年产生分生孢子，借风雨、粉虱传播蔓延，湿度大、粉虱多易发病（彩图 9-11）。

2. 病原菌

属半知菌类真菌，枝孢黑霉菌。

3. 防治方法

（1）调节石榴园小气候，及时灌排水，风光通透，防湿气滞留。

（2）及时防治蚜虫、粉虱及介壳虫类。

（3）药剂防治。点片发生阶段，及时喷洒 80% 代森锰锌可湿性粉剂 600 倍液或 65% 福美锌可湿性粉剂 500 倍液、50% 多菌灵可湿性粉剂 1 000 倍液、40% 多菌灵胶悬剂 600 倍液、65% 甲硫·乙霉威可湿性粉剂 1 500 倍液等，15 d 左右 1 次，防治 2~3 次。

（4）果实贮运途中保证通风，最好在装车前喷洒上述杀菌剂预防。

十、石榴茎基枯病

成龄树 1~2 年生枝条基部及幼树（2~4 年生）茎基部发生病变，导致整枝或整株死亡。

1. 症状与发生

枝条或主茎基部产生圆形或椭圆形病斑，树皮翘裂，树皮表面分布点状突起孢子堆。病斑处木质部由外及内、由小到大逐渐变黑干枯，输导组织失去功能。病菌孢子随气流和雨水传播（彩图 9-12）。

2. 病原菌

为半知菌类大茎点属。

3. 防治方法

（1）刮树皮剪除病弱枝。

（2）药剂防治。结合冬管或早春喷洒 75% 百菌清可湿性粉剂 700 倍液或 40% 多菌灵胶悬剂 500 倍液或冬季刮树皮石灰水涂干。生长季节喷洒 50% 百菌清·福美双可湿性粉剂 800 倍液或 1：1：200 的波尔多液或 50% 甲基硫菌灵可湿性粉剂 800 倍液等。

十一、石榴冠瘿病

果树冠瘿病（Crown gall Disease）又称根癌病、根瘤病、黑瘤病、肿瘤及肿根病、毛瘤病等，是多种果树共患的一种重要的细菌性病害。1996 年被列入国内森林植物检疫对象名单。陕西、甘肃、新疆、山西、河南、河北、辽宁等地都有分布，病原菌寄主范围广泛，主要包括李属、蔷薇属、苹果属、梨属、胡桃属、葡萄属、石榴属等 332 属的 640 多个不同种植物。感病植物根系出现瘤状癌变，地上部分生长缓慢，枝条干枯甚至枯死，严重影响果树生长。近年来，随着不同产地果树调运频繁，加速了此病的发展蔓延，并侵染了其他果树树种。石榴树新发生病害。对石榴树的侵染为害也是近年才有研究报道，于 2009 年首先在新疆喀什疏附县石榴种植区发现，近年来，在河南南阳、江苏泗洪石榴产区的突尼斯软籽石榴品种上也有发生。

1. 症状与发生

患病植株地上部分：根茎结合部形成肿瘤状膨大或似气生根状物；茎枝上形成大小不等的圆形或不规则形瘤状突起，初期幼嫩，逐渐增大成不规则形状，其后在大瘤上又出现许多直径 1 cm 左右、长 1 至数厘米不等的小瘤，颜色初嫩白色，渐变为褐色、深褐色，瘤部皮粗糙并龟裂，到后期瘤的内部组织紊乱，瘤边缘长出许多丝状物，天气潮湿时表现鲜活，天气持续干燥时，瘤状突起也表现失水状态。染病后的枝条生长衰弱，若根茎部发生瘤变，则整个植株生长衰弱，叶黄且小，新梢生长不良，甚至枯死。

患病植株地下根系：出现数个、大小不等的瘤状癌变，导致地上生长不良，终致地上染病一侧树枝逐渐枯死或整株枯死（彩图9-13）。

发病规律：病原细菌在病瘤表皮、病组织残体及土壤中存活越冬。当癌瘤外层被分解以后，细菌被雨水或灌溉水冲下，进入土壤，残体在土壤中可存活一年以上，2年内得不到侵染机会即失去生活力。病菌借灌溉水、雨水、地下害虫、嫁接工具、农事操作等近距离传播；通过带病苗木、插条、接穗或树木异地栽植等人为调运进行远距离传播。由嫁接、其他病害、害虫和中耕造成的伤口及自然孔口侵入植株，可在皮层的薄壁细胞间隙中不断繁殖，并分泌刺激性物质，使邻近细胞加快分裂、增生，形成癌瘤症状。入侵细菌可潜伏侵染，待条件合适时发病。土温在18～22℃时最适合癌瘤的形成。一般经数周或一年以上表现症状。每年的生长期都可发生为害，6—10月以8月发生最多。微碱性土壤和湿度大的沙壤土较酸性土壤发病重，重茬地及菜园地发病重；连作利于发病，根部伤口多则发病重；排水不良、果园郁蔽、通风透光差、树势生长弱果园发病多且重。特别是树干基部杂草丛生、郁蔽严重的单株易染病；发病程度还与砧木品种有关。

2. 病原菌

为野杆菌属的根癌土壤杆菌 [*Agrobacterium tumefacience*（Smith and Townsend）Conn]。细菌杆状，单极生1～4根鞭毛，在水中能游动，有荚膜，不生成芽孢，革兰氏染色阴性，好气性，需氧呼吸。该菌为土壤习居菌，适生范围广。发育温度为10～34℃，最适生长温度为25～28℃，致死温度51℃，耐酸碱范围pH值5.7～9.2，最适pH值为7.3。菌落通常为圆形，隆起、光滑、白色至灰白色、半透明。侵染寄主广泛，在我国大多数地区有分布。

3. 防治方法

（1）严格检疫，及时发现病苗并烧掉。禁止从疫病区调入苗木、插接穗。将表现矮化、干枯、叶片黄化、早落、根系小、根细、须根少、根冠部有灰白色、光滑质软、球形或扁球形的瘤，或褐色、深褐色、表面粗糙龟裂、周围和表面长细根状木瘤的苗木，作为检疫的重点。在调运检疫中，发现染病的苗木应彻底销毁。

（2）育苗地选择。选未感染冠瘿病、土壤疏松、排水良好、偏酸性土壤的地块育苗，与不感病农作物、树种轮作。如已感染病菌，起苗后铲除土内残根，并施用硫酸亚铁或硫黄粉75～225 kg/hm² 消毒。

（3）栽前处理。对不显症状的可疑苗木，栽植前应用生物农药抗根癌剂（K84）30倍液浸根5 min后定植，或用石灰乳（石灰∶水 =1∶5）或0.1%高锰酸钾液或1%硫酸铜液，将苗木浸泡10 min，用清水冲洗后栽植。

（4）加强果园管理，增强树势，提高抗病力。适当增施酸性肥料，使土壤呈微酸性，抑制病原菌的发生扩展；科学修剪，培养壮树，保持果园及树干基部通风透光良好；及时防治地下害虫，尽量减少各种伤口；嫁接苗嫁接高度 80 cm 以上。

（5）果树生长期间，对初发病的带疫植株，及时刮除病瘤，并用抗根癌剂（K84）30 倍液或 80% 抗菌剂 402 乳油 50 倍液或 10% 农用链霉素 500 倍液或 5% 硫酸亚铁液或 5 波美度的石硫合剂或波尔多液或二甲苯酚和苯基乙酸酯混成的乳剂，涂抹伤口保护。

（6）重病株防治。枝干部分刮除病瘤后涂上述药剂防治；挖根检查，发现病灶先彻底刮除病瘤，再用上述药剂灌根消毒，连续防治可以使病害得到控制。刮下的病瘤及病部周围土壤带出园外集中处理。

十二、石榴根结线虫病

1. 症状与发生

病株根结主要分两种：一种为根部长有许多根结，沿根呈串状着生，根结表面光滑，不长短须根；另一种为根部长有许多根结，根结上长短须根，根结形成后，原来的根不再生长，产生次生根，次生根上又产生根结，整个根系畸形，根系不发达。感病石榴植株主要表现为生长缓慢，叶片发黄，叶片有不同程度的畸形。苗圃重病园病株率可达 40% 以上（彩图 9-14）。

发病规律：根结线虫主要以卵或 2 龄幼虫在土壤中越冬，翌年 4—5 月新根开始活动后，幼虫从根的先端侵入，在根里生长发育。8 月上旬形成明显的瘤子，8 月下旬后，在瘤子里产生明胶状卵包，并产卵，卵聚集在雌虫后端的胶质卵囊中，每卵囊有卵 300~800 粒。初孵化的幼虫又侵害新根，并在原根附近形成新的根瘤。秋末，以成虫、幼虫或卵在根瘤中越冬，翌年 5 月开始活动，并发育成下一虫态，石榴根结线虫 2 年发生 3 代，在土壤中随根横向或纵向扩展，多数生活在土壤耕作层内。此病的主要侵染来源是带病的土壤、病根和肥料。病苗是传播此病的主要途径，水流近距离传病。沙质土壤、前茬花生的苗圃地发病重。

2. 病原菌

有 3 种。

（1）南方根结线虫。雌虫会阴花纹，有一高而方形的背弓，近肛门处的线纹为波浪形或平滑形。2 龄幼虫线形、尾尖钝圆，尾透明末端界限不明显，末端多不平滑，有的尾部有 1~2 次缢缩。体长 385.3 μm，尾长 47.8 μm，透明尾长 12.0 μm。

（2）花生根结线虫。雌虫背弓多为扁平形或扁圆形，近肛门处的线纹多为波浪形。2 龄幼虫线形，尾透明，末端尖圆，末端界限多数明显。体长 405.2 μm，尾长 53.3 μm，透明尾长 16.4 μm。

（3）北方根结线虫。雌虫背弓多为扁平形，会阴花纹多为稍扁平的卵圆形。2 龄幼虫线形，尾部末端钝，尾透明末端界限多数明显，尾端有缢缩。体长 403.7 μm，尾长

53.0 μm，透明尾长 16.4 μm。

3. 防治方法

（1）检疫。对外来苗木严格检疫，防止带病苗木传入。

（2）农业防治。培肥果园地力，增施有机肥，合理整形修剪，培育壮树，提高树体忍耐线虫为害的能力。

（3）冬前落叶后或早春 2 月，挖除病株土壤表层的病根和须根团，保留水平根及较粗大的根，然后每株均匀施石灰 1.5～2.5 kg，并增施有机肥料，可促使树体复壮。

（4）药剂防治。用 50% 辛硫磷乳油 800 倍液或 1.8% 阿维菌素乳油 2 000～3 000 倍液喷洒土壤。用 50% 辛硫磷乳油每亩 1～1.5 kg 拌入有机肥，施入土中，或制成毒土撒施后，翻入深 3～5 cm 土壤中。

第五节　石榴害虫识别与防治

一、桃蛀螟

又名桃蛀野螟、桃实螟、桃蛀心虫等。属鳞翅目，螟蛾科。

1. 分布与为害

桃蛀螟在我国各石榴产区均有分布，是石榴的第一大害虫。据河南石榴产区调查，一般发生年份虫果率为 70% 左右，较轻年份也有 40%～50%，严重年份可达 90% 或几乎一果不收。在群众中流传着"十果九蛀"的说法。被害果实腐烂，并落果或以干果挂在树上，失去食用价值。

2. 形态特征（彩图 9-15，彩图 9-16）

成虫：体长 10～12 mm，翅展 24～26 mm，全体黄色。胸部、腹部及翅上都具有黑色斑点。前翅有黑斑 27～29 个，后翅 14～20 个，但个体间有变异。触角丝状，长达前翅的一半。复眼发达，黑色，近圆球形。腹部第一和第三至第六节背面有 3 个黑点，第七节有时只有一个黑点，第二、第八节无黑点。雌蛾腹部末节呈圆锥形；雄蛾腹部末端有黑色毛丛。

卵：椭圆形，长 0.6～0.7 mm；初产时乳白色，2～3 d 后变为橘红色，孵化前呈红褐色。

幼虫：成熟幼虫体长 22～25 mm，头部暗黑色；胸部颜色多变，暗红色或淡灰色或浅灰蓝色，腹面多为淡绿色。前胸背板深褐色；中、后胸及第一至第八腹节各有大小毛片 8 个，排列成 2 列，即前列 6 个，后列 2 个。

蛹：褐色或淡褐色，体长约 13 mm，翅芽发达。第六至第七腹节背面前后缘各有深褐色的突起线；上有小齿一列，末端有卷曲的刺 6 根。

3. 生活史与习性

桃蛀螟在黄淮地区一般一年发生 4 代。4 月上旬越冬幼虫化蛹，下旬成虫羽化产卵；5 月中旬发生第一代；7 月上旬发生第二代，8 月上旬发生第三代；9 月上旬为第四代，然后以老熟幼虫或蛹进入越冬休眠期。越冬场所主要为残留在果园内的僵果中，以及树皮裂缝、堆果场所和其他残枝败叶中。

成虫羽化集中在 20 时至翌日 2 时。成虫昼伏夜出飞翔取食、交尾、产卵，羽化后 1 d 交尾，2 d 产卵，卵散产 15～62 粒。产卵期为 2～7 d。产卵场所一般为石榴果实萼筒内，其次是两果相并处和枝叶遮盖的果面或梗洼上。成虫对黑光灯趋性强，对糖醋液也有趋性。卵 7 d 左右开始孵化。

幼虫世代重叠严重，尤以第一、第二代重叠常见。在石榴园内，从 6 月上旬到 9 月中旬都有幼虫的发生和为害，时间长达 3～4 个月，但主要以第二代为害重。

钻蛀部位：幼虫从花或果的萼筒处蛀入的占 60%～70%，从果与果、果与叶、果与枝的接触处蛀入的占 30%～40%。

4. 防治方法

（1）消灭越冬幼虫及蛹。在冬春季节结合管理搜集树上、树下虫果僵果及园内枯枝落叶和刮除翘裂的树皮，清除果园周围的玉米、高粱、向日葵、蓖麻等遗株进行深埋或烧毁，消灭越冬幼虫及蛹。

（2）果实套袋。在生理落果后、果实子房膨大时用白色木浆纸袋或白色无纺布袋或塑料薄膜袋套袋。套袋前喷洒一次杀虫、杀菌剂，以消灭早期桃蛀螟产的卵及有害病原菌。待成熟采收前 10～15 d 拆袋。套袋的好果率可达 97% 以上。

（3）捡拾落果，摘除虫果，消灭果内幼虫。

（4）诱杀成虫。在石榴园内放置黑光灯、频振式杀虫灯或放置糖醋液盆诱杀成虫。

（5）种植诱集作物诱杀。根据桃蛀螟对玉米、高粱、向日葵趋性强的特性，在石榴园内或四周种植诱集作物，集中诱杀。一般每亩种植玉米、高粱或向日葵 20～30 株。

（6）果筒塞药棉或药泥。药棉和药泥的配制方法：把脱脂棉（废棉）揉成直径 1～1.5 cm 的棉团，在 1.2% 烟·碱乳油 500 倍液或 0.2% 苦参碱水剂 1 000 倍液等药液中浸一下，即成药棉。用上述药液加适量黏土调至黏稠糊状即成药泥。在石榴花凋谢后子房开始膨大时，将药棉（挤干药液）或药泥塞入（或抹入）萼筒即成。其防治率分别达 95.6% 和 83.2%。

（7）药剂防治。掌握在桃蛀螟第一、二代成虫产卵高峰期喷药，沿黄地区时间在 6 月上旬至 7 月下旬，关键时期是 6 月 20 日至 7 月 30 日，施药次数 3～5 次。

有效药剂：5% 氟啶脲乳油 1 000～2 000 倍液、20% 醚菊酯乳油 1 000 倍液、2.5% 溴氰菊酯乳油 1 000 倍液、50% 杀螟丹可溶性粉剂 1 500 倍液等。

二、柑橘小实蝇

又名橘小实蝇、桔小食蝇、东方果实蝇，俗称针锋、果蛆、黄苍蝇。属双翅目，实蝇科。我国列为国内外检疫对象。

1. 分布与为害

分布：国内主要分布于海南、广东、广西、福建、四川、湖北、湖南、江西等产区，近年在河南、山东、安徽、陕西、山西等省石榴产区也有分布。

为害：为害柑橘、杧果、番石榴、番荔枝、桃、阳桃、枇杷等250余种水果和蔬菜。近几年发现也为害石榴，且为害较重，在一些石榴产区，为害果率几近达100%。

2. 形态特征（彩图9-17，彩图9-18）

成虫：体长6～8 mm，翅展14～18 mm，翅透明，翅脉黄褐色，有三角形翅痣。全体深黑色和黄色相间。胸部背面大部分黑色，但黄色的"U"形斑纹十分明显。腹部黄色，第一至第二节背面各有一条黑色横带，从第三节开始中央有一条黑色的纵带直抵腹端，构成一个明显的"T"形斑纹。腹部椭圆形，雄虫为4节，雌虫5节，产卵管发达，长度不足腹部一半，后端狭小部分短于第五腹节。

卵：梭形，长约1 mm，宽约0.1 mm，乳白色，一端稍尖，微弯，尾端较圆钝。

幼虫：1龄幼虫体长1.2～1.3 mm，2龄幼虫体长2.5～5.8 mm，3龄老熟幼虫长7.0～11.0 mm。1龄幼虫体半透明，2～3龄幼虫微乳白色，3龄以后的老熟幼虫口钩和头咽骨黑色，蛆形，前端小而尖，体黄白色。

蛹：椭圆形，长3～5 mm，宽1.5～2.5 mm。化蛹时颜色逐渐由白色转为淡黄色，最后变为棕黄色。前端有气门残留的突起，后端气门处稍收缩。

3. 生活史与习性

幼虫在果内取食为害，常使果实未熟先黄脱落，即使不落，其果肉也已腐烂不可食用，严重影响产量和质量。

华南地区每年发生9～12代，无明显的越冬现象；在有明显冬季的地区以蛹越冬。在各产区均有世代重叠现象。成虫羽化后需成长一段时间，以补充营养，喜取食蚧、蚜、粉虱等害虫的排泄物以补充蛋白质，促进性发育成熟后交配产卵。成虫期夏季10～20 d，秋季25～30 d，冬季3～4个月。成虫产卵于将近成熟的果皮内，每处5～10粒不等。每头雌虫产卵量400～1 000粒。卵期夏秋季1～2 d，冬季3～6 d。幼虫孵化后即在果内取食果肉为害，并在其中发育成长。幼虫期在夏秋季为7～12 d，冬季13～20 d。幼虫老熟后便从果实中钻出，弹跳落地入土化蛹，入土深度3～7 cm。蛹期夏秋季8～14 d；冬季15～20 d。

冬季比较温暖的广州地区，柑橘小实蝇可终年发生。广州地区1—3月平均温度在15～20℃，柑橘小实蝇可以以卵、幼虫和成虫在果园及其他自然场所存在。气温降至14℃以下，柑橘小实蝇成虫停止活动；气温高于14℃，成虫可飞翔寻食；气温达20℃

以上，柑橘小实蝇寄主食物增多，即可满足其生存和繁殖条件的需要。在广州地区柑橘小实蝇第一代成虫出现在 3—4 月，5 月下旬出现全年第一个成虫盛发高峰期，首先为害番石榴、阳桃、杧果、桃等；8—9 月出现全年第二个成虫盛发高峰，且是果园中的水果受害最严重的季节。

一天中，柑橘小实蝇取食、产卵和交配，多发生在 10—11 时和 16—18 时，尤其是黄昏时间交配活动更频繁。成虫一生可交配多次，产卵 1 000 粒左右。

高湿对柑橘小实蝇的卵和幼虫发育有利，幼虫在水中可存活 72～90 h；干燥对蛹的生存不利，会导致其羽化率下降。落地虫果，幼虫仍然留在受害果内，由于果实中含水量高，有利于柑橘小实蝇幼虫的生存，即使果实逐渐变干也不影响其生长。随被害果落地的幼虫，老熟后脱离烂果，潜入 1～2 cm 深的表土中化蛹，疏松的沙质土壤，幼虫化蛹可深入到 6 cm 左右的土层中。

4. 防治方法

（1）严格检疫，严防此虫随果实向非疫区传播扩散。一旦发现此虫在新产区出现，政府主管部门要采取紧急处置措施，强制性的要求果农在特定的时间采取特定的措施对柑橘小实蝇采取相应的防治对策，实施系统、全面的统防统治。

（2）农业防治。

①果实套袋：推荐适时套白色木浆纸袋或白色无纺布袋，既可防病虫，还可防裂果、日灼，提高果品外观质量。

②虫果处理：随时摘除树上和捡拾树下虫害落果，一并烧毁或投入粪池沤浸或深埋。

③冬春季耕翻树盘：利用低温冻死土中越冬虫态或鸟食害虫。

（3）诱杀成虫。

①诱捕器诱杀成虫：一是利用性引诱剂诱杀雄性成虫，此种实蝇诱捕器添加有只对柑橘小实蝇雄性成虫有引诱力的性引诱剂，将其悬挂在高度 1.5 m 左右的寄主果树枝条上。诱杀雄性成虫，减少了雌雄成虫交配机会，从而减少了雌虫产卵量，降低虫口密度。一个诱捕器诱虫半径可达 800～1 000 m。二是果园悬挂对雌雄实蝇都有诱杀作用的诱捕器。

②黄色胶粘纸：利用实蝇对黄色有趋性的特性，在果园按一定密度悬挂黄色粘虫纸粘虫，一张黄色胶粘纸果园内 1 d 可捕杀 15～20 头柑橘小实蝇两性成虫，或用实蝇诱粘剂涂抹在粘虫板上诱杀实蝇。价廉、实用，诱杀成虫效果好。

③红糖毒饵：在 90% 晶体敌百虫的 1 000 倍液中，加 3% 红糖制得毒饵，于成虫盛发期，喷洒树冠浓密荫蔽处。隔 5 d 1 次，连续 3～4 次。

④甲基丁香酚引诱剂：将浸泡过甲基丁香酚（即诱虫醚）加 3% 马拉硫磷或二嗪磷溶液的蔗渣纤维板小方块悬挂树上，每亩 3～5 片，在成虫发生期每月悬挂 2 次，毒杀小实蝇雄虫效果很好。

⑤利用频振式杀虫灯诱杀成虫。

（4）生物防治。利用寄生幼虫的切割潜蝇茧蜂、布氏潜蝇茧蜂、凡氏费氏茧蜂、长尾潜蝇茧蜂、前裂长管茧蜂、长柄俑小蜂等寄生蜂防治柑橘小实蝇。

（5）药剂防治。

①地面施药：于实蝇幼虫入土化蛹或成虫羽化的始盛期用45%马拉硫磷乳油或50%二嗪磷乳油1 000倍液喷洒果园地面后浅锄，每隔7 d左右1次，连续2～3次；或于此期用辛硫磷颗粒剂撒施地面后浅锄，毒杀害虫。

②树冠喷药：在各代成虫发生盛期及时用药，一天中喷药的最佳时间，为柑橘小实蝇在一天中最活跃的时间，即10—11时和16—18时，进行全树冠喷雾。可喷洒10%氯菊酯乳油2 000～2 500倍液等菊酯类杀虫剂或20%哒嗪硫磷乳油1 000倍液或5%氟啶脲乳油2 000倍液或3%啶虫脒乳油1 500～2 000倍液等。

三、金毛虫

又名桑毒蛾、黄尾毒蛾等。属鳞翅目，毒蛾科。系盗毒蛾的生态亚种，形态与盗毒蛾极相似。

1. 分布与为害

分布于河南、河北、山东、安徽、江苏、上海、浙江、江西、福建、广东、广西、湖南、湖北、四川、云南、贵州等地。北方盗毒蛾比较多，南方金毛虫居多。初孵幼虫群集在叶背面取食叶肉，叶面表现为成块透明斑，3龄后分散为害，将叶片吃成大的缺刻，重者仅剩叶脉；啃食果皮，致果皮严重缺损。

2. 形态特征（彩图9-19）

成虫：雌体长14～18 mm，翅展36～40 mm；雄体长12～14 mm，翅展28～32 mm。全体白色。复眼黑色，触角双栉齿状，淡褐色，雄蛾更为发达。雌蛾前翅近臀角处有褐色斑纹，雄蛾前翅除此斑外，在内缘近基角处还有一个褐色斑纹。而盗毒蛾的上述斑纹则为黑褐色。雌蛾腹部末端具较长黄色毛丛，而雄蛾自第三腹节以后即生毛丛，末端毛丛短小，足白色。

卵：直径0.6～0.7 mm，灰白色，扁圆形，卵块长条形，上覆黄色体毛。

幼虫：体长26～40 mm，头黑褐色，体黄色，而盗毒蛾幼虫体多为黑色。背线红色，亚背线、气门上线和气门线黑褐色，均断续不连；前胸背板具2条黑色纵纹；体背面有一橙黄色带，在第一、第二、第八腹节中断，带中央贯穿一红褐间断的线；气门下线红黄；前胸背面两侧各有一向前突出的红色瘤，瘤上生黑色长毛束和白褐色短毛，其余各节背瘤黑色，生黑褐色长毛和白色羽状毛，第五、第六腹节瘤橙红色，生有黑褐色长毛；腹部第一、第二背面各有1对愈合的黑色瘤，上生白色羽状毛和黑褐色长毛。前胸的一对大毛瘤和各节气门下线及第九腹节的毛瘤为红色，其余各节背面的毛瘤为黑色绒球状。

198

蛹：长 9～11.5 mm。

茧：长 13～18 mm，椭圆形，淡褐色，附少量黑色长毛。

3. 生活史与习性

辽宁、山西年发生 2 代，华东、华中年发生 3～4 代，贵州 4 代，珠江三角洲 6 代，主要以 3 龄或 4 龄幼虫在枯叶、树杈、树干缝隙及落叶中结茧越冬。2 代翌年 4 月开始活动。为害春芽及叶片。1～3 代幼虫为害高峰期主要在 6 月中旬、8 月上中旬和 9 月上中旬，10 月上旬前后开始结茧越冬。成虫白天潜伏在中下部叶背，傍晚飞出活动、交尾、产卵，把卵产在叶背，形成长条形卵块。成虫寿命 7～17 d。每雌产卵 149～681 粒，卵期 4～7 d。幼虫 5～7 龄，历期 20～37 d，越冬代长达 250 d。初孵幼虫喜群集在叶背啃食为害，3、4 龄后分散为害叶片，有假死性，老熟后多卷叶或在叶背树干缝隙或近地面土缝中结茧化蛹，蛹期 7～12 d。天敌主要有黑卵蜂、大角啮小蜂、矮饰苔寄蝇、桑毛虫绒茧蜂等。

4. 防治方法

（1）冬春季结合修剪刮刷老树皮，清除园内及四周枯叶杂草，消灭越冬幼虫。

（2）人工摘除卵块，及时摘除"窝头毛虫"，即在低龄幼虫集中为害 1 叶时，连续摘除 2～3 次。可收事半功倍之效。

（3）掌握在 2 龄幼虫高峰期，喷洒多角体病毒杀虫剂，每毫升含 15 000 颗粒的悬浮液，每亩喷洒药液 20 L。

（4）药剂防治。幼虫分散为害前，及时喷洒 2.5% 溴氰菊酯乳油或 20% 氰戊菊酯乳油 3 000 倍液、10% 联苯菊酯乳油 4 000～5 000 倍液、52.25% 蜱·氯乳油 2 000 倍液、90% 晶体敌百虫 1 000 倍液、50% 辛硫磷乳油 1 000 倍液、48% 毒死蜱乳油 1 500 倍液或 10% 吡虫啉可湿性粉剂 2 500 倍液等。

四、棉蚜

又名蜜虫、腻虫、腻旱。属同翅目，蚜虫科。

1. 分布与为害

在全国各石榴产区均有分布。为害嫩芽、叶，花蕾。

2. 形态特征（彩图 9-20）

无翅雌蚜：夏季大多黄绿色，春秋季大多深绿色、黑色或棕色，全体被有蜡粉。

有翅雌蚜：体黄色、浅绿色或深绿色，腹部两侧有 3～4 对黑斑。

3. 生活史与习性

一年发生 20～30 代。以卵在石榴、花椒、木槿枝条上越冬。翌年 4 月开始孵化，群集幼芽、嫩叶及花蕾吸食为害，致使枝叶卷曲，花器官萎缩，并排出大量黏液玷污叶面，易引发煤污病，影响生长和坐果。5 月下旬后迁至花生、棉花上继续繁殖为害；至 10 月上旬又迁回石榴、花椒等木本植物上，繁殖为害一个时期后产生性蚜，交尾产卵于枝条上越冬。棉蚜在石榴树上为害时间主要在4—5月及10月，6—9月主要为害农作物。

4.防治方法

（1）人工防治。在秋末冬初刮除翘裂树皮，清除园内枯枝落叶及杂草，消灭越冬场所。

（2）保护和利用天敌。在蚜虫发生为害期间，瓢虫等天敌对蚜虫有一定的控制作用，施药防治要注意保护天敌。当瓢蚜比为1∶（100～200），或（食蚜）蝇蚜比为1∶（100～150）时可不施药，充分利用天敌的自然控制作用。

（3）药剂防治。在石榴树休眠期和生长期内均可进行药剂防治。发芽前的3月末4月初，以防治越冬有性蚜和卵为主，以降低当年越冬基数。在树木生长期内的防治关键时间为4月中旬至5月下旬，其中4月25日和5月10日两个发生高峰前后施药尤为重要，有效药剂为：20%氰戊菊酯乳油、2.5%溴氰菊酯乳油、5%氟氯氰菊酯乳油、10%氯氰菊酯乳油等，浓度均为2 000～3 000倍液；或50%抗蚜威可湿性粉剂1 000～1 500倍液或25%杀虫双水剂500倍液等喷雾。

五、绿盲蝽

又名棉青盲蝽、花叶虫等。属半翅目，盲蝽科。

1.分布与为害

全国各石榴产区均有分布。以成虫、若虫刺吸枝、叶、果皮汁液，受害初期叶面呈现黄白色斑点，渐扩大成片，形成黑色枯死斑，造成大量破孔、皱缩不平的"破叶疯"。孔边有一圈黑纹，叶缘残缺破烂，叶卷缩畸形，叶早落。严重时腋芽、生长点受害，造成腋芽丛生。花、果期为害，随着果实生长发育，果面出现大量"麻点"，果皮粗糙，失去原品种颜色和光泽。

2.形态特征（彩图9-21）

成虫：体长5 mm，宽2.2 mm，绿色，密被短毛。头部三角形，黄绿色，复眼黑色突出，无单眼，触角4节丝状，较短，约为体长2/3，第二节长等于三四节之和，向端部颜色渐深，第一节黄绿色，第四节黑褐色。前胸背板黄绿色，布许多小黑点，前缘宽。小盾片三角形微突，黄绿色，中央具一浅纵纹。前翅膜片半透明暗灰色，余绿色。足黄绿色，胫节末端、跗节色较深，后足腿节末端具褐色环斑，雌虫后足腿节较雄虫短，不超腹部末端，跗节3节，末端黑色。

卵：长1 mm，黄绿色，长口袋形，卵盖奶黄色，中央凹陷，两端突起，边缘无附属物。

若虫：共5龄，与成虫相似。初孵时绿色，复眼桃红色；2龄黄褐色；3龄出现翅芽；4龄翅芽超过第一腹节；5龄后全体鲜绿色，密被黑色细毛，触角淡黄色，端部色渐深。

3. 生活史与习性

北方年发生 3～5 代，山西运城 4 代，陕西、河南 5 代，江西 6～7 代，以卵在树皮裂缝、树洞、枝杈处及近树干土中越冬。翌春 3—4 月，旬平均气温高于 10℃或连续日均气温达 11℃，相对湿度高于 70% 时，卵开始孵化。成虫寿命长，产卵期 30～40 d，发生期不整齐。成虫飞行力强，喜食花蜜，羽化后 6～7 d 开始产卵。非越冬代卵多散产在嫩叶、茎、叶柄、叶脉、嫩蕾等组织内，外露黄色卵盖，卵期 7～9 d。以春、秋两季受害重。主要天敌有寄生蜂、草蛉、捕食性蜘蛛等。

4. 防治方法

（1）冬春清理园中枯枝落叶和杂草，刮刷树皮、树洞，消除寄主上的越冬卵。

（2）树上药剂防治。于 3 月下旬至 4 月上旬越冬卵孵化期、4 月中下旬若虫盛发期及 5 月上中旬初花期 3 个关键期喷洒 20% 氰戊菊酯乳油 2 500 倍液或 48% 哒嗪硫磷乳油 1 500 倍液、52.25% 蝉·氯乳油 2 000 倍液等。

六、蓟马

又名棉蓟马、葱蓟马、瓜蓟马。属缨翅目，蓟马科。

1. 分布与为害

分布于全国各石榴产区。另在长江以南地区为害石榴的还有茶黄蓟马（又名茶黄硬蓟马、茶叶蓟马）。以成、若虫在叶背吸食汁液，使叶面出现灰白色细密斑点或局部枯死，影响生长发育。同时为害花蕾和幼果，常导致蕾、果脱落。果实不脱落的，被害部果皮因被食害掉，果实表面木栓化、皱裂，留下大的伤疤，严重影响商品外观，南方产区称为"麻皮病"。

2. 形态特征（彩图 9-22）

成虫：体长 1.2～1.4 mm，分黄褐色和暗褐色两种体色。触角第一节色浅；第二节和六至七节灰褐色；三至五节淡黄褐色，但四五节末端色较深。前翅淡黄色。腹部第二至第八背板较暗，前缘线暗褐色。头宽大于长，单眼间鬃较短，位于前单眼之后、单眼三角连线外缘。触角 7 节，第三、第四节上具叉状感觉锥。前胸稍长于头，后角有 2 对长鬃。中胸腹板内叉骨有刺，后胸腹板内叉骨无刺。前翅基鬃 7 或 8 根，端鬃 4～6 根；后脉鬃 15 或 16 根。第八背板后缘梳完整。各背侧板和腹板无附属鬃。

卵：初期肾形，乳白色，后期卵圆形，直径 0.29 mm 左右，黄白色，可见红色眼点。

若虫：共 4 龄，1～4 龄各龄体长为 0.3～0.6 mm、0.6～0.8 mm、1.2～1.4 mm、1.2～1.6 mm。体淡黄，触角 6 节，第四节具 3 排微毛，胸、腹部各节有微细褐点，点上生粗毛。4 龄翅芽明显，不取食，但可活动，称伪蛹。

3. 生活史与习性

华北地区年发生 3～4 代，山东、河南 6～10 代，华南地区 20 代以上。在 25～

28℃下，卵期 5～7 d，若虫期（1～2 龄）6～7 d，前蛹期 2 d，蛹期 3～5 d，成虫寿命 8～10 d。雌虫可行孤雌生殖，每雌产卵 21～178 粒，卵产于叶片组织中。2 龄若虫后期，常转向地下，在表土中经历前蛹期及蛹期。以成虫越冬为主，也有若虫在葱、蒜叶鞘内侧、土块下、土缝内或枯枝落叶中越冬，还有少数以蛹在土中越冬。在华南无越冬现象。成虫极活跃，善飞，怕阳光，早、晚或阴天取食强。初孵若虫集中在叶基部为害，稍大即分散。在 25℃和相对湿度 60% 以下时，利于蓟马发生，高温高湿则不利，暴风雨可降低发生数量。一年中以 4—5 月为害最重。

4. 防治方法

（1）清除园地周围杂草及枯枝落叶，以减少虫源。

（2）药剂防治。若虫初期可喷洒 50% 辛硫磷乳油 1 000 倍液、10% 吡虫啉可湿性粉剂 2 000 倍液、5% 氟虫脲乳油 1 500 倍液、1.8% 阿维菌素乳剂 3 000 倍液、15% 哒螨灵乳油 2 000 倍液等。10 d 左右 1 次，防治 2～3 次。

七、石榴巾夜蛾

属鳞翅目，夜蛾科。

1. 分布与为害

在全国各石榴产区均有分布，以幼虫食害石榴嫩芽及叶片，轻则食叶仅残留叶片主脉，重则吃光叶片及嫩芽。

2. 形态特征（彩图 9-23）

成虫：体长 18～20 mm，头、胸、腹部褐色；前翅中部有一灰白色带，中带以内黑棕色，中带至外线黑棕色，外线黑色，顶角有 2 个黑斑。后翅棕赭色，中部有一白带。

卵：馒头形，灰绿色。

幼虫：老熟幼虫体长 43～60 mm，第一、第二腹节常弯曲成桥状。头部灰褐色。体背面茶褐色，满布黑褐色不规则斑点。体腹面淡赭色。胸足 3 对，紫红色。第一对腹足很小，第二对发达，第三、第四对较小，臀足发达。腹外侧茶褐色，有黑斑点，腹足内侧暗红色。

蛹：体长 24 mm，黑褐色。茧褐色。

3. 生活史与习性

一年发生 4～5 代，以蛹在土中越冬。翌年 4 月石榴发芽时越冬蛹羽化为成虫，交尾产卵。卵多散产在树干上，每头雌虫平均产卵 90 粒左右，卵期 4～8 d，孵化率 90% 以上。幼虫体色与石榴树皮近似，白天虫体伸直紧伏在枝条背阴处不易发现，夜间活动取食幼芽和叶片，老熟幼虫化蛹于枝干交叉或枯枝等处。9 月末 10 月初老熟幼虫下树，在树干附近土中化蛹越冬。

4.防治方法

（1）落叶至萌芽前的 11 月至翌年 3 月，在树干周围挖捡越冬虫蛹。幼虫发生期人工捕捉幼虫喂食家禽。

（2）药剂防治。在幼虫发生期喷洒 25% 甲奈威可湿性粉剂 500 倍液或 25% 灭幼脲悬浮剂 600～800 倍液或 2.5% 溴氰菊酯乳油 2 000 倍液等。

八、榴绒粉蚧

又叫紫薇绒蚧、石榴绒蚧、石榴毡蚧，属同翅目，粉蚧科。

1.分布与为害

全国各石榴产区均有发生，主要为害石榴和紫薇。以成虫和若虫吸食幼芽、嫩枝和果实、叶片汁液，削弱树势，绒蚧分泌的大量蜜露会诱发煤污病，使叶片变黑脱落、枯死，严重影响产量。

2.形态特征（彩图 9-24）

成虫：成熟期雌成虫体外具白色卵圆形伪蚧壳，由毡绒状蜡毛织成，其背面纵向隆起，蚧壳下虫体棕红色，卵圆形，体背隆起，体长 1.8～2.2 mm。雄成虫紫褐至红色，体长约 1.0 mm，前翅半透明，后翅呈小棍棒状，腹末有性刺及 2 条细长的白色蜡质尾丝。

卵：卵初产时为淡粉红色，近孵化时呈紫红色，椭圆形，长约 0.3 mm。

若虫：椭圆形，体扁平，长约 0.4 mm，初孵淡黄褐色，后变成淡紫色。

蛹：预蛹长椭圆形，长 1 mm 左右，紫红色，包于白色毡绒状伪蚧壳中。

3.生活史与习性

在黄淮产区每年发生 3 代，以第三代 1～3 龄若虫于 11 月上旬进入越冬状态。越冬场所为寄主枝干皮缝、翘皮下及枝杈等处。翌年 4 月上中旬越冬若虫开始雌雄明显分化，5 月上旬雌成虫开始产卵，每头雌成虫产卵量为 100～150 粒，卵产于伪蚧壳内，卵期 10～20 d，孵化后从蚧壳中爬出，寻找适宜地方为害。第一代若虫发生在 6 月上中旬；第二、第三代若虫分别发生在 7 月中旬、8 月下旬，并发生世代重叠。环境条件影响该虫的发生：冬季低温、夏季的 7—8 月降雨大而急、阴雨天多、天敌数量大都不利此虫的发生。

4.防治方法

（1）冬、春季细刮树皮，或用硬毛刷子刷除越冬若虫，集中烧毁或深埋。

（2）有条件地区可人工饲养和释放天敌红点唇瓢虫、跳小蜂和姬小蜂等防治。

（3）冬前落叶后或 2 月下旬前后树体喷布 3～5 波美度石硫合剂杀灭越冬虫态。

（4）药剂防治。于各代若虫发生高峰期叶面喷洒 25% 噻嗪酮可湿性粉剂 1 500～2 000 倍液、5% 顺式氰戊菊酯乳油 1 500 倍液、20% 甲氰菊酯乳油 3 000 倍液等防治。

九、黄刺蛾

俗称洋辣子、斑鸠罐、八角等。属鳞翅目，刺蛾科。

1. 分布与为害

在全国各石榴产区都有发生。幼虫食叶，低龄幼虫群集叶背面啃食叶肉，只留透明的上表皮，稍大啃食叶片呈网状，随虫龄增大则分散取食，将叶片吃成缺刻，仅留叶柄和叶脉，严重时吃光叶片。

2. 形态特征（彩图 9-25）

成虫：体长 13～16 mm，翅展 30～34 mm。头和胸部黄色，腹背黄褐色。前翅内半部黄色，外半部为褐色，有两条暗褐色斜线，在翅尖上汇合于一点，呈倒"V"形，内面一条伸到中室下角，为黄色与褐色的分界线。

卵：扁平，椭圆形，黄绿色。

幼虫：老熟幼虫体长 25 mm。头小，淡褐色。胸腹部肥大，黄绿色。体背有一两端粗中间细的哑铃形紫褐色大斑，和许多突起枝刺。以腹部第一节的最大，依次为腹部第七节，胸部第三节，腹部第八节。腹部第二至六节的突起枝刺小。

蛹：椭圆形，体长 12 mm，黄褐色。茧灰白色，质地坚硬，表面光滑，茧壳上有几道褐色长短不一的纵纹，形似雀蛋。

3. 生活史与习性

在黄淮地区，一年发生 2 代。以老熟幼虫在小枝杈处、主侧枝以及树干的粗皮上结茧越冬。翌年 5 月上旬开始化蛹，5 月中下旬至 6 月上旬羽化，产卵于叶背面，数十粒连成一片，也有单粒散产的。成虫趋光性强。6 月中下旬幼虫孵化群集叶背面啃食，随虫龄增大则分散取食。6 月下旬至 7 月上中旬幼虫老熟后，固贴在枝条上，体硬化形成茧，在其中化蛹。7 月下旬开始出现第二代幼虫。这代幼虫为害至 9 月初结茧越冬。

4. 防治方法

（1）农业和生物防治。冬春季节结合修剪，剪除冬茧集中烧毁，防治越冬幼虫。摘除冬茧时，识别青蜂（冬茧上端有一被寄生蜂产卵时留下的小孔）选出保存，翌年放入果园自然繁殖寄杀虫茧。黄刺蛾的天敌主要有上海青蜂和黑小蜂，上海青蜂的寄生率很高，防治效果显著。

（2）药剂防治。在幼虫为害期间喷洒 25% 米满悬浮剂 1 000～2 000 倍液、5% 氟虫脲乳油 800～1 000 倍液、2.5% 溴氰菊酯乳油 3 000 倍液等防治。

十、扁刺蛾

又名黑点刺蛾、黑刺蛾。属鳞翅目，刺蛾科。

1. 分布与为害

我国各石榴产区均有分布。2龄幼虫开始取食叶肉，3龄后咬食叶表皮成穿孔。随虫龄增大，食量增大，大量蚕食叶片成空洞和缺刻，重者食光叶片。

2. 形态特征（彩图9-26）

成虫：成虫体长13～18 mm，翅展28～35 mm。体暗灰褐色，腹面及足色较深。触角雌蛾丝状，基部十多节栉齿状，雄蛾羽状。前翅灰褐稍带紫色，中室外侧有1条明显的暗斜纹，自前缘近顶角处向后缘斜伸；雄蛾中室上角有1个黑点（雌蛾不明显）。后翅暗灰褐色。

卵：扁平光滑，椭圆形，长1.1 mm，初为淡黄绿色，孵化前呈灰褐色。

幼虫：老熟幼虫体长21～26 mm，宽16 mm，体扁，椭圆形，背部稍隆起，形似龟背。全体绿色、黄绿色或淡黄色，背线白色。体边缘有10个瘤状突起，其上生有刺毛，每一节背面生有2丛小刺毛，第四节背面两侧各有1个红点。

茧：椭圆形，长12～16 mm，紫褐色，似鸟蛋。

蛹：体长10～15 mm，前端肥大，后端稍削，近椭圆形，初为乳白色，后渐变黄，近羽化时转为黄褐色。

3. 生活史与习性

华北地区一年多数发生1代，长江下游地区一年发生2代，少数3代。均以老熟幼虫在树下3～6 cm土层内结茧以前蛹越冬。1代区5月中旬化蛹，6月上旬开始羽化、产卵，发生期不整齐，6月中旬至9月上中旬为幼虫为害期，8月下旬开始陆续老熟入土结茧越冬。2～3代区4月中旬开始化蛹，5月中旬至6月上旬羽化；第一代幼虫发生期为5月下旬至7月中旬；第二代幼虫发生期为7月下旬至9月中旬；第三代幼虫发生期为9月上旬至10月，以末代老熟幼虫入土结茧越冬。成虫多集中在18—20时羽化，成虫羽化后，即行交尾产卵，卵多散产于叶面上。卵期7 d左右。初孵化的幼虫停息在卵壳附近，并不取食，脱过第一次皮后，先取食卵壳，再啃食叶肉，留下透明的表皮。幼虫昼夜取食。自6龄起，取食全叶，虫量多时，常从枝的下部叶片吃至上部，每枝仅存顶端几片嫩叶。幼虫期共8龄，老熟后即下树入土结茧，下树时间多在20时至6时止，而以2—4时下树的数量最多。黏土地结茧位置浅而距树干远，也比较分散，而腐殖质多的土壤及沙壤地结茧位置较深，距树干近，且比较密集。

4. 防治方法

（1）诱杀幼虫。在幼虫下树结茧之前，疏松树干周围的土壤，以引诱幼虫集中结茧，然后收集消灭之。

（2）生物防治。喷洒青虫菌6号悬浮剂1 000倍液，杀虫保叶。

（3）药剂防治。卵孵化盛期和低龄幼虫期喷洒50%仲丁威乳油或45%马拉硫磷乳油1 000～1 500倍液、5%顺式氰戊菊酯乳油2 000倍液等。

十一、大袋蛾

又称蓑衣蛾、大蓑蛾、避债蛾、布袋蛾。属鳞翅目，蓑蛾科。

1. 分布与为害

在全国各石榴产区都有发生。幼虫吐丝缀叶成囊，隐藏其中，头伸出囊外取食叶片及嫩芽，啃食叶肉留下表皮，重者成孔洞、缺刻，重则吃光叶片并啃食果皮。

2. 形态特征（彩图 9-27）

成虫：雌蛾无翅，体长 12～16 mm，蛆状，头甚小，褐色，胸腹部黄白色；胸部弯曲，各节背部有背板，腹部大，在第四至第七腹节周围有黄色茸毛。雄蛾有翅，体长 11～15 mm，翅展 22～30 mm，体和翅深褐色，胸部和腹部密被鳞毛；触角羽状；前翅翅脉两侧色深，在近翅尖处沿外缘有近方形透明斑 1 个，外缘近中央处又有长方形透明斑 1 个。

卵：椭圆形，长约 0.8 mm，豆黄色。

幼虫：老熟幼虫体长 16～26 mm。头黄褐色，具黑褐色斑纹，胸腹部肉黄色，背面中央色较深，略带紫褐色。胸部背面有褐色纵纹 2 条，每节纵纹两侧各有褐斑 1 个。腹部各节背面有黑色突起 4 个，排列成"八"字形。

蛹：雌蛹体长 14～18 mm，纺锤形，褐色；雄蛹体长约 13 mm，褐色，腹末稍弯曲。

护囊：枯枝色，橄榄形，成长幼虫的护囊，雌虫囊长约 30 mm，雄虫囊长约 25 mm，囊系由丝缀结叶片、枝皮碎片及长短不一的枝梗组成，枝梗不整齐地纵列于囊的最外层。

3. 生活史与习性

黄淮地区一年发生 1 代，以幼虫在护囊内悬挂于枝上越冬。4 月 20 日至 5 月 25 日前后为越冬幼虫化蛹高峰，5 月 30 日至 6 月 3 日为成虫羽化盛期，从成虫羽化到产卵一般 2～3 d，卵历期 15～18 d，卵孵化盛期在 6 月 20—25 日。幼虫孵化后从旧囊内爬出，再结新囊，爬行时护囊挂在腹部末端，头胸露在外取食，直至越冬。

4. 防治方法

（1）人工防治。秋末落叶后至翌年春季发芽前摘除虫袋，深埋或烧毁。

（2）生物防治。应用大袋蛾多角体病毒（NPV）和苏云金杆菌（Bt）喷洒防治，30 d 内累计死亡率分别达 77.6%～96.7% 及 82.7%～91%。保护天敌大腿小蜂、脊腿姬蜂和寄生蝇等。

（3）药剂防治。在 7 月 5—20 日前后，幼虫 2～3 龄期，虫囊长度 1 cm 左右，采用 50% 马拉硫磷乳油 800～1 000 倍液、5% 氟虫脲乳油 1 000～1 500 倍液，或 20% 醚菊酯乳油 1 500 倍液喷雾，防治效果达 95% 以上。

十二、茶蓑蛾

又名小窠蓑蛾、小蓑蛾、小袋蛾、茶袋蛾、避债蛾。属鳞翅目，蓑蛾科。

1. 分布与为害

在全国各石榴产区都有发生。以幼虫在护囊中咬食叶片、嫩梢或剥食枝干、果实皮层，造成局部光秃。该虫喜集中为害。

2. 形态特征（彩图9-28）

成虫：雌蛾体长12～16 mm，足退化，无翅，蛆状，体乳白色。头小，褐色。腹部肥大，体壁薄，能看见腹内卵粒。后胸、第四至第七腹节具浅黄色茸毛。雄蛾体长11～15 mm，翅展22～30 mm，体翅暗褐色。触角呈双栉状。胸部、腹部具鳞毛。前翅翅脉两侧色略深，外缘中前方具近正方形透明斑2个。

卵：长0.8 mm左右，宽0.6 mm，椭圆形，浅黄色。

幼虫：体长16～28 mm，体肥大，头黄褐色，两侧有暗褐色斑纹。胸部背板灰黄白色，背侧具褐色纵纹2条，胸节背面两侧各具浅褐色斑1个。腹部棕黄色，各节背面均有"八"字形黑色小突起4个。

蛹：雌蛹纺锤形，长14～18 mm，深褐色，无翅芽和触角。雄蛹深褐色，长13 mm。

护囊：纺锤形，枯枝色，成长幼虫的护囊，雌囊长约30 mm，雄囊约25 mm。囊系以丝缀结叶片、枝条碎片及长短不一的枝梗而成，枝梗整齐地纵裂于囊的最外层。

3. 生活史与习性

贵州一年发生1代，安徽、浙江、江苏、湖南等地一年发生1～2代，江西2代，台湾2～3代。多以3～4龄幼虫，个别以老熟幼虫在枝叶上的护囊内越冬。安徽、浙江一带2—3月，气温10℃左右，越冬幼虫开始活动和取食。由于此时虫龄高，食量大，成为灌木早春的主要害虫之一。5月中下旬后幼虫陆续化蛹，6月上旬至7月中旬成虫羽化并产卵，当年第一代幼虫于6—8月发生，7—8月为害最重。第二代的越冬幼虫在9月出现，冬前为害较轻，雌蛾寿命12～15 d，雄蛾2～5 d，卵期12～17 d，幼虫期50～60 d，越冬代幼虫240多天，雌蛹期10～22 d，雄蛹期8～14 d。成虫多在下午羽化，雄蛾喜在傍晚或清晨活动，靠性引诱物质寻找雌蛾，雌蛾羽化翌日即可交尾，交尾后1～2 d产卵，每雌平均产卵676粒，个别高达3 000粒，雌虫产卵后干缩死亡。幼虫多在孵化1～2 d后的下午先取食卵壳，后爬上枝叶或飘至附近枝叶上，吐丝黏缀碎叶营造新护囊并开始取食。幼虫老熟后在护囊里倒转虫体化蛹在其中。

4. 防治方法

（1）发现虫囊及时摘除，集中烧毁。

（2）注意保护利用寄生蜂等天敌昆虫。

（3）生物防治。提倡喷洒每克含1亿个活孢子的杀螟杆菌或青虫菌6号悬浮剂进行生物防治。

（4）药剂防治。掌握在幼虫低龄盛期喷洒24%虫酰肼悬浮剂1 000～2 000倍液或20%氰戊菊酯乳油1 500～2 000倍液、50%杀螟硫磷乳油1 000倍液、2.5%溴氰菊酯乳油2 000倍液等。

十三、白囊蓑蛾

又名白囊袋蛾、白蓑蛾、白袋蛾、白避债蛾、棉条蓑蛾、橘白蓑蛾。属鳞翅目，蓑蛾科。

1. 分布与为害

在河南、江苏、安徽、上海、浙江、江西、福建、台湾、广东、广西、湖南、湖北、贵州、四川、云南等石榴产区分布为害。以幼虫在护囊中咬食叶片、嫩梢或剥食枝干、果实皮层，造成寄主植物光秃。

2. 形态特征（彩图9-29）

成虫：雌体长9～16 mm，蛆状，足、翅退化，体黄白色至浅黄褐色微带紫色。头部小，暗黄褐色。触角小，突出；复眼黑色。各胸节及第一、第二腹节背面具有光泽的硬皮板，其中央具褐色纵线，体腹面至第七腹节各节中央皆具紫色圆点1个，第三腹节后各节有浅褐色丛毛，腹部肥大，尾端瘦小似锥状。雄体长6～11 mm，翅展18～21 mm，浅褐色，密被白长毛，尾端褐色，头浅褐色，复眼黑褐色球形，触角暗褐色羽状；翅白色透明，后翅基部有白色长毛。

卵：椭圆形，长0.8 mm，浅黄色至鲜黄色。

幼虫：体长25～30 mm，黄白色，头部橙黄色至褐色，上具暗褐色至黑色云状点纹；胸节背面硬皮板褐色，中、后胸分成2块，上有黑色点纹；第八至第九腹节背面具褐色大斑，臀板褐色。有胸足和腹足。

蛹：黄褐色，雌体长12～16 mm，雄体长8～11 mm。

蓑囊：灰白色，长圆锥形，长27～32 mm，丝质紧密，上具纵隆线9条，表面无枝叶附着。

3. 生活史与习性

一年发生1代，以低龄幼虫于蓑囊内在枝干上越冬。翌春寄主发芽展叶期幼虫开始为害，6月老熟化蛹。蛹期15～20 d。6月下旬至7月羽化，雌虫仍在蓑囊里，雄虫飞来交配，产卵在蓑囊内，每雌产卵千余粒。卵期12～13 d。幼虫孵化后爬出蓑囊，爬行或吐丝下垂分散传播，在枝叶上吐丝结蓑囊，常数头在叶上群居食害叶肉，随幼虫生长，蓑囊渐大，幼虫活动时携囊而行，取食时头胸部伸出囊外，受惊扰时缩回囊内，经一段时间取食便转至枝干上越冬。天敌有寄生蝇、姬蜂、白僵菌等。

4. 防治方法

（1）结合果园管理及时摘除蓑囊，并注意保护利用天敌。

（2）药剂防治。幼虫为害期及时防治，具体参见大袋蛾。

十四、核桃瘤蛾

又名核桃毛虫。属鳞翅目，瘤蛾科。

1. 分布与为害

分布于河南、河北、山东、山西、陕西等石榴产区。主要为害核桃、石榴。暴食性害虫，以幼虫食害核桃和石榴叶片，7、8月为害最重，几天内可将全株树叶吃光，致使2次发芽，导致树势衰弱。

2. 形态特征（彩图9-30）

成虫：雌虫体长9～11 mm，翅展21～24 mm；雄虫体长8～9 mm，翅展19～23 mm。全体灰褐色，前翅前缘基部及中部有3个隆起的鳞簇，基部的一个色较浅，中部的两个色较深，组成了两块明显的黑斑。从前缘至后缘有3条由黑色鳞片组成的波状纹，后缘中部有一褐色斑纹。

卵：直径0.4～0.5 mm，扁圆形，中央顶部略呈凹陷，四周有细刻纹。

幼虫：多为7龄，体长12～15 mm。4龄前体色黄褐，体毛短，4龄后体色灰褐色，体毛明显增长。老熟时背面棕黑色，腹面淡黄褐色，体形短粗而扁，气门黑色。

蛹：体长8～10 mm，黄褐色，椭圆形，腹部末端半球形，光滑无臀棘。越冬茧长圆形，丝质细密，浅黄色。

3. 生活史与习性

一年发生2代，以蛹在石堰缝隙处、树皮裂缝及树干周围杂草落叶中越冬，在有石堰的地方，石堰缝隙中多达97%以上。越冬代成虫羽化时间为5月下旬至7月中旬，盛期在6月上旬末。成虫多在18—20时羽化，白天不活动，22时前后最活跃，对黑光灯光趋性强，对一般灯光无趋性。羽化两天后于4—6时交尾，第二天产卵，散产在叶背、叶腋处，每处产卵1粒；第一代雌蛾单雌产卵264粒左右，越冬代70多粒；第一代卵盛期在6月中旬，卵期6～7 d，第二代卵盛期为8月上旬末，卵期5～6 d；1～2代两代卵发生时间几乎相连，共达100多天。幼虫3龄前在叶背及叶腋处取食，食量少；3龄后常转移为害，把网状脉吃掉，夜间取食最烈，外围及上部受害重；幼虫期18～27 d。幼虫老熟后顺树干下树作茧化蛹，第一代幼虫于7月下旬老熟下树，有少数不下树在树皮裂缝中及枝权处结茧化蛹，蛹期9～10 d；第二代幼虫老熟盛期在9月上中旬，全部下树化蛹越冬，越冬蛹期9个月左右。

4. 防治方法

（1）灯光诱杀。用黑光灯大面积联防诱杀。

（2）束草诱杀。利用老熟幼虫顺树干下地化蛹的习性在树干绑草诱杀，麦秸绳效果最好，青草效果差。

（3）药剂防治。在幼虫为害期，喷洒30%杀虫双水剂800倍液或50%杀螟硫磷乳油1 000～1 500倍液，或5.7%氟氯氰菊酯乳油3 000倍液等。

十五、樗蚕蛾

又名樗蚕、柏蚕、乌桕樗蚕蛾。属鳞翅目，大蚕蛾科。

1. 分布与为害

分布于华东、华南、华中，以及云、贵、川等石榴产区。以幼虫食叶和嫩芽，轻者食叶成缺刻或孔洞，严重时叶片被吃光。

2. 形态特征（彩图9-31）

成虫：体长25～30 mm，翅展110～130 mm。体青褐色。头部四周、颈板前端、前胸后缘、腹部背面、侧线及末端都为白色。腹部背面各节有白色斑纹6对，其中间有断续的白纵线。前翅褐色，前翅顶角后缘呈钝钩状，顶角圆而突出，粉紫色，具有黑色眼状斑，斑的上边为白色弧形。前后翅中央各有一个较大的新月形斑，新月形斑上缘深褐色，中间半透明，下缘土黄色；外侧具一条纵贯全翅的宽带，宽带中间粉红色。外侧白色、内侧深褐色，基角褐色，其边缘有一条白色曲纹。

卵：灰白或淡黄白色，上布暗斑点，扁椭圆形，长约1.5 mm。

幼虫：幼龄幼虫淡黄色，有黑色斑点。中龄后全体被白粉，青绿色。老熟幼虫体长55～75 mm，体粗大，头部、前胸、中胸对称蓝绿色棘状突起，此突起略向后倾斜；亚背线上的比其他两排更大，突起之间有黑色小点；气门筛淡黄色，围气门片黑色；胸足黄色，腹足青绿色，端部黄色。

茧：呈口袋状或橄榄形，长约50 mm，上端开口，用丝缀叶而成，土黄色或灰白色。茧柄长40～130 mm，常以一张寄主的叶包着半边茧。

蛹：棕褐色椭圆形，长26～30 mm，宽14 mm，体上多横皱纹。

3. 生活史与习性

北方年发生1～2代，南方年发生2～3代，以蛹越冬。在四川越冬蛹于4月下旬开始羽化为成虫，成虫有趋光性，并有远距离飞行能力，飞行可达3 000 m以上。成虫羽化后即进行交配。雌蛾性引诱力甚强。成虫寿命5～10 d。卵产在寄主的叶背和叶面上，聚集成堆或块状，每雌虫产卵300粒左右，卵历期10～15 d。初孵幼虫有群集习性，3～4龄后逐渐分散为害。在枝叶由下而上，昼夜取食，并可迁移。第一代幼虫在5月为害，幼虫历期30 d左右。幼虫脱皮后常将所脱之皮食尽或仅留少许。幼虫老熟后即在树上缀叶结茧，树上无叶时，则下树在地被物上结褐色的粗茧并化蛹。第二代茧期50多天。7月底8月初是第一代成虫羽化产卵时间。9—11月为第二代幼虫为害期，以后陆续作茧化蛹越冬，第二代越冬茧，长达5～6个月，蛹藏于厚茧中。

4. 防治方法

（1）人工捕捉。成虫产卵或幼虫结茧后，人力摘除或直接捕杀，摘下的茧可用于缫丝。

（2）灯光诱杀。掌握好各代成虫的羽化期，用黑光灯、频振式杀虫灯进行诱杀。

（3）生物防治。栲蚕幼虫的天敌有绒茧蜂和喜马拉雅姬蜂、稻苞虫黑瘤姬蜂、栲蚕黑点瘤姬蜂等，注意保护和利用。

（4）药剂防治。幼虫为害初期，喷洒 50% 辛硫磷乳油 600 倍液、5% 氯氰菊酯乳油 2 000 倍液、2.5% 溴氰菊酯乳油 2 000 倍液、20% 氰戊菊酯乳油 1 000 倍液、5% 氟啶脲乳油 1 000 倍液等，施药后 24 h，其防治效果均为 100%。还可用氯菊酯或鱼藤酮等进行防治。

十六、绿尾大蚕蛾

又名燕尾水青蛾、水青蛾、长尾月蛾、绿翅天蚕蛾。属鳞翅目，大蚕蛾科。

1. 分布与为害

除新疆、西藏、甘肃等地未见报道外，其他各石榴产区均有分布。以幼虫食叶，低龄幼虫食叶成缺刻或空洞，稍大吃光全叶仅留叶柄。由于虫体大，食量大，发生严重时，全树叶片被吃光。

2. 形态特征（彩图 9-32）

成虫：雄成虫体长 35～40 mm，翅展 100～110 mm；雌成虫体长 40～45 mm，翅展 120～130 mm。体粗大，体被浓厚白色绒毛呈白色；体腹面色浅近褐色。头部、胸部、肩板基部前缘有暗紫色横切带。触角黄色羽状。复眼大，球形黑色。雌翅粉绿色，雄翅色较浅，泛米黄色，基部有白色绒毛；前翅前缘具白、紫、棕黑三色组成的纵带一条，与胸部紫色横带相接，混杂有白色鳞毛；翅的外缘黄褐色；前后翅中室末端各具椭圆形眼斑 1 个，斑中部有一透明横带，从斑内侧向透明带依次由黑、白、红、黄四色构成；翅脉较明显，灰黄色。后翅臀角长尾状突出，长 40 mm 左右。足紫红色。

卵：球形稍扁，直径约 2 mm。灰白色，上有胶状物将卵黏成堆，近孵化时紫褐色。每堆有卵少者几粒，多者二三十粒。

幼虫：1～2 龄幼虫黑色，第二、第三胸节及第五、第六腹节橘黄色。3 龄幼虫全体橘黄色。4 龄开始渐变嫩绿色。老熟幼虫体长 80～110 mm，头部绿褐色，头较小，宽约 8 mm；体绿色粗壮，近结茧化蛹时体变为茶褐色。体节近 6 角形，着生肉状突毛瘤，前胸 5 个，中、后胸各 8 个，腹部每节 6 个，毛瘤上具白色刚毛和褐色短刺；中、后胸及第八腹节背毛瘤大，顶黄基黑，其他处毛瘤端部红色基部棕黑色。气门线以下至腹面浓绿色，腹面黑色。胸足褐色，腹足棕褐色。

茧：灰白色，丝质粗糙；长卵圆形，长径 50～55 mm，短径 25～30 mm，茧外常有寄主叶裹着。

蛹：长 45～50 mm，紫褐色，额区有 1 个浅黄色三角斑。

3. 生活史与习性

在辽宁、河北、河南、山东等北方果产区一年发生 2 代，在江西南昌一年发生 3 代，在广东、广西、云南一年发生 4 代，在树上作茧化蛹越冬。北方果产区越冬蛹

4月中旬至5月上旬羽化并产卵，卵历期10~15 d。第一代幼虫5月上中旬孵化；幼虫共5龄，历期36~44 d；老熟幼虫6月上旬开始化蛹，中旬达盛期，蛹历期15~20天。第一代成虫6月下旬至7月初羽化产卵，卵历期8~9 d。第二代幼虫7月上旬孵化，至9月底老熟幼虫结茧化蛹，越冬蛹期6个月。成虫昼伏夜出，有趋光性，一般中午前后至傍晚羽化，羽化前分泌棕色液体溶解茧丝，然后从上端钻出，当天20—21时至2—3时交尾，交尾历时2~3 h。翌日夜晚开始产卵，产卵历期6~9 d。单雌产卵260粒左右。雄成虫寿命平均6~7 d，雌成虫10~12 d，虫体大笨拙，但飞翔力强。1、2龄幼虫有集群性，较活跃；3龄以后逐渐分散，食量增大，行动迟钝。幼虫老熟后贴枝吐丝缀结多片叶在其内结茧化蛹。第一代茧多数在树枝上结茧，少数在树干下部；而越冬茧基本在树干下部分杈处。天敌有赤眼蜂等，主要寄生卵。

4. 防治方法

（1）人工防治。冬春季清除果园枯枝落叶和杂草，摘除越冬虫茧销毁；生长季节人工捕杀幼虫、设置黑光灯诱杀成虫。

（2）生物防治。保护利用天敌，赤眼蜂在室内对卵的寄生率达84%~88%。

（3）药剂防治。幼虫3龄前喷药防治效果好，4龄后由于虫体增大用药效果差。常用杀虫剂有50%杀螟硫磷乳油1 500倍液、50%仲丁威乳油1 500~2 000倍液、25%除虫脲胶悬剂1 000倍液等喷雾。

十七、石榴小爪螨

又名石榴红蜘蛛、石榴叶螨。属真螨目（蜱螨目），叶螨科。

1. 分布与为害

分布于河南、浙江、四川、海南、江西、广西等石榴产区。此螨在叶背面栖息为害，主要聚集在主脉两侧；卵壳往往在这些部位呈现一层银白色蜡粉。被害叶上的螨量，由数头至数百头不等。叶片先出现褪绿的斑点，进而扩大成斑块，叶片黄化，质变脆，提早落叶。

2. 形态特征（彩图9-33）

成螨：雌成螨卵圆形，长410~430 μm，宽290~320 μm。紫红色，体侧往往有褐斑。须肢跗节的端感器发达，长宽略等；背感器与端感器近等长，小枝状。口针鞘前缘中央微凹陷。气门沟细长，无端膝，末端膨大呈小球状。背毛刚毛状，不着生在疣突上；长度超过其列距；共13对；内外腰毛和内外骶毛几乎等长。足1胫节，刚毛8根；跗节双刚毛的后方有近侧刚毛4根；爪为条状，各具黏毛1对；爪间突为爪状，其腹刺为4对。雄螨体菱形，长380~410 μm，宽220~250 μm。红褐色。腹部末端略尖。须肢跗节端感器长略大于宽，顶端较尖；背感器长于端感器。阳茎钩部短而粗壮，几乎成直角向下弯曲；无端锤；末端较尖。

3. 生活史与习性

石榴小爪螨主营两性生殖，在没有雄性个体的情况下，也能营产雄孤雌生殖，并能与亲代回交，又恢复两性生殖。早春和初冬以雌性为主，其雌性、雄性比为（10～15）∶1。石榴小爪螨在江西弋阳属兼性滞育，属于长日照型，即在短日照和低温条件下，能产生部分滞育卵；另一部分为非滞育卵，继续生长发育，形成局部世代。卵一旦滞育，就变成紫红色；如立即置于22℃、每天16 h光照条件下，经21 d这些滞育卵仍不孵化，必须在较低温度下完成其滞育发展过程后，再给予适宜环境条件，卵色才逐渐变浅，并很快孵化。形成滞育卵和非滞育卵的比例在同一短光照下取决于温度，低温能促进光周期反应，滞育卵比例增高；反之在较高温度下能抑制其光周期反应，滞育卵比例下降。每天12 h光照、6～10℃条件下发育成的雌螨，所产滞育卵占75%～90%；22℃下，滞育卵仅占32%。滞育卵多数产在叶背边缘和主脉两侧。

温度与石榴小爪螨生长发育的关系甚为密切，在15～30℃范围内呈直线关系。生长发育起始温度为7.9℃，雌性完成1代的有效积温为205.5℃。平均变温温度20.7℃和28℃对其卵的孵化率和产卵前期无影响，而对各种虫态的发育历期、成螨寿命，产卵期和产卵量均有明显差异。天敌有食螨瓢虫和钝绥螨。连续暴雨导致螨量急剧下降。

4. 防治方法

（1）保护和引放天敌。食螨瓢虫和捕食螨可以有效抑制害螨的发生。害螨达到每叶平均2头以下的石榴树上，每株释放捕食性的钝绥螨200～400头，释放后1个半月可控制其为害。当捕食螨与石榴小爪螨虫口达到1∶25左右时，在无喷药伤害的情况下，有效控制期在半年以上。

（2）药剂防治。害螨发生初期叶面喷洒20%双甲脒可湿性粉剂1 000～2 000倍液或20%哒螨灵可湿性粉剂2 000～3 000倍液、1.2%苦参碱乳油或1.2%烟·参碱乳油800～1 000倍液等。冬春季节用石硫合剂3～5波美度、洗衣粉200～300倍液等喷洒树冠，铲除越冬虫态。

十八、枣龟蜡蚧

又名日本蜡蚧、龟甲蜡蚧，俗称枣虱子。属同翅目，蜡蚧科。

1. 分布与为害

在黄淮产区发生。若虫固贴在叶片或果面上吸食汁液，排泄物布满枝叶和果面，7—8月雨季时引起大量煤污菌寄生，使叶、枝条、果实布满黑霉，影响光合作用和果实生长。

2. 形态特征（彩图9-34）

雌成虫：虫体椭圆形，紫红色，背覆白蜡质蚧壳，表面有龟状凹纹。体长约3 mm，宽2～2.5 mm。

雄成虫：体长 1.3 mm，翅展 2.2 mm，体棕褐色，头及前胸背板色深，触角鞭状；翅透明，具 2 条明显脉纹，基部分离。

卵：椭圆形，纵径约 0.3 mm，初产时为浅橙黄色，近孵化时为紫红色。

若虫：体扁平，椭圆形，长 0.5 mm，后期虫体周围出现白色蜡壳。

蛹：仅雄虫在蚧壳下化为裸蛹，梭形，棕褐色。

3. 生活史与习性

一年发生 1 代，以受精雌虫密集在 1～2 年生小枝上越冬。在黄淮地区，越冬雌虫 4 月初开始取食，4 月中下旬虫体迅速增大，5 月底 6 月初开始产卵，6 月中旬是产卵盛期，7 月中旬为产卵末期。每头雌成虫产卵 1 500～2 500 粒。6 月中下旬开始孵化，6 月下旬至 7 月上旬孵化盛期。雄性若虫 8 月下旬化蛹，9 月上旬为化蛹盛期，8 月中旬开始羽化，9 月下旬为羽化盛期，雄成虫在叶上为害，8 月中下旬开始回枝，9 月中旬为回枝盛期，11 月中旬进入越冬期。

卵及孵化期间，雨水多，空气湿度大，气温正常，卵的孵化率和若虫成活率高达 100%，当年为害重；反之，卵和孵化若虫干死在壳下，当年为害轻。

4. 防治方法

防治有利时期是雌虫越冬期和夏季若虫前期。

（1）人工防治。从 11 月至翌年 3 月用铁刷子刮刷老树皮，消灭在树皮裂缝中越冬的雌成虫，配合修剪剪除虫枝，严冬季节如遇雨雪天气，枝条上结有较厚的冰凌时，及时敲打树枝震落冰凌，可将越冬雌虫随冰凌震落。

（2）生物防治。利用天敌长盾金小蜂、姬小蜂、瓢虫等防治。

（3）药剂防治。于各代若虫发生高峰期叶面喷洒 25% 噻嗪酮可湿性粉剂 1 500～2 000 倍液、5% 顺式氰戊菊酯乳油 1 500 倍液、20% 甲氰菊酯乳油 3 000 倍液等防治。秋后或早春喷洒 5% 的柴油乳剂，由于柴油能溶解蜡壳，又能杀虫，防治效果均很好。

十九、石榴茎窗蛾

又名花窗蛾。属鳞翅目，窗蛾科。

1. 分布与为害

茎窗蛾是石榴的主要害虫之一，在我国石榴产区均有分布为害。幼虫钻蛀石榴干枝，严重地破坏了树形结构，是丰产、稳产的主要障碍因子之一。重灾果园为害株率达 96.4%，为害枝率 3% 以上。

2. 形态特征（彩图 9-35）

成虫：雄蛾瘦小，体长 15 mm，翅展 32 mm。雌蛾体肥大，圆柱形，体长 15～18 mm，翅展 37～40 mm。翅面白色，略有紫色反光。前翅前缘有数条茶褐色短斜线；前翅顶角有一不规则的深茶褐色斑块，下方内陷弯曲呈钩状；臀角有深茶褐色斑块，近后缘有数条短横纹。后翅白色，肩角有不规则的深茶褐色斑块，后缘有 4 条茶褐色横带。腹部白色，各节背面有茶褐色横带。

卵：长 × 宽为（0.6~0.65）mm × 0.3 mm，初产淡黄色，后变为棕褐色，瓶形，有 13 条纵直线，数条横纹，顶端有 13 个突起。

幼虫：幼龄虫淡青黄色，老熟幼虫黄褐色。体长 32~35 mm，长圆柱形念珠状，头黑褐色。体节 11 节：胸节 3 节，前胸背板发达，后缘有一深褐色月牙形斑；胸足 3 对，黑褐色；腹节 8 节，前 7 节两侧各有气孔一个；腹足 4 对于 3~6 节上，腹部末节坚硬深褐色，有棕色刚毛 20 根，背面向下斜截，末端分叉。

蛹：长圆形，长 15~18 mm，化蛹后由米黄色转变为褐色。

3. 生活史与习性

石榴茎窗蛾在河南沿黄产区每年发生一代，以幼虫在枝干内越冬。越冬幼虫一般在 3 月末 4 月初恢复活动蛀食为害，5 月下旬幼虫老熟化蛹，幼虫老熟时，爬至倒数 1~2 个排粪孔处（一般第一个），加大孔径至 4~8 mm，形成长椭圆形羽化孔。头向上在羽化孔下方端末隧道内化蛹。6 月中旬开始羽化，7 月上中旬为羽化盛期，8 月上旬羽化结束。成虫白天隐藏在石榴枝干或叶背处，夜间飞出活动。雌成虫交尾后 1~2 d 开始产卵，连续产卵 2~3 d，其寿命为 3~6 d。产卵部位多在嫩梢顶端 2~3 片叶芽腋处，单粒散产或 2~3 粒产在一起。卵期 13~15 d。从 7 月上旬开始孵化，孵化幼虫 3~4 d 后自芽腋处蛀入嫩梢，沿髓心向下蛀纵直隧道；3~5 d 被害枝梢枯萎死亡，极易发现。随着虫龄增大，排粪孔径和孔间距离向下逐渐增大；一般排粪孔径变化在 0.02~0.2 cm，孔间距离为 0.7~3.7 cm 不等，一个世代周期掘排粪孔 13~15 个。一个枝条蛀生 1~3 头幼虫，一般 1 头；一个世代蛀食枝干达 50~70 cm。蛀入 1~3 年生幼树或苗木可达根部，致使植株死亡；成龄树达 3~4 年生枝，破坏树形，影响产量。当年在茎内蛀食为害至初冬，在茎内休眠越冬。翌年 3 月下旬恢复活动，继续向下为害，直至化蛹完成一个世代周期。

4. 防治方法

（1）在 7 月初每隔 2~3 d 检查树枝 1 次，发现枯萎新梢及时剪除烧毁，消灭初蛀入幼虫。

（2）春季石榴树萌芽后，剪除未萌芽的枝条（50~80 cm）集中烧毁，以消灭越冬幼虫。

（3）药剂防治。在卵孵化盛期，可喷洒 10% 氯菊酯乳油 1 000~1 500 倍液或 20% 醚菊酯 1 500~2 000 倍液或 20% 氰戊·马拉硫磷乳油 1 000~1 500 倍液等，触杀卵和毒杀初孵幼虫。

对蛀入 2~3 年生枝干内幼虫，用注射器从最下一个排粪孔处注入 500 倍液的阿维菌素，或 5% 氟苯脲乳油 500 倍液，然后用泥封口毒杀，防治率可达 100%。

二十、豹纹木蠹蛾

又名黑咖啡、黑点蠹蛾。属鳞翅目，木蠹蛾科。

1. 分布与为害

在江苏、浙江、安徽、河南、山东等省石榴产区发生为害。幼虫钻蛀枝干，造成枯枝、断枝，严重影响生长。

2. 形态特征（彩图 9-36）

成虫：体长 28～32 mm，翅展 40～45 mm。通体灰白色，胸部背面有 3 对蓝青色斑点，前翅散生大小不等的青蓝色斑点。腹部各节背面有 3 条蓝黑色纵带，两侧各有一圆斑。

卵：长圆形，近孵化时棕褐色。

幼虫：体长 30 mm 左右，赤褐色，上生白色细毛。头淡赤褐色，前胸背板基部有一黑褐色斑，后缘具有锯齿状黑色小刺。臀板及第二节基半部黑褐色。

蛹：赤褐色，长筒形。体长 25～28 mm，2～7 节背面各有 2 列刺突。

3. 生活史与习性

沿黄产区一年发生一代，以幼虫在枝干内越冬。翌年春季枝条萌发后，再转移到新梢继续蛀食为害。多从枝干基部蛀入，蛀入后先在皮层与木质部间围绕枝条环状咬蛀，然后沿髓部向上蛀纵直隧道，隔不远处向外开一圆形排粪孔，并经常把粪便排出孔外；被害枝梢上部不久枯萎，并可多次转移为害。5—6 月，老熟幼虫在隧道内吐丝缀连碎屑，堵塞两端，并向外开一羽化孔，即行化蛹。成虫羽化后，蛹壳一半露出孔外，长久不掉。成虫产卵于嫩枝、芽腋或叶上，单粒散产或数粒一起。幼虫孵化后，多从新梢上部叶腋蛀入，沿髓部向上蛀隧道，并在不远处向外开一排粪孔；被害新梢3～5 d 内即枯萎，这时幼虫钻出再向下移不远处重新蛀入，这样经过多次转移蛀食，当年新抽梢可全部枯死。幼虫为害至秋末冬初，在被害枝基部隧道内越冬。

4. 防治方法

（1）结合修剪，及时剪除初害枝条集中烧毁。

（2）用细钢丝从最上一个排粪孔向上捅，然后在孔内塞入蘸有 5% 除虫脲乳油100 倍液棉球或药泥堵杀幼虫。

（3）药剂防治。成虫产卵和卵孵化期喷洒 20% 氰戊菊酯乳油 2 000 倍液或 50% 丙硫磷乳油 1 000 倍液、2% 氟丙菊酯乳油 1 500～2 000 倍液等，消灭卵和幼虫。

二十一、黑蝉

又名蚱蝉。俗名蚂吱嘹、知了、蜘蟟。属同翅目，蝉科。

1. 分布与为害

全国各地均有分布。成虫刺吸枝条汁液，并产卵于一年生枝条木质部内，造成枝条枯萎而死。若虫生活在土中，刺吸根部汁液，削弱树势。

2. 形态特征（彩图 9-37）

成虫：体长 45 mm 左右。体黑色有光泽，具金色细毛。头中央及颊的上方有红色、黄色斑纹。中胸背板宽大，中间高并具有"×"形隆起。翅透明，基部烟黑色。雄虫作"吱"声长鸣。雌虫不能鸣叫，腹部刀状产卵器很明显。

卵：长椭圆形，白色腹面略弯，长约 2.5 mm。

若虫：体黄褐色，体长 30～37 mm，头、胸部粗大，与腹部宽几乎相等，仅有翅芽，能爬行，俗称"爬蚕"。

3. 生活史与习性

四年一代，以卵在枝条内或以若虫于土壤中越冬。每年 7—8 月若虫出土羽化，羽化盛期为 7 月。每天夜间若虫出土高峰时间为 20—24 时。若虫出土孔圆形，直径 10～15 mm；出土后爬行寻找树干和草茎，上爬高度 1～3 m 处不食不动，2～3 h 后蜕皮羽化为成虫。成虫寿命 2 个多月，每只雌虫产卵 500～1 000 粒。产卵于新嫩梢木质部内，产卵带长达 30 cm 左右，呈不规则螺旋状排列，每枝产卵数百粒。产卵伤口深及木质部干缩翘裂，受害枝条 3～5 d 后枯萎；卵期 10 个多月，翌年 6 月若虫孵化落地，入土层吸食根液为害达数年，秋后转入深土层中越冬，春暖转至耕作层为害，若虫在土层中分布深度为 50～80 cm，最深者可达 2 m，若虫刺吸式口器刺入根系皮层内吸食根液，多年为害树木。经数年老熟若虫再出土、羽化、产卵完成一个世代周期。

4. 防治方法

（1）在雌虫产卵期，及时剪除产卵萎蔫枝梢，集中烧毁。

（2）利用成虫趋光习性，在成虫发生期于夜间在园内或园周围或防护林内堆草点火，同时摇动树干诱使成虫扑火自焚。

（3）利用若虫出土附在树干上羽化的习性和若虫可食的特点，发动群众于夜晚捕捉食用。

（4）药剂防治。产卵后入土前，喷洒 40% 辛硫磷乳油 1 000 倍液、25% 甲奈威可湿性粉剂 600～800 倍液，或 20% 氰戊菊酯 2 000 倍液等药剂防治。

第十章 采收、贮藏、加工及综合利用

第一节 采收时间与技术

石榴果实适时采收，是果园后期管理的重要环节，合理的采收不仅保证了当年产量及果实品质，提高贮藏效果，增加经济效益，同时由于树体得到合理的休闲，又为翌年丰产打下良好基础。

一、采前准备

采前准备主要包括3个方面：一是采摘工具，如剪、篓、筐、篮等，包装箱定做以及贮藏库的维修、消毒准备等。二是市场调查，特别是果园面积较大，可销售果品量较多时，此项工作更重要，只有做好市场调查预测，才能保证丰产丰收，取得高效益。三是合理组织劳力，做好采收计划，根据石榴成熟期不同的特点及市场销售情况，分期分批采收。

二、采收期的确定

采收期的早晚对果实的产量、品质以及贮藏效果有很大影响。采收过早，产量低、品质差，由于温度较高，果实呼吸率高而耐藏性也差，采收越早，损失越大。过晚采收，容易裂果，贮运期易烂果，商品价值降低，且由于果实生长期延长，养分耗损增多，减少了树体贮藏养分的积累，降低树体越冬能力，影响翌年结果。因品种不同，以籽粒、颜色达到本品种成熟标志，确定适宜的采收期，黄淮地区，早熟品种一般8月下旬、9月上旬成熟，晚熟品种可至10月中下旬。

另以调节市场供应、贮藏、运输和加工的需要、劳动力的安排、栽培管理水平、树种品种特性以及气候条件来确定适宜的采收期。我国人民有中秋节走亲访友送石榴的习惯，不论成熟与否，一般中秋节前石榴都大量上市；石榴是连续坐果树种，成熟期不一致，要考虑分期采收，分批销售；树体衰弱、管理粗放和病虫为害而落叶较早的单株，也需提前采收，以免影响枝芽充实而削弱越冬能力；用于贮藏的果品要适当早采收，果实在贮藏期有一个后熟过程，可以延长贮藏期；准备立即投放市场的，随销随采，关键是颜色要好。久旱雨后要及时采收，减少裂果，雨天禁止采收，防止果内积水，引起贮藏期烂果。

三、采收技术

采收过程中应防止一切机械伤害，如指甲伤、碰伤、压伤、刺伤等。果实有伤口，微生物极易侵入，增强呼吸作用，增加烂果机会，降低贮运性和商品价值。石榴果实即使充分成熟也不会自然脱落，采摘时一般一手拿石榴，一手持剪枝剪，将果实从果柄处剪断，剪下后将果实轻轻放入内衬有蒲包或麻袋片等软物的篓、篮、筐内，切忌远处投掷，果柄要尽量剪短些，防止刺伤果。当时上市的果实，个别果柄可留长些，并带几片叶，增加果品观赏性。转换筐（篓）、装箱等要轻拿轻放，防止碰掉萼片。运输过程中要防止挤、压、抛、碰、撞。

采果时还要防止折断果枝，碰掉花、叶芽，以免影响翌年产量。

第二节　分级、包装

一、分级

果实采摘下树后，要置于阴凉通风处，避免太阳暴晒和雨淋，来不及运出果园的，存放果实的筐上要盖麻袋或布单遮阳。利用运到选果场倒筐之际进行初选，将病虫果、严重伤果、裂果挑出。对初选合格的果实再进行分级包装，分级是规范包装、提高果实商品价值的重要措施。国内各地制定的分级标准一般以果柄、花萼、单果重、果面光洁度等为依据。依据《石榴质量等级》（LY/T 2135—2018）对甜石榴果实分级定为特级、一级、二级 3 个级别（表 10-1）。

表 10-1　甜石榴等级规格指标

项目		等级		
		特级	一级	二级
果柄		完整	完整	可无果柄，但不伤果皮
花萼		完整	完整	稍有缺损，但不伤果皮
单果重（g）	大果型	≥500	≥400	≥300
	中果型	≥400	≥350	≥300
	小果型	≥380	≥340	≥250
果面	日灼	无	无	面积不超过 2 cm^2
	锈斑	无	允许水锈薄层，垢斑点不超过 5 个，总面积不超过果面的 1/10	允许水锈薄层，垢斑点面积不超过果面的 1/6

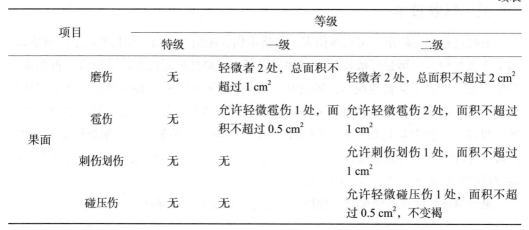

项目		等级		
		特级	一级	二级
果面	磨伤	无	轻微者 2 处，总面积不超过 1 cm²	轻微者 2 处，总面积不超过 2 cm²
	雹伤	无	允许轻微雹伤 1 处，面积不超过 0.5 cm²	允许轻微雹伤 2 处，面积不超过 1 cm²
	刺伤划伤	无	无	允许刺伤划伤 1 处，面积不超过 1 cm²
	碰压伤	无	无	允许轻微碰压伤 1 处，面积不超过 0.5 cm²，不变褐

二、包装

石榴妥善包装，是保证石榴果实完好，提高商品价值的重要环节。为便于贮藏和运输，减少损失，一般包装分两种。

一是用竹或藤条编成的筐、篓包装。规格大小不一，每篓、筐装果 20～30 kg。筐为四方体或长方体形，篓为底小口大的柱体形，篓盖呈锅底形。装果前篓筐内壁先铺好蒲包或柔软的干草，为了达到保温、保湿、调节篓内气体的目的，可于蒲包内衬一适当容积的果品保鲜袋，然后将用柔软白纸或泡沫材料网袋包紧的石榴分层、挤紧、摆好，摆放时注意将萼筒侧向一边，以免损伤降低品级，篓筐装满后，将蒲包折叠覆盖顶部，加盖后用铁丝或细绳扎紧。筐内外悬挂写有重量、品种、级别、产地的标签。

二是纸箱包装。包装箱规格有 50 cm×30 cm×30 cm、40 cm×30 cm×25 cm、30 cm×25 cm×20 cm 和 35 cm×25 cm×17 cm 等，箱装果重量分别为 20 kg、10 kg、5 kg 和 4.5 kg，根据需要确定包装规格。装箱时，先在箱底铺垫一层纸板，后将纸格放入展开，将用柔软白纸或泡沫材料网袋裹紧的石榴放入每一格内，萼筒侧向一边，以防损伤。装满一层后，盖上一张硬纸板，再放入一个纸格装第二层。依次装满箱后，盖上一层硬纸板，盖好箱盖，胶带纸封箱，扎紧打包带。箱上说明品种、产地、级别、重量等。石榴包装要注意分品种、分级别进行，不破箱、不漏装、果实相互靠紧、整齐美观。减少长途运输挤压、摩擦，保证质量。

三是礼品式精品包装。有多种包装规格，适合不同的消费人群，可以开发各种人性化设计。

第三节 贮 藏

石榴为中秋之际时令佳果，搞好贮藏保鲜，是调剂市场、延长供应时间、利用季节差价、提高经济价值，直至远距离运销的重要手段。

一、贮藏条件

影响石榴保鲜贮藏的关键因素是贮藏场所的温度、湿度和气体成分。

1. 温度

贮藏温度的高低及其稳定程度影响石榴的贮藏效果。

刘兴华等（1998）对大红甜、天红蛋和净皮甜在室温、0±1℃、4±1℃和8±1℃下褐变情况研究表明，大红甜、净皮甜两个品种控制褐变最适宜的贮藏温度为8±1℃，贮藏至106 d时，其褐变指数分别为0.11、0.05；天红蛋在4±1℃褐变出现的时间比在0±1℃早。

张静等（2005）将泰山红石榴置于6~7℃、湿度85%~90%条件下，可有效防止冷害发生，贮藏期可达100~120 d；若进行1个月内的短期贮藏，可将温度降低至4℃左右。

张润光等（2006）对陕西临潼的净皮甜研究表明，贮藏温度低于2℃易发生冷害，8℃时果皮褐变严重。

周锐等（2004）对云南蒙自甜研究表明，贮藏温度在2℃和4℃均未发生冷害症状，且二者无显著差异。

新疆的石榴大多含糖量较高，在10月采收时，石榴种植地的昼夜温差较大，石榴的耐低温性较好，而且销售一般是翌年的1、2、3月，温度也较低，所以新疆石榴的适宜贮藏温度为3~4℃，正常情况下贮藏3~4个月没有冷害发生，但出库后货架期较短，一般为10~15 d。出库后在常温下长期存放，果皮颜色变晦暗，籽粒颜色也易褐变。

国内多地对突尼斯软籽石榴果实在普通冷库的贮藏经验认为，4~7℃较合适，但以5~6℃最理想。

国外资料关于石榴果实适宜的贮藏温度：Mukeriee报道石榴可在0℃或4.5℃，相对湿度80%~85%的条件下贮藏7个月；Lutz推荐贮藏石榴4个月的优良条件是温度0℃，相对湿度90%；而Elyalem S.M.认为石榴是对低温非常敏感的果实，如果将石榴贮藏2个月，最安全的温度是5℃，由于在-1℃出现低温冷害症状，因此果实不能在此条件下贮藏，若贮藏在0~2.2℃，解除贮藏后，果实应立即消费。

不同品种适宜的贮藏温度不同，在大量贮藏时要作好针对性研究，合适的贮藏温度确定后，温度的控制精度在 ±0.5℃为宜。

综合国内外石榴果实贮藏经验，不同的品种、同一品种不同产地、果实采收早晚即果实的成熟度都影响石榴果实的贮藏效果。石榴果实贮藏的温度应控制在 3～6℃为宜。在安全贮藏温度条件下贮藏的，在解除贮藏后果实应立即消费。不同品种的石榴果实，含水率、耐贮性等方面存在较大差异，每个品种贮藏的适宜温度不同，含水率高的品种，贮藏温度适当高些。同一品种产地不同，成熟期不同，贮藏温度也不同，9 月中旬前成熟，贮藏温度以 5～6℃为宜；9 月中旬后成熟，贮藏温度以 3～5℃为宜。

2. 湿度

控制贮藏场所空气相对湿度是石榴果品贮藏的关键。空气相对湿度过低，果皮易变干、变黑、发硬；空气相对湿度过高，果实则易发病腐烂。

据新疆农业科学院贮藏试验，新疆石榴在保鲜库内相对湿度大于 90%，石榴的萼端易产生霉菌，并迅速扩展致使整个石榴腐烂，而当相对湿度低于 85%，即使温度稍高也可控制石榴腐烂的发生。

张润光等（2006）对陕西临潼的净皮甜研究表明，贮藏温度 4.5±0.5℃，相对湿度 90%～95%，3% CO_2+3% O_2 条件下贮藏 100 d，果皮褐变指数 0.1 左右，腐烂率仅为 3.5%，且籽粒感官评价最佳（其可溶性固形物保持在 14.2%，较初始可溶性固形物 15.6% 稍低；可滴定酸含量为 0.38%，低于初始滴定酸 0.45% 值）。

在环境温度适宜时，石榴贮藏环境的相对湿度应保持在 85%～90% 为宜。相对湿度的调节，应根据不同品种果实果皮含水率而定。果皮含水率相对较低的品种，环境相对湿度应大些；而果皮含水率相对较高的品种，环境相对湿度应小些。

3. 气体

贮藏石榴最适宜的 O_2 和 CO_2 成分因贮藏的品种、成熟度、温度不同而有所变化。

胡云峰（2003）等研究认为，适宜低温加 2%～4% O_2，气调贮藏石榴可抑制果皮褐变。

张静等（2005）以泰山红为材料，贮藏在 6～7℃条件下，选择 O_2≥5%、CO_2≤1% 气体成分进行贮藏，可贮藏 100～120 d。

赵迎丽等（2011）以新疆大籽为材料，八成熟采收，预冷 24 h 后贮藏在 8±0.5℃，5% CO_2+3%～5% O_2 16 周，贮藏效果显著优于对照和其他气体组合（3% CO_2+3% O_2，5% CO_2+10% O_2，10% CO_2+10% O_2），好果率达到 73.3%～74.4%，显著高于对照的 51.27%；籽粒可溶性固形物含量 14.2%～14.5%，显著高于对照的 13.3%，可滴定酸为 0.45%～0.51%，低于对照的 0.52%。

Kupper W. 等（1995）将 Hicaz 石榴置于 CO_2：O_2 为 1.5%：3.0%、3.0%：3.0% 或 6.0%：3.0%（相对湿度是 85%～90%）的条件下进行贮藏发现，在 8℃或 10℃下正常空气中可贮藏 50 d，而加上气调贮藏可贮藏 130 d。

可见，适宜的温度和相对湿度与气体成分组合可提高商品果率、延缓籽粒可溶性固形物的下降，减少生理性病害的发生。

也有贮藏试验认为，石榴果实是无呼吸高峰的果实，贮藏期间产生少量的乙烯，而且对各种外加乙烯处理无反应。果实产生的二氧化碳和乙烯两者的浓度均随温度的升高而增加。在适宜温度条件下贮藏时，石榴贮藏适宜的气体成分氧气浓度为2%~5%、二氧化碳的浓度为1%~10%。

4. 贮藏场所的压力

适宜的减压处理对石榴的贮藏也十分有利。

张润光等（2012）将石榴置于50.7 kPa条件下，结合4℃低温处理，可使其贮藏120 d。

5. 环境净度

包括贮藏环境净度和贮藏果实自身净度，二者无菌、卫生清洁，是防止和减轻贮藏病害的关键，故贮藏前一定要对贮藏场所、贮藏果实进行杀菌、消毒处理。

二、贮前准备

1. 选择耐贮品种

品种不同，耐贮性不同，用于贮藏的品种，必须品质优良、适于长期存放。如河南的蜜宝软籽、蜜露软籽，陕西临潼的临选1号，安徽的淮北软籽1号，山西的江石榴，四川会理的青皮软籽等品种。

2. 适期采收

石榴由于花期不集中导致果实成熟期不一致。用于贮藏的果实，可以采收成熟度在90%左右的果实，果实在贮藏期有一个后熟过程，适当早采果可以延长贮藏期。

3. 场所和器具准备

在果实采收前，根据生产量的多少，决定贮藏量和贮藏方法，对贮藏场所和器具提前做好物质准备和消毒处理。常用消毒杀菌剂有多菌灵、代森锌、甲基硫菌灵等。

4. 果实采后处理

将采下准备贮藏的果实，经过严格挑选，剔除病、虫果和残伤果，分级处理，分级存放。采后处理方式较多，可以单独进行，也可结合进行。处理方式直接影响耐贮效果。

（1）预冷。采后及时预冷处理消除石榴果实携带的田间热，可以降低呼吸强度，提高果实耐贮性。采用土窑洞、棚窖等常温进行贮藏时，可以采用自然散热的方式，即采收后在阴凉、通风的凉棚下放置2~3 d，经发汗、降温、果皮水分稍散后，再入库贮藏。

用冷库贮藏时，可以将产品置于包装箱或周转箱内，不码垛，不封闭包装袋，摊晾在冷库内预冷，待果品温度降至适宜温度时（一般4±0.5℃）再码垛。每天入库的果品不宜超过藏量的20%，以免贮藏库温度下降过慢，对原有已经入贮的果品产生影响。还可将石榴浸入冷水中或用冷水喷淋预冷，可以采用流水系统或采用传送带系统。水冷法预冷水中一定要加入防腐保鲜剂，浸水后的果实一定要将果实表面、萼筒晾干后方可入库。

（2）防腐保鲜处理。对大量贮藏的石榴果品进行防腐保鲜处理可以提高其耐贮性，保证贮藏果品品质。

付娟妮（2005）研究，在采前4～6 d用70%甲基硫菌灵可湿性粉剂2 000倍液对石榴树喷雾，或采后用70%甲基硫菌灵可湿性粉剂1 500倍液浸蘸1 min左右，晾至果面及萼筒内无残留溶液，预冷至5℃左右时用0.03 mm厚的PE膜包装贮藏，贮藏至90 d时其腐烂指数为0.02，为不用任何药剂处理的1/3。而且，药剂处理对石榴籽粒的可溶性固形物含量和可滴定酸含量无明显不良影响。

也可用50%多菌灵1 000倍液或45%噻菌灵悬浮剂800～100倍液浸果3～5 min，彻底晾干后入贮；或用石榴专用保鲜剂浸果3～5 min也可。

采后用山梨酸钾处理和气调冷藏（CA）结合可控制灰霉和提高石榴的耐藏性。将Wonderful石榴采后用山梨酸钾处理（21℃，3%溶液处理3 min）后置于7.2℃、气调冷藏15周，贮藏效果理想。

利用涂膜保鲜剂羧甲基纤维素钠、壳聚糖等也有利于石榴的贮藏。

张有林等（2007）以陕西临潼净皮甜石榴为试材，用pH值4.0的0.5%的羧甲基纤维素钠（CMC）溶液（CMC先用少量95%乙醇溶解，后加入40℃蒸馏水，充分搅匀，冷却后用20%柠檬酸溶液调节pH值）浸果15 s，取出风干24 h后，用打孔PE袋单果包装，在5±0.5℃、相对湿度90%～95%条件下贮藏120 d，其褐变指数0.15左右，远远低于对照的0.5左右。

张润光等（2008）将陕西临潼净皮甜在6±0.5℃下预冷3 d，用1%壳聚糖浸果30 s，取出后自然晾干。后用打孔PE袋进行单果包装，置于5±0.5℃、相对湿度90%～95%条件下贮藏120 d，其商品果率为96.1%，可溶性固形物含量由最初的15.6%降至14.4%，籽粒可滴定酸含量由最初的0.42%降至0.395%，效果理想。

刘雪静等（2001）用1%～2%的壳聚糖溶液加适量的添加剂、调整pH值<5，对大青皮石榴进行保鲜研究，涂膜、风干、预冷后置于2～4℃下保存的石榴贮藏至85 d时，果实依旧颜色鲜艳、表皮光亮，风味正常；而对照（不涂膜，其他条件同）则出现表皮干缩、褐变现象，风味正常。

保鲜剂处理时，一定要选择适宜的石榴果实保鲜剂，并且要正确使用，否则可能造成伤害（彩图10-1）。

（3）包装。科学的包装可以减少蒸腾作用、避免机械伤害，并减少结露现象对果实的伤害，提高果实耐贮性。预冷后的果实，用吸水性良好的纸包裹，并用0.01 mm的塑料薄膜或发泡网袋进行单果包装，后置于贮藏箱、筐内，贮藏箱、筐内的摆放以3～5层果实为宜，"品"字形排列，萼筒侧向一边，避开上层果实的压力，包装后进入预先已经冷却的冷藏库进行贮藏。若用纸包裹后采用大袋包装应注意：袋口不要扎紧，折叠即可，也可采用微孔膜包装。大袋包装如果紧扎袋口，易造成大量果皮褐变现象；微孔膜包装可以避免出现褐变现象，也可减少结露现象对石榴的损害。选用 PE 膜、X-tend 膜、拉伸膜、聚酰胺塑料薄膜、聚烯烃膜和硅窗袋均取有良好的贮藏效果。

冷库中贮藏 3~4 周短期内就销售的果实，不必要进行特殊的技术处理，采收后经过预冷直接入库存放就行。冷库中贮藏期超过 2 个月，应进行相应的贮藏技术处理。

三、贮藏保鲜方法和管理

1. 室内堆藏法

选择通风冷凉的空屋，打扫清洁，适当洒水，然后消毒。将已消毒的稻草在地面铺 5~6 cm 厚。其上按一层石榴（最好是塑料袋单果包装）、一层松针堆放，堆 5~6 层为限。最后在堆上及四周用松针全部覆盖，在贮藏期间每间隔 15~20 d 检查 1 次，随用随取。此法可保鲜 2~3 个月。

2. 井窖贮藏

选择地势高、地下水位深的地方，挖成直径 100 cm、深 200~300 cm 的干井，然后于底部向四周取土掏洞，洞的大小以保证不塌方及贮量而定。贮藏方法是在窖底先铺一层消毒的干草，然后在其上面摆放 3~6 层石榴，最后将井口封闭。封闭方法是在井口上面覆盖禾秆或秫秸，中间竖一秫秸把以利通风，上面覆土封严。此法可保鲜至翌年春。井窖保护妥当时，可连续使用多年。

3. 坛罐贮藏

选坛罐之类容器冲洗干净，然后在底部铺上一层含水 5% 的湿沙，厚 5~6 cm，中央竖一秫秸把或竹编制的圆筒，以利换气。在秫秸把或竹编制的圆筒四周装放石榴，直至装到离罐口 5~6 cm 时，再用湿沙盖严封口。

4. 袋装沟藏

（1）挖沟。选地势平坦、阴凉、清洁处挖深 80 cm、宽 70 cm 的贮藏沟，长度根据贮藏数量而定。于果实采收前 3~5 d，白天用草苫将沟口盖严、夜间揭开，使沟内温度降至和夜间低温基本相同时，再采收，装袋入沟。

（2）装袋。将处理过的果实（用 100 倍 D7 保鲜剂浸泡 10 min，或用其他保鲜剂）装入厚 0.04 mm、宽 50 cm、长 60 cm 的无毒塑料袋，每袋装 20 kg，装袋后将袋口折叠，放入内衬蒲包的果筐或果箱内，盖上筐盖或者箱盖，不封闭。

（3）管理。贮藏前期，白天用草苫覆盖沟口，夜间揭开，使贮藏沟内的温度控制为 3~4℃。贮藏中期，随自然温度不断降低，当贮藏沟内温度降至 3℃ 左右时，把塑料袋口扎紧，筐箱封盖，并用 2~3 层草苫盖严贮藏沟，使其呈封闭状态，每个月检查 1 次。贮藏后期，3 月上中旬气温回升，沟内贮藏温度升至 3℃ 以上时，再恢复贮藏前期的管理，利用夜间的自然降温，降低贮藏沟内的温度。利用此法果实贮藏到翌年

4月，好果率仍达90%以上。

5. 土窑洞贮藏

适于黄土丘陵地区群众有利用窑洞生活的石榴产区采用。一般选取坐南朝北方向，窑身宽3 m、高3 m、洞深10～20 m，窑顶为拱形，窑地面从外向内渐次升高或呈缓坡形，以利于窑内热空气从门的上方逸出。窑门分前、后两道，第一道为铁网或栅栏门，第二道为木板门，门的规格为宽0.9 m左右，高2.0 m左右，两道门距3 m左右，作用为缓冲段，以保持藏室条件稳定。在窑内末端向上垂直打一通风口，通风孔下口直径0.7 m左右，上口直径0.4 m左右，出地面后再砌高2～3 m。

窑洞地面铺厚约5 cm的湿沙，将药剂处理过的果实用塑料袋单果包装好后散堆于湿沙上4～5层；或者用小塑料袋单果包装后装筐，也可加套塑料果网后每15 kg装1袋（塑料袋或简易气调袋）置于湿沙上，码放1～2层。

果实贮藏初期将窑门和通气孔打开通风降温。12月中旬后，外界温度低于窑温时，要关闭通气孔和窑门，门上挂棉帘或草帘御寒，并注意经常调节室内温度与湿度。贮藏初期要经常检查，入库后每15～20 d检查1次，随时拣出腐烂、霉变果实，以防扩大污染。窑洞贮藏要注意防鼠害。

6. 机械冷库贮藏

前面介绍的几种贮藏方法都是利用自然冷源，通过人工调节覆盖物或门窗的关闭来控制温度，难以精准控制石榴贮藏所需的适宜温度，属于简易贮藏方式，温度低则易出现石榴冻害、冷害，温度高则易出现果实腐烂现象而缩短贮藏期限。

与传统的方法相比，机械冷库具有调温速度快、控温效果好、温度波动不大等优点。通过电脑控制实现温度调控，使产品贮藏在相应的适宜的温度条件下，可以起到抑制呼吸强度、减少水分蒸发、防止腐烂的作用，从而达到延长贮藏时间和保持产品新鲜完好的目的。机械冷库贮藏还具有库容小、经营灵活性好、有利于提高产品的贮藏保鲜质量；造价低，投资少；操作简便，自动化程变高等特点。

（1）库房消毒。用机械冷库贮藏石榴，无论是新建库还是已使用过的库，都要在石榴入库前一周进行库房和用具消毒。消毒方法如下。

①硫黄熏蒸法：按5～15 g/m³硫黄的量，用锯末、稻糠、谷糠等作助燃剂，放入瓦罐或铁盆内分点施放。点燃后立即将明火扑灭，使其发烟，密闭熏蒸24～48 h后，打开库门进行通风排药1～3 d，以库内无刺激气味为宜。

②用0.2%过氧乙酸、0.59%高锰酸钾溶液、2%～3%的福尔马林、1%～2%的漂白粉溶液、84消毒液等进行喷洒消毒。用具、包装材料、容器等要全部消毒，也可用漂白粉溶液清洗后置于阳光下暴晒消毒。消毒过的库体在石榴入贮前2～3 d开始降温，将温度降至4℃左右即可。同时，注意加湿，湿度以85%±5%为宜。

（2）库房预冷。库房消毒后，提前3～5 d开动制冷机进行降温，使空库气温降至4℃左右（因贮藏品种不同，设定温度值也不同）并维持这一温度，目的是将库房墙壁、屋顶、地面以下的土层中蓄积的、仍向库房内释放的热量消耗掉，以保证在预冷及贮藏过程中库内维持较稳定的低温。四川、云南石榴产区石榴成熟期较早，外界自然温度较高，降温时间要比秋末更长一些。

（3）果品入库和码垛。库内温度达到预定目标后，即可将用保鲜剂处理、已包装入箱的石榴入库进行预冷。

有专门预冷间进行预冷处理的产品可在预冷、包装后直接入库贮藏，若没有专门的预冷间，要求每天入贮量不超过总库容的20%，入贮后先进行彻底冷却，待包装箱、框中心果实温度降至4～5℃时再进行码垛。

码垛前，垛底要用木方或砖顺风向条状垫起，高度为10～15 cm，以利于通风和冷气循环。冷库贮藏中的码放要注意"三离一隙"，即货垛与墙壁之间、与天花板之间、与地板之间要有一定的距离，分别为20～30 cm、50～80 cm、10～15 cm，货垛与货垛之间的间隙为30～50 cm，另外，货垛与冷气出风口之间的距离也要保持在30～40 cm。

码垛时先从库房最里面的一角开始，要直接码到距库顶50～80 cm处，腾出大部分空地作为下一批石榴预冷场地。

这样反复操作直至库房装满为止。果实温度降至（4±0.5）℃时，在靠近风机冷风口或蒸发器附近处的箱顶要放防寒物，用保温被或麻袋等。其余箱顶（若为板条箱）放两层报纸可起防冻作用，减轻冷风直吹造成顶层石榴因温度波动大而结露的现象。

（4）库房管理。石榴完全入贮后，当果温达到（4±0.5）℃时即进入正常管理阶段。虽有自动控温装置，但也应在库房的上中下、四边、中心不同位置放置温度计，以便适时掌握库内各点位温度。

在贮藏期间，要注意保持库内设定的、适宜的温度，维持库内温度稳定，防止温度剧烈波动，温度控制精度以 ±0.5℃为宜。温度波动过大，低则易造成果实冷害，高则易造成果实腐烂。

为了能及时了解贮藏质量，根据贮藏数量在垛内的不同部位要留出数量不等的观察箱，定期检查贮藏保鲜情况。如发现有发霉、腐烂、裂果、药害、冻害等迹象时要及时组织销售。同时可利用白天温度较高时启动风机通风换气，保持库内空气新鲜，降低库内相对湿度。

7. 气调贮藏

气调贮藏是在适宜的温度和相对湿度条件下，改变贮藏环境中的 CO_2 和 O_2 浓度，更为先进的、达到长期贮藏保鲜果实的一种方法。贮藏环境中的 O_2、CO_2 浓度和温度、相对湿度以及其他影响贮藏效果的因素存在显著的互作效应，它们保持一定的动态平衡，形成适合某个品种长期贮藏的气体组合条件，因此适合石榴贮藏的气体组合可能有多个，所以要结合不同的石榴品种和贮藏的温度、相对湿度选择适宜的气体组合。品种不同，其适宜的贮藏温度、相对湿度、O_2 和 CO_2 浓度比值不同。

四、石榴贮藏期间的病虫害及防治

石榴贮藏过程中常见的病害可归纳为两类：侵染性病害和生理性病害。侵染性病害造成果实的腐烂；生理性病害造成果实生理失调，最终导致组织死亡和腐烂。

1. 石榴贮藏期果实腐烂病（软腐和干腐）

石榴贮藏期间果实腐烂的原因，主要有两个方面：一是病原菌侵染，即侵染性病害；二是机械损伤果。

（1）症状。腐烂从靠近果实萼筒部位开始，发病初期病部出现水浸状斑块，随病情发展，后期果实表面密生黑褐色、细沙大小的颗粒状物，发病后症状主要表现为软腐和干腐两种类型。组织腐烂时，随着细胞的消解流出水分和其他物质，如果细胞的消解较慢，腐烂组织的水分及时蒸发消失则形成干腐，整个果实干缩或局部干缩，籽粒失水皱缩；软腐则是中胶层先受到破坏，腐烂组织细胞离析，再发生细胞消解，细胞的消解较快，腐烂组织不能及时失水形成软腐，整个果实果皮糟软，稍挤压即出水（彩图10-2）。

（2）病原。

郑晓慧等对四川凉山石榴贮藏期果实腐烂病病原菌鉴定为垫壳孢（*Coniella granati*）；软腐病的病原菌有3种，分别为光孢青霉（*Penicillium glabrum*）、黑曲霉（*Aspergillus niger*）、灰葡萄孢（*Botrytis cinerea*）。

付娟妮等（2007）对陕西临潼净皮甜研究，石榴果实感病初期病部出现褐色或棕红色的小斑点，逐渐发展成褐色水浸状斑块，这种斑块在干燥环境里病部失水呈干腐症状，在湿润环境中呈褐色软腐状，且内部糜烂，籽粒变褐腐烂；导致发病的病原真菌为葡萄座腔菌（*Botryosphaeria dothidea*）。

周又生等（1999）研究认为石榴干腐病的病原菌是石榴鲜壳孢（*Zythia versoniana* Sacc），其有性阶段为石榴干腐小赤壳（*Nectriella versoniana* Saztl. et Penz.）。

刘兴华等（2001）研究认为，石榴软腐病的病原菌为紫变青霉组的紫变青霉（*Penicillium purpurescens*）。

李怀方等研究表明，青霉病发病的最适温度为18～27℃。石榴在进行室温贮藏时，容易发生由青霉菌引起的软腐，随着贮藏期限的延长，果实抵抗能力下降，干腐病菌会逐渐占据优势，导致干腐病的发生。

Labuda等（2004）认为引起石榴腐烂的病原菌是纠缠青霉（*Penicillium implicatum*），其典型症状是外果皮表现为微红褐色坏疽，症状从表皮向果肉蔓延，在果肉内部有蓝灰色孢子，心皮隔膜表现为坏疽症状。Tedford等（2005）研究发现引起加利福尼亚州Wonderful石榴腐烂的病原菌是灰葡萄孢（*Botrytis cinerea*）。

（3）病原和发病规律。胡青霞等（2010）研究表明，软腐病主要发生在贮藏的前30 d和贮藏的60～90 d，一般贮藏一周左右即显现软腐病果，贮至一个月时，腐烂病果率可达 10%～30%。干腐病在贮藏的前 30 d 没有发生，而在贮藏的后期（60～90 d）迅速增加。在贮藏中期（30～60 d）腐烂病发展较为少见。

由病原菌引起的果实腐烂病其病原菌来源主要有以下几种。

①入库时果品上携带的来自田间的病原菌：有研究表明，来自田间的果实，在萼筒部位检出较多的寄生在此处引起果实腐烂的病原菌。

②田间已被侵染但还没有表现症状的果品：有的是病原菌侵入较晚，因外界环境条件不适合而未发病，有的是病原菌本身就具有潜伏侵染的特性，如石榴的干腐病，栽培期间已经感病，在贮藏后条件适宜时陆续发病。

③田间已被侵染发病但没有严格剔除混进贮藏库的果实。

④分布在采收工具、分级间、包装间、贮藏库及贮藏用具上的某些腐生菌或弱寄生菌。

据张唯一（1985）调查，保鲜库内空气中有大量的细菌、青霉、根霉、链格孢、镰刀霉、假菌丝酵母等，库温高低直接影响微生物种群，当库温高于 10℃时以青霉菌（*Penicillium* sp.）为主，库温下降到 10℃以下，链格孢（*Alternaria* sp.）占优势。贮藏中环境条件直接影响病原菌的活动状态，促进或抑制其生长发育，也影响果实的生理状态，保持或降低其抗病力。这些病原菌有的可以直接穿透果实表面的角质层或细胞壁侵入；有的通过自然孔口侵入；有的通过采收、运输、贮藏中发生的机械伤口侵入。

病原菌与石榴果实接触并形成侵入受多种因素的影响。石榴抗病性、石榴表面的拮抗微生物、寄生分泌物、渗出物的因素是果实内在因素，外在因素有湿度、温度、气体成分等，其中湿度、温度最重要。孢子的萌发需要游离水的存在，恒定适宜的低温可以减少结露现象的发生，因此贮藏期保持恒定适宜的低温对于减少感染至关重要。同时，保持适宜的相对湿度对于维持果实鲜活的外观、增强其抗病性起着决定性作用。

一旦病原菌侵入果实，温度则决定着症状的表现与否，湿度则成为次要因素。如果温度适宜，可以抑制病原菌的繁殖扩展，使其潜育期延长，若果实抗病性强或其生理条件不利于病原菌的扩展，则病原菌呈现潜伏状态而不表现症状，但当寄主抗病性减弱时，则继续扩展并表现症状。

（4）机械损伤。果实在采摘、运输、贮藏过程中，由于处理不当造成的机械损伤，特别是挤、压性内伤，贮藏、分选时，因外观看不到有伤害，而混入正常果中，贮藏一段时间后，多从内部开始腐烂，并且易被病原菌侵染，又叠加为侵染性病害。

（5）防控措施。

①加强田间综合管理，提高果实的抗病性能：做好田间栽培及病虫害综合管理，减少田间病原菌的种类及菌群基数及果实的感染，提高果实的营养水平，增强果实的耐贮性和抗病性。

②重视贮前预防：包含采前一系列的操作流程，以创造一切有利条件发挥果实的耐贮性和抗病性。包括对果实进行适期无伤采收、分级包装运输过程中尽量避免各种损伤、轻装轻卸、严格选果入库、科学包装、防腐保鲜处理等，也包括对贮藏场所的

消毒和对贮藏场所温度、湿度及气体成分的管理等。

③合理利用化学防治：即合理利用杀菌剂杀死或抑制病原菌，对未发病果实进行保护或对已发病果实进行治疗；或利用植物生长调节剂提高果实的抗病能力。

付娟妮等（2005）研究表明，采前 4~6 d 喷洒 70% 甲基硫菌灵可湿性粉剂 2 000 倍液、采后 24 h 内预冷至 5℃ 左右，然后用 0.03 mm 厚的 PE 袋单果包装并装箱入库贮藏，防腐烂效果最好；采后用 70% 甲基硫菌灵可湿性粉剂 1 500 倍液浸果 1 min，防腐烂效果次之。

其他防治方法可以参考本章前述入库前防腐处理。

④利用生物防治：生物防治以不污染环境、无农药残留、生产相对安全、病原菌不产生抗性等优点而成为防病治病的方向。可以筛选拮抗微生物进行病害的预防，或利用诱导因素诱导果实产生对病菌的抗性进行病害的预防，也可利用天然抗病物质进行病害的防治。

2. 石榴贮藏期果皮褐变

为生理性病害，造成果实生理失调，最终导致组织死亡和腐烂。

（1）症状。果皮变成黑褐色，果皮软化，籽粒由于花青素的降解而失去颜色，同时产生异味和腐烂。果实褐变后易感染霉菌，严重影响石榴的外观品质与商品价值（彩图 10-3）。

（2）发生原因。冷害、热胁迫以及其他生理伤害均能引起果皮褐变，其机理是不适宜的贮藏条件加剧了细胞膜脂过氧化反应，细胞膜脂过氧化产物丙二醛积累过多，增大了细胞膜的通透性，破坏了褐变底物与多酚氧化酶的分布区域，使得褐变底物和酶结合并发生反应。

石榴褐变的基础是酚类物质，在其贮藏过程中发生的褐变主要是酶促褐变，并且多酚氧化酶是参与褐变的主要酶，石榴果皮含有大量植物多酚，约占石榴皮干重的 10%，是采后果皮褐变的另一主要原因。石榴在贮藏期间，果皮总酚、单宁、水分、花青素含量及过氧化氢酶活性均呈下降趋势，而电导率和多酚氧化酶活性呈上升趋势，果皮褐变度升高，已有研究表明单宁是石榴果皮褐变的底物，多酚氧化酶（PPO）是作用酶系。

石榴褐变与机械损伤有关。在生产实践中发现受到机械损伤的果实易发生褐变，这是由于机械损伤引起细胞膜破损，从而造成细胞内物质的外流，细胞液与膜外物质发生反应进而引起褐变。

褐变与贮藏温度有关。文献记载，首次提出石榴采后果皮褐变问题的是 Segal（1981），他通过对 Wonderful 品种研究后提出，石榴果皮褐变是低温伤害的结果，其研究在 0℃、-1℃ 或 2.2℃ 贮藏 8 周后，转移至 20℃ 下放置 3 d，石榴内外均出现低温伤害症状。由此认为，石榴果皮褐变是因为对低温伤害敏感的缘故，低温伤害的发生率和严重程度取决于贮藏温度水平和贮藏期限。

不同品种间褐变发生早晚及对低温的反应均有不同。刘兴华等（1998）研究发现大红甜室温下褐变发生最早，发展也最快，贮藏46 d时，褐变指数已达0.15，是0±1℃、4±1℃、8±1℃下褐变的10倍以上；其次是净皮甜和天红蛋。与设计的其他低温相比，大红甜在不同低温下褐变几乎同时出现，且在0℃下褐变发展最慢，而天红蛋和净皮甜在0℃下褐变出现最晚，出现褐变时已分别贮藏86 d、56 d，但褐变一经发生，则发展很快。

高温也会导致褐变的发生。Ruth Ben-Arie等（1986）的研究一方面证实不适宜的低温（如2℃）会导致石榴于采后5周左右出现冷害症状，即果皮褐变凹陷、出现坏死斑块；另一方面也提出高温会导致石榴果皮的褐变，如在6℃或10℃下贮藏的石榴，均在采后第4周发生表皮褐变，而且10℃下褐变的程度要比6℃下的严重。由此认为，石榴果皮褐变可能存在两种机理，同时肯定适当的低温在一定程度上可抑制果皮褐变的发生。可见降低温度对褐变有一定的抑制效果，但不同品种对低温要求存在差异。

另外，湿度、气体成分、成熟度等条件都与果实发生褐变有关。

（3）防控措施。

①延迟采收期，使果实充分成熟，减少单宁含量，可在一定程度上减轻果皮褐变的发生：石榴果皮的褐变通常由酶促褐变引起，其含有的酚类物质在过氧化物酶（POD）和多酚氧化酶（PPO）的催化作用下被氧化为醌类物质，此类物质进一步聚合形成深褐色物质，进而使果类组织发生褐变。刘兴华等（1998）研究发现石榴果皮中的单宁在贮藏期间逐渐下降，且随着果皮褐变程度的加重，单宁含量下降速度加快。石榴果皮褐变与多酚氧化酶（PPO）活性和单宁含量之间有显著的相关性，褐变发生在PPO活性高峰之后，褐变指数随着单宁含量的下降而增大，严重褐变果皮中的单宁含量明显减少。

张有林等（2007）研究指出石榴褐变是单宁氧化引起的。

②适期采收贮藏：高明友等（1987）对山东峄城主栽品种青皮甜、青皮酸采后研究认为，晚采果表皮的木栓化程度高、蜡质层厚、抗霉菌侵染能力强。此外，晚采果的表皮积聚了较多的天然抗氧化物，从而减少表皮褐变的发生。

③合适的温度和气体组合可以减轻果实褐变的发生：研究表明，适宜的温度和气体组合可以达到抑制果皮褐变又不失其原有风味的良好效果。对石榴这一非跃变型果实，通过气调限制果皮褐变效果明显。

刘兴华等（1998）用PE袋单果包装并置于3~5℃下进行贮藏，既抑制了果皮的褐变，还有效地保持了果实的新鲜度。

④利用保鲜剂处理抑制褐变的发生：前述多种保鲜剂对石榴褐变都有一定的抑制作用。如用$Na_2S_2O_5$对石榴进行处理，发现果皮的褐变程度减轻，可能是由于处理剂释放了具有还原作用的SO_2，抑制了多酚氧化酶活性，刘兴华等也进一步证实了石榴的褐变属于酶促褐变。

3. 石榴贮藏期气体伤害

为生理性病害，主要为低氧伤害和高二氧化碳伤害，造成果实生理失调，最终导致组织死亡和腐烂。

（1）症状。低氧伤害的主要症状为：造成缺氧呼吸，使所贮果实产生酒味，影响正常成熟，表皮或内部组织软化、褐变，局部表皮失水凹陷、腐烂。二氧化碳伤害的主要症状为：表皮或内部组织凹陷、褐变，果皮锈斑、脱水萎蔫，不能正常成熟，有异味等，严重时会出现空腔。此外，石榴贮藏中的挥发性气体，如乙醇、甲醇、乙酸乙酯等，均会使石榴衰老或代谢失调。

（2）发生原因。主要原因是贮藏环境气体成分组合不合理所致。研究表明，贮藏期适宜的气体成分组合可以抑制石榴的呼吸强度，又可避免出现缺氧呼吸，若气体条件不合适，如 CO_2 过高或 O_2 过低，可能会造成 CO_2 中毒或缺氧呼吸，加速果实的腐烂。其中，CO_2 伤害更为常见。Ruth Ben-Aie（1986）认为，低氧条件下发生缺氧呼吸是果实籽粒风味发生劣变的主要原因，但在 $2\%O_2$ 水平下，温度从 6℃ 降到 2℃ 后可改善风味的劣变情况。

（3）防控措施。常用的普通贮藏方法和机械制冷贮藏都不容易控制贮藏环境的气体成分浓度及比例，而气调贮藏可以解决贮藏环境的气体成分浓度及比例问题。要研究探索不同品种的适宜贮藏温度、相对湿度、氧气和二氧化碳气体成分组合，科学利用。在石榴贮藏保鲜过程中要严格控制氧气和二氧化碳浓度及比例，并经常检测贮藏环境中的气体成分，及时通风换气，将有害气体排出，以免造成气体伤害。

4. 石榴贮藏期果实冷害

为生理性病害，是指石榴果品贮藏期间，0℃ 以上的不适宜低温对石榴果实组织形成的伤害，造成果实生理失调，最终导致组织死亡和腐烂。有资料显示，我国每年因低温冷害造成的石榴损失占总贮藏量的 20%～30%。

（1）症状。果实发生冷害后，果实表面凹陷、表皮褐变以及表皮组织坏死、出现坏死斑块。另外，内部籽粒发白或变褐色、出现水渍状，白色隔膜褐变，风味变差，果实更易感染病原真菌。冷害症状从低温冷藏中移到自然室温中，随温度升高，表现时间短，症状更明显（彩图 10-4）。

（2）发生原因。果实冷害的根本原因是低温对细胞结构的破坏，导致果实新陈代谢失调，包括呼吸代谢与活性氧代谢，有毒物质积累，继而出现细胞冷性症状，造成不可逆伤害。

影响冷害发生的因素如下。

①品种因素：不同品种果实其耐贮性不同，一般晚熟、味酸的品种较耐贮藏，如河南的蜜露、蜜宝，陕西的御石榴，山东的大青皮酸，山西的江石榴，云南蒙自的甜绿子，四川的青皮软籽，新疆叶城的叶城大籽，安徽怀远的玛瑙籽等。

②贮藏条件：贮藏条件包括温度、湿度、气体成分及浓度等因素，不同的品种对

安全贮藏的条件不完全相同，需要对所贮品种作针对性的试验。

国内外大部分研究认为，石榴长期贮藏的安全温度为4~7℃，最适温度为5~6℃，低于本品种贮藏的安全温度，果实有可能出现冷害。

适宜低温可显著降低果实组织衰老速率，抑制微生物的生长，延长贮藏周期。但石榴是对低温敏感性果实，贮藏期间不适宜的低温极易导致果实发生冷害症状，而失去商品价值。

（3）防控措施。

①适宜的贮藏条件：必须在本品种安全贮藏的条件下进行，如果没有本品种安全贮藏的技术参数，可以参考其他品种。

②茉莉酸甲酯（MeJA）处理果实：用0.1 mol/L MeJA处理果实，可以提高果实抗逆性及抗病性，其褐变指数、腐烂率较对照处理分别降低39.48%和29.61%，并有效保持果实外观及内在品质。

③适期采收：用于贮藏的果实，九成熟采收较合适。成熟度低的果实贮藏期间失水率较高，加快冷害及褐变症状的发生，而过熟的石榴果实抗病性降低，果实抗冷害能力差，贮藏的商品性差。

④挑选健康的果实，剔除病、虫、残伤果。

⑤选择合理的包装材料：不同厚度与材质的保鲜膜，其透气、透湿性能不同，适宜的包装材料可降低冷害发生程度。石榴在贮藏过程中，果实呼吸消耗氧气，释放二氧化碳，利用保鲜膜的透气、透湿性能，降低袋内氧气，从而达到气调的作用。

5. 石榴贮藏期果实冻害

为生理性病害，是指石榴果品贮藏期间，在0℃及其以下低温对石榴果实组织形成的伤害，造成果实生理失调，最终导致组织死亡而失去商品价值。

（1）症状。贮藏果实受冻害之后，最初的症状一般为水浸状，以后受冻组织变得半透明、透明，产生异味，组织褐变、褪色和腐败。

（2）发生原因。冻害是指果实在0℃及其以下的低温条件下，细胞组织内冻结所造成的伤害，果实一旦发生冻害，组织结构受损，就难以恢复到正常状态。因此，在贮藏过程中应尽量避免冻害的发生。

（3）防控措施。

①控制好不同品种石榴的贮藏温度，尤其不要让石榴果实贮藏在冰点以下温度的环境内。

②解冻时温度不宜过高，升温也不宜过快，应缓慢升温，否则会使冰晶融化速度大于细胞的吸收速度，造成汁液外渗，组织结构破坏，完全失去食用价值。

③冻害发生的初期，籽粒还有食用价值，可以在不解冻的情况下榨汁食用。

6. 石榴贮藏期主要虫害

在石榴贮藏期间发生且造成为害的主要害虫是桃蛀螟和柑橘小食蝇，特别是石榴在常温条件下贮藏时，因为温度较高，桃蛀螟和柑橘小食蝇的为害还较为常见，而在低温贮藏条件下，可较好地抑制其为害。

桃蛀螟在贮藏期还继续为害果实，其实是幼虫在果实采收前已蛀入果实内或还在萼筒内，在采后进行挑选分级入库时没有挑选出来，仍然潜伏在果实内，在常温贮藏、运销期间为害。因幼虫的为害，易使病原菌侵染对贮藏销售造成极大的损失，尤其是常温贮藏的石榴及在常温下运输和销售的果实，造成的损失更大。

在果实采收前或在采收后入库前的这段时间，柑橘小食蝇成虫产卵于石榴果实内，以幼虫期或卵期在果实内进入贮藏阶段，自然贮藏条件下，处于幼虫期的幼虫，以及卵孵化后的幼虫对果实进行为害。柑橘小食蝇为害初期的果实外观表现不明显，很难挑选分拣出来。一旦形成为害，果实即失去食用价值。

桃蛀螟的防治主要在田间管理期间，柑橘小食蝇的防治主要在田间采收期和采后入库前这段时间。具体防治方法见本书害虫防治部分。

第四节 加 工

一、石榴的营养成分

石榴果实营养丰富，籽粒中含有丰富的糖类、有机酸、蛋白质、脂肪、矿物质、多种维生素等人体所需的营养成分。据分析，石榴果实中含碳水化合物 17%，水分 70%～79%，石榴籽粒出汁率一般为 87%～91%，果汁中可溶性固形物含量 15%～19%，含糖量 10.11%～12.49%；果实中含有苹果酸和枸橼酸，含量因品种而不同，一般品种为 0.16%～0.40%，而酸石榴品种为 2.14%～5.30%，每 100 g 鲜汁含维生素 C 11～24.7 mg，比苹果高 1～2 倍，磷 8.9～10 mg，钾 216～249.1 mg，镁 6.5～6.76 mg，钙 11～13 mg，铁 0.4～1.6 mg，单宁 59.8%～73.4%，脂肪 0.6～1.6 mg，蛋白质 0.6～1.5 mg，还含有人体所必需的天门冬氨酸等 16 种氨基酸（表 10-2）。除鲜食外，还可破壳取汁，加工成甜酸适口、风味独特的石榴酒、石榴汁、石榴露、石榴醋等饮品。

表 10-2 酸石榴氨基酸含量分析

氨基酸类别	含量（mg/100 g）	氨基酸类别	含量（mg/100 g）
天门冬氨酸	14.3	亮氨酸	6.2
苏氨酸	3.9	酪氨酸	1.3
丝氨酸	8.6	苯氨酸	11.7
谷氨酸	35.1	赖氨酸	6.7
甘氨酸	7.7	组氨酸	4.0

氨基酸类别	含量（mg/100 g）	氨基酸类别	含量（mg/100 g）
丙氨酸	7.0	精氨酸	7.0
缬氨酸	5.8	脯氨酸	2.3
蛋氨酸	2.3		
异亮氨酸	4.1	总和	128.0

石榴果皮、隔膜及根皮树皮中含鞣质平均为 22% 以上，可提取栲胶，既能作鞣皮工业的原料，也可作棉、麻等印染行业的重要原料。

石榴全身都是宝，可以搞综合开发利用。

二、石榴的加工利用

以下简要介绍几种有关石榴的加工工艺及方法。

1. 石榴酒

（1）工艺流程。

石榴 → 去皮 → 破碎 → 果浆 → 前发酵 → 分离 → 后发酵 → 储存 → 过滤 → 调整 → 热处理 → 冷却 → 过滤 → 储存 → 过滤 → 装瓶、贴标、入库。

（2）操作要领。

①原料处理与选择：选择鲜、大、皮薄、味甜的果实，去皮破碎成浆，入发酵池，留有 1/5 空间。

②前发酵：加一定量的糖，适量二氧化硫 。加入 5%～8% 的人工酵母，搅拌均匀，进行前发酵。温度控制在 25～30℃，时间 8～10 d，然后分离，进行后发酵。

③后发酵陈酿：前发酵分离的原液，含糖量在 0.5% 以下，用酒精封好该液体进行后发酵陈酿。时间一年以上。分离的皮渣加入适量的糖进行二次发酵。然后蒸馏到白兰地，待调酒用。

④过滤、调整：对存放一年后的酒过滤，分析酒度、糖度、酸度，接着按照标准调酒，然后再进行热处理。

⑤热处理：将调好的酒升温至 55℃，维持 48 h，然后冷却，静置 7 d 再过滤。

⑥冷却、过滤、储存、过滤、装瓶、杀菌入库：为增加酒的稳定性，再对过滤的酒进行冷处理。再过滤储存，然后再过滤装瓶。在 70～72℃下维持 20 min 杀菌，后贴封入库。

（3）质量标准。

①感官指标：橙黄色，澄清透明，无明显悬浮物和沉淀物。具有新鲜、愉悦的石榴香及酒香，无异味，风味醇厚，酸甜适口，酒体丰满，回味绵长。具有石榴酒特有的风格。

②理化指标（表10-3）：

表10-3　石榴酒的理化指标

项目	指标
酒度（20℃）（%）	10~12
糖度（g/100 mL）	10~16
酸度（g/100 mL）	0.4~0.7
挥发酸（g/100 mL）	<0.1
干浸出物（g/100 mL）	>1.5

2. 石榴甜酒

（1）原料。石榴、香菜籽、芙蓉花瓣、柠檬皮、白糖、脱臭酒精。

（2）工艺流程。

脱臭酒精、砂糖

↓

石榴→洗净→挤汁→配制→储存→过滤→储存→石榴甜酒

↑

柠檬皮、香菜籽、芙蓉花瓣

（3）操作要领。

①原料处理：选择个大、皮薄、味甜、新鲜、无病斑的甜石榴，出汁在30%以上。洗净，挤汁。

②配制：将石榴汁与其他原料一起放入玻璃瓶内，封闭严密防止空气进入，置一个月。期间，应常摇晃瓶子，使原料调和均匀。

③过滤：一个月后，将初酒滤入深色玻璃瓶内，塞紧木塞，用蜡、胶封严。5个月后可开瓶，经调和即可饮用。

（4）质量标准。

①感官指标：金黄色，澄清透明，无明显悬浮物，无沉淀。风味酸甜适口，回味绵长。酒体醇厚丰满，有独特风味。

②理化指标（表10-4）：

表 10-4　石榴甜酒理化指标

项目	指标
酒度（20℃）（%）	10～12
糖度（葡萄糖）（g/100 mL）	10～16
酸度（柠檬酸）（g/100 mL）	0.4～0.7
挥发酸（g/100 mL）	<0.1
干浸出物（g/100 mL）	>1.5

3.石榴药酒

用酸石榴 7 枚，甜石榴 7 枚，人参、黄参、沙参、丹参、苍耳子、羌活各 60 g，白酒 1 000 mL。将石榴捣烂，余药切碎，放入布袋，置容器中，加入白酒，密封，浸泡 7～14 d 后，过滤去渣即成。主要功用：益气活血、祛风祛湿、解毒避瘟。于饭前温服 20 mL，可以治疗中风、头面热毒、皮肤生疮、颜面生结、眉毛脱落。

第五节　综合利用

一、石榴的药用价值

石榴根、皮、花和果含有多种营养成分和矿物质，具有很高的药用价值和营养保健价值，除鲜食外，广泛应用于医药、食品加工、美容护肤品。

我国古代中医药学对石榴的药用价值多有记载，石榴根、皮、花和果具有性甘、温、酸、涩、无毒的药理作用。《本草纲目》载："榴受少阳之气，而荣于四月，盛于五月，实于盛夏，熟于深秋。丹花赤实，其味甘酸，其气温涩，具木火之象"。《名医别录》云："安石榴味甘、酸，无毒。主咽燥渴。损人肺，不可多食。其酸实壳，治下利，止漏精"。

经现代中医药学研究，石榴根、皮、花、果、叶均具有药用价值。

石榴果实：性味甘、酸、温、涩、无毒，入肾、大肠经。有清热解毒、生津止渴、健胃润肺、杀虫止痢、收敛涩肠、止血等功效。甜石榴性温涩，润燥兼收敛，偏重于治疗咽喉干燥、大渴难忍、醉酒不醒等；酸石榴偏重于治痢疾腹泻、血崩带下、遗精、脱肛以及虚寒久咳、消化不良、虫疾腹痛等症；籽粒可治消化不良。

石榴皮：石榴皮主要含有苹果酸、鞣质、生物碱等成分。味酸涩，性温，归大肠、肾经，收敛涩肠止泻，是中医常用的涩肠止血、止痢止泻、驱虫杀虫良药。能使肠黏膜收敛，使肠黏膜的分泌物减少，对金黄色葡萄球菌、溶血性链球菌、痢疾杆菌、绿脓杆菌、霍乱弧菌、伤寒杆菌及结核杆菌有明显抑制作用和抗病毒、驱绦、蛔虫等作用。可以治疗中耳炎、创伤出血、月经不调、红崩白带、牙痛、吐血、久痢、久泻、便血、脱肛、遗精、崩漏、带下、虫积腹痛以及虫牙、疥癣等症。

根皮：根皮中含有石榴皮碱。性酸涩，温，有毒，具有涩肠、止血、驱虫的功效。对伤寒杆菌、痢疾杆菌、结核杆菌、绿脓杆菌及各种皮肤真菌均有抑制作用，驱蛔要药。主治鼻衄、中耳炎、创伤出血、月经不调、红崩白带、牙痛、吐血、久泻、久痢、便血、脱肛、滑精、崩漏、带下、肾结石、糖尿病、乳糜尿、虫积腹痛、疥癣。内服煎汤，或入散剂。外用煎水熏洗或研末调涂。配砂糖，缓急止泻；配马兜铃，消痔驱虫；配黄连，清热燥湿；配槟榔，驱蛔杀虫。

石榴汁：对防治乳腺癌有特效。

石榴花：性味酸涩而平，主要用于止血，如鼻衄、吐血、创伤出血、崩漏、白带等，并用于治肺痈、中耳炎等病。用其泡水洗眼，有明目效能。

石榴叶：有健胃理肠、治疗咽喉燥渴、止下痢漏精、止血之功能。用叶片浸水洗眼可治眼疾和皮肤病；用榴叶制作的榴叶茶含有 18 种氨基酸，维生素 B_1、维生素 B_2、维生素 C、维生素 E 等含量高。有解毒、保护肝脏、防治血栓及各种出血性疾病，并可降血脂、降血糖，防止肿瘤、心血管、风湿、贫血。对治疗不思饮食、睡眠不佳、高血压等有奇特疗效。

据现代医学研究证明，石榴的药用价值更广泛，保健功能更全面。

石榴汁和石榴种子油中，含有丰富的维生素 B_1、维生素 B_2 和维生素 C，以及烟酸、植物雌激素与抗氧化物质鞣化酸等。

石榴汁：含有多种氨基酸和微量元素，有助消化、抗胃溃疡、软化血管、降血脂和血糖、降低胆固醇等多种功能。可防治冠心病、高血压，可达到健胃提神、增强食欲、益寿延年之功效。

石榴种子油：对防治癌症和心血管病、防衰老和更年期综合征等医疗作用明显。

石榴种子提取物——多酚（标准含量 50%～70%）：是一类强抗氧化剂，具有抗衰老和保护神经系统稳定情绪的作用，可以降低颈动脉内膜—中膜厚度；有助于改善关节功能，对抗关节炎和运动伤害炎症的功效；能改善皮肤光滑和弹性，有助于防止因皮肤弹性流失而出现的皮肤皱纹，在许多欧洲国家，妇女将石榴籽多酚作为补充剂服用，以防止皱纹形成和保持皮肤光滑有弹性；改善循环，对于中风患者、糖尿病、关节炎、吸烟者、口服避孕药物妇女和患有腿部肿胀患者有良好疗效；能减轻因糖尿病而引起的视网膜病变并改善视力；有助于防止瘀伤并抑制静脉曲张形成；石榴籽多酚还是直接保护大脑细胞的抗氧化剂之一，孕妇怀孕期间多喝石榴汁可以降低胎儿大脑发育受损的概率；可以帮助改善大脑功能，抵御衰老。

据以色列科学家研究，石榴汁、石榴种子油中含有延缓衰老、预防动脉粥样硬化、降低胆固醇氧化、消除炎症和减缓癌变进程的高水平抗氧化剂，有显著的抗乳腺癌特性，可消除动脉中的斑块，预防和治疗因动脉硬化引起的心脏病。通常体内的胆固醇被氧化、沉积可导致动脉硬化引发心脏病，如果每天饮用 50～100 mL 石榴汁，连用两周可将氧化过程减缓 40%，并可减少已沉积的氧化胆固醇，即使停止使用，其功效仍可持续一个月。研究还发现，无论是榨取的鲜果汁还是发酵后的石榴酒，其类黄酮的含量均超过红葡萄酒，类黄酮可中和人体内诱发疾病与衰老的氧自由基，而从干石榴种子里榨取的多聚不饱和油中石榴酸的含量高达 80%，这是一种非常独特有效的抗氧化剂，可用以抵抗人体炎症的发生。

美国研究人员经一系列试验证明，石榴汁富含非常有效的抗癌物质——高水平的抗氧化剂，对前列腺癌的效果尤其明显，常饮用石榴汁既可防癌，又可治癌；石榴和其他暗红色水果中的色素含有比红酒及绿茶还要浓度高的抗氧化活性物质，这些物质有助于预防可能导致皮肤癌的日晒伤害。

日本医学界用石榴的果实治疗肝病、高血压、动脉硬化，都取得了良好的效果。

因此，石榴作为一种健康水果、石榴汁作为一种健康饮品已经越来越受欢迎，但石榴是温性水果，有机盐含量颇多，多食能腐蚀牙齿的珐琅质，其汁液色素能使牙质染黑，并易生痰，甚则成热痢，故不宜过食。凡患有痰湿咳嗽、慢性气管炎和肺气肿等病，如咳嗽痰多且痰如泡沫的患者以及有实邪及新痢初起者忌食。另外，用石榴皮驱虫时，只能用盐类泻剂，不可用蓖麻油作泻剂，以免发生中毒症状。

二、与石榴有关的常用医用药方

1.医用药方

（1）风火赤眼。石榴鲜嫩叶 50 g，加水 500 mL，煎至 250 mL，药汁放冷澄清后洗眼。

（2）幼儿红眼病。取鲜石榴叶、木贼草、淡竹叶各 30 g，浓煎液洗眼部。

（3）鼻出血。①石榴花适量，晒干研末，吹入鼻孔，一日数次。②石榴花或石榴嫩叶，搓成小团塞入鼻孔，每日多次。③石榴皮 30 g，水煎服。

（4）烧烫伤。①红石榴花适量，研细末，芝麻油调，搽患处。②石榴皮适量研末，调麻油擦患处。

（5）痢疾、脱肛。白石榴花 18 g，水煎，饭前服。

（6）肺痈。白石榴花 7 朵、夏枯草 10 g，水煎服。

（7）消化不良、腹泻。①酸石榴 1 个，果肉及籽嚼烂咽下。②鲜石榴皮 15 g，捣烂敷于肚脐神阙穴，12 h 除去，隔 2 h 再敷。此方适用于单纯性小儿消化不良，也可作为腹泻、腹胀、食欲不佳的辅助治疗。③石榴皮 30 g，每日 1 剂，水煎分 2 次服，连服 3～5 剂。小儿酌减。④石榴皮、茄子根各 30 g，共焙黄研末，每次 3 g，开水冲服，早、晚各服 1 次。小儿酌减。③、④方也适合治疗腹泻。

（8）夏痢。酸石榴果 1 个，连皮、籽捣烂，生姜 15 g，茶叶 3 g，水煎服。

（9）慢性腹泻、久泻不愈。①鲜石榴果 1 个，连皮捣碎，食盐少许，加水煎服，

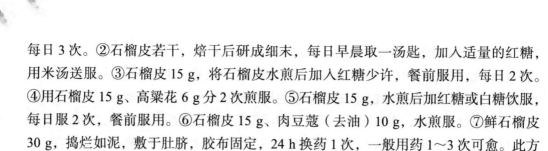

每日 3 次。②石榴皮若干，焙干后研成细末，每日早晨取一汤匙，加入适量的红糖，用米汤送服。③石榴皮 15 g，将石榴皮水煎后加入红糖少许，餐前服用，每日 2 次。④用石榴皮 15 g、高粱花 6 g 分 2 次煎服。⑤石榴皮 15 g，水煎后加红糖或白糖饮服，每日服 2 次，餐前服用。⑥石榴皮 15 g、肉豆蔻（去油）10 g，水煎服。⑦鲜石榴皮 30 g，捣烂如泥，敷于肚脐，胶布固定，24 h 换药 1 次，一般用药 1～3 次可愈。此方也适合治疗小儿腹泻。

（10）幼儿急性腹泻。石榴皮 10 g、核桃仁 5 g，红糖适量，水煎服。

（11）口臭、口疮、咽喉炎、扁桃体炎、口腔溃疡。①鲜石榴 1～2 个，去皮，取种子捣烂，水煎，滤取汤液，冷后含漱，每日多次。②石榴皮，煅炭研末，搽口内，每日两次。

（12）小儿蛔虫、蛲虫、钩虫、绦虫。石榴皮、槟榔各 10 g，水煎服。

（13）疳积。红石榴皮、猪肉丝各 20 g，加白糖炖煮后，分两次服用。

（14）月经过多。白石榴皮 1 个、白莲蓬 1 个，水煎服。

（15）痢疾。①石榴皮、山楂各 30 g，水煎服。②用酸石榴连皮及子一起捣汁，加茶叶、生姜同煎服用，治疗虚寒久痢。

（16）少儿遗尿。酸石榴 1 个，烧黑，研粉，兑红糖冲服，每日 2 次，每次 5 g。

（17）声嘶、咽干。鲜石榴 1～2 个，去皮，取种子慢慢嚼服，吐核，每日 2～3 次。

（18）久咳。未熟鲜石榴果 1 个，每晚睡前取种子嚼服，吐核。

（19）手癣、脚癣、小儿黄水疮、湿疹。果皮 60～150 g，加水浓煎，外涂或洗患处，每日多次。

（20）稻田皮炎。果皮 150 g，加水浓煎，浸洗患处，或煎成稠膏，下田前涂足部。

（21）幼儿脓疱疮。石榴皮焙黄研粉，调香油，涂患处。

（22）变白发如漆。石榴皮阴干为末，和铁丹服一年。

（23）外伤出血。①石榴花、白芨各等份，晒干或烘干，研细末调匀，外敷伤处，用纱布包扎压紧。②石榴皮 500 g，乌药、五倍子各 125 g。先煎石榴皮、五倍子，煎 20 min 后，再加乌药煎 10 min，除去药渣，用棉花将药汁吸干，晒干备用。用时敷伤口，外加包扎。注意伤处不要着冷水。③石榴花，晒干研末，撒于伤处。④石榴皮 20 g、桂圆核 10 g，加冰片 0.3 g 和匀，敷患处。

（24）浸渍糜烂型皮炎。石榴皮 125 g、地榆 125 g、明矾 250 g，加水 1 500 mL，煎成 500 mL，加明矾溶解备用，下田前搽手足。

（25）高血压病。三白石榴根浸泡饮用，可治疗。用三白石榴叶片浸水洗眼，还可明目，消除眼疾。

（26）尿血、鼻衄。酸石榴皮水煎，加红糖适量服用。

（27）糖尿病。每日取鲜石榴 250 g，榨汁，分 3 次饭前服，也可吃鲜果；无鲜果时，可取石榴干叶 30 g，煎汤饮服，每日 2 次。

（28）痔疮便血。①将石榴皮炒后研成末，每次服用 9 g，每日 3 次。②将石榴煅成炭状，研成细末，加适量白糖拌匀，每日用开水送服 6 g，每日 2 次。

（29）脱肛。①石榴皮 30 g、明矾 15 g，水煎后洗患处。②石榴皮、陈壁土，加白矾少许，浓煎熏洗。③石榴皮 15 g，水煎汤，先熏后洗。

（30）口腔炎、口腔黏膜溃疡。取石榴籽捣碎，捣烂加水煎汁，凉后含漱。每日 10 次以上。

（31）牛皮癣。石榴皮 1 份，芝麻油 3 份。将石榴皮炒成炭状，研成细末，用芝麻油调成稀糊状，均匀地涂于患处，每日 2 次，连续用有效。

（32）治疗牙痛。鲜石榴花 15～20 g，水煎后代茶饮用。

（33）治疗肠炎、腹痛。干石榴皮 500 g，洗净加入适量的水煎煮。每 30 min 后取汁液 1 次，共取 2 次。然后将 2 次的汁液合并，再以文火煎至浓缩，加入蜂蜜 300 g，煮开后停火，待凉后装入容器。每日 2 次，每次 1 匙，开水冲饮。

（34）中耳炎。石榴花或石榴皮放瓦上焙干，加冰片少许，研细末，吹耳内。

（35）肾结石。石榴根皮、金钱草各 30 g，水煎服。

（36）黄水疮。取石榴皮 10 g，黄柏、明矾各 2.5 g，将上药共焙干后研细末、混匀。治疗时以香油或陈醋调成药糊，均匀涂于创面上，每天 1 次，2～3 d 见效。

（37）妇女带下。石榴皮煅成炭状，研细末，空腹每次服 3～6 g，糖水送服。

（38）阴道生疮。鲜石榴皮 60 g、忍冬藤 15 g、川连 3 g，煎汤坐浴，每日早、晚各 1 次。

（39）子宫脱垂。石榴皮 30 g，五倍子、白矾各 6 g，煎汤外洗。

（40）扁桃体炎。鲜石榴 1～2 个，取其带肉的种子捣烂，以开水浸泡过滤，冷后含漱，每日数次。此方亦可治喉炎、口疮、口腔炎。

（41）神经性皮炎。①鲜石榴皮蘸明矾粉，搓揉患处，1 日 3～5 次。②石榴皮（炒炭，研为细末）1 份、麻油 3 份，调成糊状，涂患处，每日 2 次。

（42）老年慢性支气管炎。酸石榴，每夜含之，以愈为度。

（43）醉酒。对饮酒过量者，食酸石榴解酒效果很好。

（44）关节炎。石榴中的抗氧化物能减少导致发炎的白细胞的含量，阻碍酵素侵蚀软骨，它是维持关节完整与功能的有效营养补充品，常饮石榴汁对治疗关节炎很有效。

（45）糖尿病。石榴中铬元素含量较高，而铬能提升人体内的葡萄糖容量，为糖尿病患者增加胰岛素。民间糖尿病患者一直有用石榴皮、石榴叶泡茶冲饮，控制血糖，疗效很好。

（46）白带及月经多。取新鲜石榴皮 100 g，水煎，加适量蜂蜜调服，每日 1 剂，15 日为 1 疗程。

（47）遗精。每天吃新鲜石榴数个，有一定医疗效果。

2.兽用药方

（1）猪肠胃炎。选石榴皮、柿树皮、枣树皮各30 g，用水煎冲红糖60 g灌服，疗效很好。

（2）预防禽流感。石榴汁中含有高水平抗氧化剂，其抗氧化剂活性指数为3.1，在新鲜水果中排第8位，仅次于山楂、猕猴桃、草莓等，高于苹果、梨、桃，喂食禽类可控禽流感发生。

（3）驱除畜禽体内的绦虫。用150～200 g干石榴皮，加入适量的水，用文火煎成一碗汤，放凉后，在30 min内分两次给畜禽灌服。

三、石榴茶

石榴叶经炮制，是上等茶叶，长期饮用具有降压、降血脂功效。

1.石榴茶的药理作用

石榴主要分为榴叶茶和榴皮茶。具有调节女性内分泌、健忘失眠、治疗贫血、解毒、保肝、护胆、养胃、防止血栓、抗坏血病及各种出血性疾病，并可降血脂、降血糖，防止肝肿瘤、风湿，以及对综合调理、美体塑身、亚健康患者、疲劳综合征患者、脑力劳动者、饮酒者都有良好的药理作用。

2.不同石榴茶的营养成分及功效

（1）石榴叶茶。石榴叶茶，以清明前后的鲜嫩石榴嫩叶为原料，运用现代制茶新工艺加工而成。富含18种氨基酸、维生素C、维生素E、维生素B族、β-谷甾醇、槲皮素、番石榴苷、番石榴酸、挥发油丁香油酚等。具收敛、止泻、消炎功能，对泄泻、久痢、肠炎、肠胃溃疡、湿疹、瘙痒有明显效果，并能软化血管，降血脂和血糖，降低胆固醇，类似银杏叶，同时具有耐缺氧，迅速解除疲劳的效果。泡茶饮用，其味清香、醇厚可口、解渴生津、消炎安神。

（2）石榴皮茶。以鲜石榴皮或去籽晒干的石榴皮为原料，煎汤或沸水冲泡，代茶频饮。主治慢性菌痢、阿米巴痢疾，慢性结肠炎之久泻、久痢、脱肛等。

四、护肤美容

石榴果实蕴含丰富的石榴多酚和花青素两大强效抗氧化成分，而多酚类物质能有效中和自由基，起到排毒修护和抗衰老功能；作为护肤美容的添加剂，可有效帮助肌肤排出毒素，促进细胞新陈代谢，一扫暗沉与疲惫，减退疲劳及倦怠痕迹，帮助肌肤重燃活力、恢复光泽和弹性，堪称肌肤的营养能量源。

添加有石榴成分的自然美容护肤品在爱美的俊男靓女中很流行。美国科学家认为石榴是一种神奇的水果，石榴中含有的高水平抗氧化物质，被认为是"人类已知的最具有抗衰老作用的东西"。加入石榴成分的日用防晒护肤品，不仅有石榴的香味，还可以抵御日光辐射，预防皮肤衰老，其防晒效果可提高21%。

五、名菜佳肴

食用鲜花不仅美容养颜，而且健康养生。如今食用花是一种时尚，是一种品位，是一种享受。花朵是植物的精华，它已经被科学家证实含有近百种营养物质，包括22种氨基酸、14种维生素和丰富的微量元素。有营养学家指出，除花卉外，没有哪一种食物能包括全部人体所需的营养成分。在欧美等发达国家，食用花卉正成为饮食时尚。在我国南北菜系中，也有很多食用花卉名菜。

石榴花可食，且具有药用价值。经常食用石榴花可抑制黑色素生成，使皮肤光洁柔润，延缓皱纹的生成，为天然美容佳品。

石榴花入菜味道清香，凉拌尤显原生味道，也可搭配腊肉、火腿片等各种肉类炒制，或佐以素菜、海鲜一同炒制，亦可煮石榴花汤、熬石榴花粥、泡石榴花姜茶，味道鲜美可口，达到食疗的目的。

石榴败育花量很大，如果不及时采摘，则消耗树体大量营养。如果利用石榴花烹饪菜肴，可以在石榴花开放的当天采摘。石榴花可以随采随利用，也可采后保鲜处理或晒干备用，延长利用期。

1. 石榴花保鲜技术

新采摘的石榴花用食用塑料袋密封包装放在冰箱的保鲜柜中，可以保鲜存放多日，在做菜食用前，把袋拆开，用清水浸泡约30 min，再漂洗后配菜。

石榴花烘干保鲜保存技术。先将石榴花除杂分类，再将石榴花浸入到主要由50～100 g柠檬酸、50～100 g蔗糖、50～100 g啤酒酵素、50～100 g磷酸、50～100 g液氯、50～100 g天然离子活化触媒和50～100 g腐殖胶与50 kg水中混合所形成的保鲜剂中3～5 min。捞出后沥干水，在20～50℃下烘干，烘干后的石榴花用不同规格的薄膜包装，并放入经过杀菌消毒的泡沫箱内。再将装有石榴花的泡沫箱放在3～10℃的室内冷贮存，此法可以较长时间保鲜存放石榴花。

石榴花有点苦涩，直接漂洗干净的鲜花虽苦却可直接食用。也可以先在开水中焯一下，捞出浸在凉水中待用，以除去过多的苦涩味。

2. 几种石榴花烹饪方法

（1）凉拌石榴花。鲜石榴花200 g，生菜300 g。生菜切丝拌入石榴花，放入香油或橄榄油、盐少许、鸡精少许，拌匀即可食用。经常上火或胃口不佳者，可多食凉拌石榴花。

（2）石榴花炒酱肉。鲜石榴花200 g，五花肉500 g，韭菜少许，干辣椒少许。油热后放入五花肉翻炒，放入大酱炒至成熟时，加入石榴花，翻炒几下，放入少许盐、韭菜，即可起锅。

（3）石榴花炖猪肉。鲜石榴花100 g，猪肉150 g，姜末适量。锅内加猪肉和适量水，烧沸后，加入料酒、精盐、酱油、葱、姜，改为小火炖至猪肉熟，再加入石榴花炖至入味，出锅即成。此菜鲜嫩滑爽，甘美可口，具有清热利湿、补中益气、养阴止血的功效。

（4）石榴花炒田螺。鲜石榴花 100 g，新鲜田螺 400 g，干辣椒适量，葱段少许。油热放入葱段、干辣椒爆香，加入新鲜田螺炒至八成熟时，再放入保鲜石榴花，翻炒几下，加少许盐即可起锅。

（5）石榴花炒鸡杂。鲜石榴花 100 g，新鲜鸡杂 500 g，新鲜辣椒适量，葱段少许，姜少许。油热放入葱段、姜、新鲜辣椒爆香，放入新鲜鸡杂炒至八成熟时，加入石榴花，翻炒几下，加少许盐即可起锅。

（6）蚬肉石榴花。鲜石榴花 100 g，蚬肉 300 g，韭菜 150 g，咸菜脯 100 g，生菜叶 10 片左右，姜粒 5 g，蒜茸 5 g，红椒粒 10 g，调味料，上汤 150 g，蚝油 10 g，湿粉 10 g，生油 50 g，绍酒 10 g 等。

将韭菜洗净，取 100 g 切成 1 cm 长的段；咸菜脯先漂淡，再切成细粒；将生菜叶洗净。

将蚬肉和咸菜脯粒分别用开水焯一下，沥干水。油热后先将蚬肉和咸菜脯粒爆炒，再放入韭菜煸炒至九成熟，然后放入鲜石榴花爆炒，放姜粒，蒜蓉、味料，烹酒，炒至干香用湿粉打芡，倒在碟中。再将炒好的蚬肉分别倒在生菜叶中，用焯过水的韭菜扎口后，排放在碟里，放入蒸笼猛火蒸 4 min 取出，再将用上汤加蚝油、味料调成的蚝油芡淋面便成。

（7）石榴花鲫鱼。石榴花 30 g，鲫鱼 2 尾，大葱 500 g，猪板油 100 g，姜、盐、料酒、醋、白糖、酱油、花生油各适量。在剖洗干净的鲫鱼身两面直刀划几下，抹上酱油放入盘中待用；大葱葱白切 7 cm 长左右，再一剖两半，剩余的葱收好备用；猪板油切成似豆瓣的方丁。烧热锅，下入花生油至五成热时，将抹上酱油的鲫鱼放入油锅内炸呈浅黄色捞起，放入盘中待用。另取一锅洗净，锅底垫入剩下的葱和姜丝，鱼放在上面，葱白码在鱼上，猪板油丁撒在上面，加入料酒、盐、酱油、白糖，清水，要漫过鱼身，大火烧开，改小火焖约 1 h，再用大火，放入石榴花瓣、味精，调好味收汁，加少许醋，装盘即成。色浅黄，食之味香，鱼鲜，清嫩，具有健脾利湿的功效。

（8）石榴花炖豆腐。豆腐一块，用刀切成小方块，用开水焯一下捞出备用，锅内放入少许油烧热，用葱花、姜末爆香，注入清水，加盐、豆腐块烧 10 min，再把鲜石榴花瓣放入豆腐中略煮，出锅前撒些香菜末，滴入香油即可。

（9）石榴花炖豆腐脑。按自己喜好配料，先将豆腐脑煮沸，加进石榴花再煮沸，即成味道鲜美的石榴花豆腐脑。

（10）酥炸石榴花。石榴花 250 g，面粉 250 g，植物油 500 g，发面 50 g，精盐、味精、碱水、葱丝各适量。将发面 50 g 先用少量温水泡开，面粉 250 g 加水搅拌成糊，静置发酵 3 h 左右，使用前投入少量花生油及碱水拌匀，再加入石榴花、葱丝、精盐、味精拌匀。当植物油烧至七成热时，取挂上糊的石榴花放入炸酥，即可。食之松脆可口。用于治疗反胃、便血等症。

（11）韭菜、干椒炒石榴花。先把辣椒下油锅略炒一会，等辣椒香气出来之后放入韭菜段，然后再加入鲜石榴花和盐、调味料调味即可。成菜香气宜人，口感咸香辣可口，略有一丝苦味，有排毒祛湿的功效。

（12）石榴花糯米汤。石榴花 50 g，陈糯米 100 g。将干石榴花研为粉末；陈糯米洗净，加适量水煮汤，待汤沸腾二三次，撒入石榴花末，再煮沸即成。此汤清香扑鼻，甘嫩爽口，具有益胃和中、止呕下气的功效。适用于反胃吐食、胃脘痞满、肠燥便结等病症。

（13）石榴鲜花粥。石榴花 10 g，粳米 100 g，白糖适量。将粳米煮至粥成时，加入石榴花、白糖后再微沸二三次即成。食之清爽可口，具有清热、凉血、止痢的功效。适用于大便出血者及妇女白带不正常者。

（14）石榴皮药膳粥。大米、水适量放入锅中同煮至大米烂熟，放入鲜荠菜、石榴花停火，调入适量蜂蜜，即成药膳粥。具有清肺泄热、养阴生津、健脾胃的功效。

（15）石榴花姜茶。石榴花 10 g，生姜丝 12 g，红糖 25 g。把石榴花、鲜生姜丝加水煎煮取汁，加入红糖调匀即成。饮用花香，姜糖味美。具有治疗痢疾的功效。

（16）石榴花蜜饮。石榴花 50 g，蜂蜜适量。取水适量放入石榴花煮沸，加入适量蜂蜜即成。此饮甘甜爽口，滑嫩清香，具有清热利湿、润燥通便、健脾益胃的功效。

（17）冰糖炖石榴花。石榴花 50 g，冰糖适量。将洗干净的石榴花，放入碗内，加适量的冰糖和水，置于笼内蒸炖 20 min，取出即成。本品甘甜清香，汤汁清爽，具有清热利湿、益胃生津的功效。

第十一章　石榴庭院、阳台栽培

在我国无论城市还是乡村，自古以来庭院里都有种植石榴树的习惯，寓意吉祥富贵、子孙满堂，有诗赞曰："烂熳一阑十八树，根株有数花无数""日射血珠将滴地，风翻火焰欲烧人"。石榴于西汉时引入我国后，最早即是被当作庭院树种而栽种的。到了唐代，石榴栽培达到了兴盛时期，官署、府邸、寺庙、庭院都有石榴种植，而且扩大到了近郊，以至出现了"榴花遍近郊"的盛况，石榴身价也倍增，"非十金不可得"。由此可见，庭院栽种石榴历史悠久，直到今天，庭院栽培石榴仍为我国人民所喜爱。

第一节　意义与特点

一、美化庭院及居家环境

石榴树姿典雅，花红花白、花粉鲜黄，果若灯笼，枝繁叶绿，自然成景。初春绽芽吐蕊或胭脂一片，或嫩绿满眼；夏天枝繁叶茂、绿树成荫；花时花红花白，如火如荼；接着犹如灯笼般的果实悬挂枝头；到了秋天，成熟了的果实，红的如玛瑙，白的如脂玉，笑得裂开了嘴，喜迎赏果人，浓绿的叶片也渐变为金黄；石榴树枝干苍劲古朴，根多盘曲，迎风傲寒，催人奋进。随着时代的变迁，无论是广大农村的农家小院、还是高楼林立的大都市，在农家小院中种上三五株，在城市居家阳台上放上一二盆花果并妹的石榴，既能净化空气、美化环境，又陶冶了情操，给人以美的享受（彩图 11-1 ）。

二、经济效益与生态效益俱佳

在我国许多适合种植石榴的农村，户均庭院面积仍较大，庭院内历来有种植果树的习惯，种植 3~5 株寓意吉祥的石榴树，到盛果期平均株产 30~100 kg，年收益可达千元以上，在国内许多石榴产区，石榴遍植于民宅、机关、工厂的房前屋后，既可产生一定的经济效益，又可吸收空气中的有害气体，净化空气。从美国、以色列等许多科学家对石榴的药用价值研究表明，石榴有防治心脑血管疾病、抗氧化、防衰老、抗癌防癌的功效。

三、管理简单

石榴树适应性强，易于管理，生活在大都市的人们，生活普遍都感到些许压抑，利用阳台空间种植一株石榴树，绿的枝叶、红的花果，与其朝夕相处，工作劳累之余，动动手，欣赏自己的劳动成果，一定会有不一样的感觉。在农村庭院里种上几株石榴树，利用闲暇之余，施肥、浇水、修剪、防治病虫，又是一种乐趣。庭院里的小环境保证石榴不易遭受冻害，腐熟后的生活垃圾可以作为石榴树生长的肥料，减少垃圾污染。在国内石榴主产区的许多庭院房前屋后生长的石榴树，都表现出了结果早、产量高、品质优的特点，特别是近年发展的软籽石榴，抗寒性差，在很多地区露地栽培不能安全越冬，而栽植在庭院里，基本上可以避免冬季冻害的发生。因此，软籽石榴更适合在庭院里栽植。

第二节　栽植方式

一、点栽式

选择优良的软籽类品种，根据庭院的实际空间，合理的种植几株石榴树，一般以单干树形为宜。

二、行栽式

如果庭院空间较大，可以在不同空间位置栽植一行至数行，错落有致。如果庭院面积较大，可以考虑栽植不同花色、不同果色、不同口感（风味酸甜、酸、甜）或软籽、硬籽等不同品种。品种多样，增加了庭院里的欣赏情趣。

三、欣赏型

在庭院内点栽三五株，在每株上嫁接2~3个不同类型的品种。这样，一株树上可开不同的花、结不同的果，观赏和食用价值都很高，更增加了庭院艺术情趣。

四、盆栽式

一般为盆栽、盆树类型，适合都市的楼房阳台栽培。盆栽、盆树栽培更适合一树多花、多果，在有限的空间，创造出更大的价值（彩图11-2）。

第三节　管理要点

庭院石榴管理大的原则类同大田果园石榴的栽培管理，但也有不同之处。

一、树形

应以单干树形为好，采用自然圆头形，在此基础上，亦可作艺术加工，如嫁接其他品种或拉、曲、圈、摘心等，在修剪手法上以拉枝造形为主，配合必要的疏、截措施，以冬季修剪为主，夏季修剪相补充，诱导树体朝着人为的理想造形发展。

二、保花保果

正常情况下，一年生苗定植 3 年开始开花结果，开花后花量可以有目的的人为控制，及时疏除过多的雌性发育不完全花，即普通说的"雄花"，多留雌雄发育正常的两性完全花。开花季节，及时采用人工授粉，可以有效提高坐果率。坐果量大时，要及时疏除畸形、病虫、并生果，保持合理的载果量。

三、肥水管理

庭院、阳台栽培石榴树，切忌滥施未经腐熟的生活垃圾，切忌不分季节每天用生活污水浇灌根部或枝干淋水，不能因为肥水施用方便，忽略科学管理。肥水管理的基本原则同果园田间管理，适时适量浇水、施肥。不旱不浇，浇则浇透；施肥按基肥、追肥原则适时进行；注意适时松土，避免土壤板结。

四、病虫害防治

庭院栽培果树病虫害防治考虑以不污染环境、保障人畜安全为主。在实际操作中，应尽量减少使用农药，以人工和生物防治为主，抓住关键时期，合理科学用药。在冬季剪除病虫害枝条，冬春刮树皮、扫落叶，集中深埋或烧毁，减少虫源和菌源；在石榴生长期，在幼果时也可以套袋防虫；对虫体较大的害虫可人工捕捉杀灭；对因病虫为害严重的枝条，及时剪除；也可以放养天敌，在野外捕捉瓢虫等有益虫类放养到石榴树上，达到控制害虫数量的目的；对蚜虫、石榴绒蚧等小体型害虫发生时，适时喷洒阿维菌素、吡虫啉等生物制剂农药，同时混入多菌灵、甲基硫菌灵等杀菌药物，预防病害发生。病虫防治时，不要使用高致畸、高致癌、高残留的"三高"农药，尽量不用或少用低毒低残留的生物制剂农药。

第十二章　石榴文化欣赏

石榴自引入我国以来，就与国人的生产、生活和文化结缘。国人爱榴、寻榴、赏榴、谈榴、咏榴的高雅风尚，世代绵延；关于石榴的诗词、歌赋、传说、成语典故、榴联、器物、绘画数不胜数。

东魏（534—550年）贾思勰著的《齐民要术》中，已有关于石榴的繁殖、栽培、嫁接记载，并总结出较为丰富的管理经验。

一、我国古代吟咏石榴的诗、词数不胜数

翻开史册，几乎各个朝代的著名诗词歌赋都曾对石榴尽情讴歌，据统计，有关石榴的古诗词有600多首。

晋人潘岳在《安石榴赋》中赞石榴"御机疗渴，解酲止醉"，"榴者，天下之奇树，九洲之名果，""华实并丽，滋味亦殊。商秋受气，收华敛实，千房同蒂，千子如一。缤纷磊落，垂光耀质，滋味浸液，馨香流溢"。

南朝时何思澄的《南苑逢美人》中"媚眼随羞合，丹唇逐笑分。风卷蒲萄带，日照石榴裙。"

唐代是我国诗作最丰富的朝代，关于石榴的诗作非常多：韩愈"五月榴花照眼明，枝间时见子初成。可怜此地无车马，颠倒青苔落绛英。"温庭筠形容"海榴开似火，先解报春风"。李贺《遥俗》中有描写"飞向南城去，误落石榴裙"的诗句。元稹诗曰："何年安石国，万里贡榴花。迢递河源道，因依汉使槎"。这首诗道出了石榴的来源。

宋代王安石赞美"浓绿万枝红一点，动人春色不须多"。从春到夏，榴花开花不断。《阳武王安之寄石榴》曾用"雾縠作房珠作骨，水精为醴玉为浆"之句赞颂它。

元代马祖常《赵中丞折枝石榴》"乘槎使者海西来，移得珊瑚汉苑栽。只待绿阴芳树合，蕊珠如火一时开。"用珊瑚作为石榴的美称，描述了石榴花的优美。

明代杨升庵《庭榴》形容榴花"朵朵如霞明照眼，晚凉相对更相宜"。

从以上诗词中我们看出，古人题咏石榴除以"石榴"为名外，还有以"石榴花""石榴果""石榴树""山石榴""花石榴"等为名的，最早的诗作始于汉代。

二、石榴传播友谊

自古以来，石榴都是传播文明和友谊的使者。我国西汉时期，张骞作为汉朝的

使臣多次出使西域（今伊朗、阿富汗等中亚地区），各国使节、商人也通过丝绸之路来往频繁，官方交往和商人通商将中原文化通过丝绸之路传播到了西域各国，同时也将西域的很多奇花异草带回了中原。据史书记载，原产今伊朗、阿富汗等中亚地区的石榴就是当时传入我国的。元稹《感石榴二十韵》里有"何年安石国，万里贡榴花"的名句。因此说，石榴承载了东西方文明、传播友谊的重要使命毫不为过。历朝历代，石榴作为礼品、承载主人友谊相送亲友的例子数不胜数。20世纪60年代初，印尼华侨归国观光团赠送福建的一批花果苗木中，有一株无籽香石榴，定植后翌年开花结果，果大肉黄，具苹果香，味甜无籽，堪称石榴极品，现在在周边地区广泛栽植。

三、石榴来源和张骞的故事

汉武帝时候，张骞出使西域，住在安石国的驿站里，驿站门口有一株花红似火的小树，张骞非常喜爱，但从没见过，不知道是什么树，驿站里的人告诉他是石榴树，张骞一有空闲就站在石榴树旁欣赏石榴花，后来，天旱了，石榴树的花叶日渐枯萎，于是张骞就担水浇那株石榴树。石榴树在张骞的灌浇下，叶也返绿了，花也伸展了。

张骞在安石国办完公事，准备返回长安的那天夜里，他正在屋里画通往西域的地图。忽见一个红衣绿裙的女子推门而入，飘飘然来到跟前，施了礼说："听说您明天就要回去了，奴愿跟您同去中原。"张骞大吃一惊，心想准是安石国哪位使女要跟他逃走，身在异国，又为汉使，怎能惹此是非，于是正颜厉色说："夜半私入，口出乱语，请快快出去吧！"那女子见张骞撵她，怯生生地走了。

第二天，张骞启程时，安石国赠金他不要，赠银他不收，单要驿站门口那株石榴树。他说："我们中原什么都有，就是没有石榴树，我想把驿站门口那株石榴树起回去，移植中原，也好做个纪念。"安石国国王答应了张骞的请求，就派人起出了那株石榴树，同满朝文武百官给张骞送行。

张骞一行人在回去的路上，不幸被匈奴人拦截。终于杀出重围，却遗失了那株石榴树。人马回到长安，汉武帝率领百官出城迎接。正在此时，忽听后边有一女子在喊："天朝使臣，叫俺赶得好苦啊！"张骞回头看时，正是在安石国驿站里见到的那个女子，只见她披头散发，气喘吁吁，白玉般的脸蛋上挂着两行泪水。张骞一阵惊异，忙说道："你为何不在安石国，要千里迢迢来追我？"那女子垂泪说道："路途被劫，奴不愿离弃贵使，就一路追来，以报昔日浇灌活命之恩"。她说罢"扑"地跪下，立刻不见了。就在她跪下去的地方，出现了一株石榴树，叶绿欲滴，花红似火。汉武帝和众百官一见无不惊奇，张骞这才明白了是怎么回事，就给汉武帝讲述了在安石国浇灌石榴树的前情。汉武帝一听，非常喜悦，忙命人刨起，移植御花园中。从此，中原就有了石榴树。

四、石榴与爱情的故事

石榴、石榴花自古以来成就了太多的爱情故事，历朝历代，多少文人墨客都以石榴、石榴花留下了脍炙人口的爱情故事和诗篇。曹植《弃妇诗》曰："石榴植前庭，绿叶摇缥青，…，有鸟飞来集，拊翼以悲鸣"。杨玉环与唐明皇的爱情故事人所共知，传说杨玉环因酷爱石榴花、爱吃石榴、爱穿石榴裙，传下了唐明皇拜倒在石榴裙下的传说。可怜她红颜薄命，身死他乡。刚刚还是繁花似锦，转眼就是曲终人散，一片狼藉。晚年的李三郎只私藏着杨玉环留下的香囊，那个善舞的女子，与她石榴裙一起，早已消失在世间。唐代李元纮在《相思怨》里也写道："望月思氛氲，朱衾懒更熏。春生翡翠帐，花点石榴裙。燕语时惊妾，莺啼转忆君。交河一万里，仍隔数重云。"而武则天在《如意娘》中有："看朱成碧思纷纷，憔悴支离为忆君。不信比来长下泪，开箱验取石榴裙。"表达了武则天深入骨髓的深情与幽怨，我国南方少数民族青年男女谈情说爱喜欢对唱山歌，好多山歌都是以"石榴开花"来开头的。例如，男的唱："石榴开花叶子清，唱支山歌来表心。要是妹妹你瞧得着，明天的裙子新又新。""石榴开花叶子薄，想起妹妹睡不着。只能放在心中想，不能放在口中说。"要是女的也有意，就会以歌来应和："石榴开花叶子清，山歌唱来给妹听。哥哥要是懂妹心，明日就换石榴裙。"

五、石榴与多籽多福的寓意

石榴果在中国传统文化中，有着深刻的象征意义。我国人逢遇喜庆吉祥，偏好讨个"口彩"。这其中就应用了汉语的一个重要特征：汉字有许多读音相同、字义相异的现象。利用汉语言的谐音可以作为某种吉祥寓意的表达，如迎娶新娘子时要放些枣、花生、桂圆、莲子，寓意"早生贵子"。而"榴开百子"，也具有相同的意思。以石榴比喻子孙满堂的故事最早见于我国历史上的北齐时，据《北齐书·魏收传》记载，文宣帝太子安德王延宗娶魏收女为妃，魏收之妻献石榴2枚，文帝问其意，魏笑曰：恭喜陛下，石榴多籽，太子新婚，此喻王室兴旺，多子多福。文帝听后大喜，重赏魏收。后人以石榴喻子孙满堂，后继有人，沿用至今。

六、拜倒在石榴裙下的传说

古往今来，人们留下了许多关于石榴的美丽传说。古代年轻妇女最喜爱的是一种鲜艳的红色百褶长裙，这种裙子用茜草、红花、苏木染成，因为颜色看起来如石榴花之红，所以人们把这样的裙子叫作石榴裙。穿之尽显服饰之优雅，姿容之娇丽。"拜倒在石榴裙下"源于石榴裙底一词，语出我国历史上南朝时期梁国何思澄的《南苑逢美人》："媚眼随羞合，丹唇逐笑分。风卷蒲萄带，日照石榴裙。自有狂夫在，空持劳使君。"意思是红得像石榴一样的裙子，后来逐渐将男士对年轻美眉的倾慕追求引申为出色美女的脚下，比喻为"拜倒在石榴裙下"。

拜倒在石榴裙下的另一种说法：传说在唐天宝年间，杨贵妃非常喜爱石榴花，唐明皇投其所好，在华清池西绣岭、王母祠等地广泛栽种石榴。每当榴花竞放之际，这位风流天子即设酒宴于"炽红火热"的石榴花丛之中。杨贵妃饮酒后，双腮绯红，唐明皇爱欣赏宠妃的妩媚醉态。因唐明皇过分宠爱杨贵妃，不理朝政，大臣们不敢指责皇上，则迁怒于杨贵妃，对她拒不施礼。杨贵妃无奈，依然爱赏榴花、爱吃石榴，特别爱穿绣满石榴花的彩裙。一天，唐明皇设宴召群臣共饮，并邀杨贵妃献舞助兴。可贵妃端起酒杯送到明皇唇边，向皇上耳语道："这些臣子大多对臣妾侧目而视，不施礼、不恭敬，我不愿为他们献舞。"唐明皇闻之，感到宠妃受了委屈，立即下令：要求所有文官武将，见了贵妃一律施礼，拒不跪拜者，以欺君之罪严惩。众臣无奈，凡见到杨贵妃身着石榴裙走来，无不纷纷下跪使礼。于是，"跪拜在石榴裙下"的典故流传至今，成了崇拜女性的俗语。

七、石榴的神话传说

历史上南宋时祝穆编撰的经济、文化、风俗、民情、地理类书《方舆胜览》中记载的一个故事，与《桃花源记》所载内容大致相似：福建省东山县有个榴花洞，唐朝永泰中期，樵夫兰超一日在闽县东山中狩猎，追赶一只白鹿至榴花洞，渡水入石门，入洞门走过一段狭窄不平的路段后，忽然是一块宽阔的平地，里边绿树成荫，鸟语花香，鸡犬人家，人间仙境。其间有人过来对兰超说："我们乃避秦人也，留你在这里，可以吗？"兰超说："我要回去与亲人告别后才能来。"榴花洞人就以一枝榴花相送。兰超出来后，好像在梦中一样。回家安置好后再来，竟然找不到了。

八、石榴花神的传说

石榴在我国中原地区盛开于农历五月，是当令之花，因此它被列入农历五月的"月花"，并被称之农历五月的"花中盟主"，所以五月又称为"榴月"。此时天气燥热，许多疾病开始流行，在古代科技不发达情况下，人们认为瘟疫是由恶鬼邪神带来的，所以需要有能力的神来镇守。民间传说中的"鬼王"钟馗，生前性情暴烈正直，死后更誓言除尽天下妖魔鬼怪。其嫉恶如仇的火样性格，恰如石榴迎火而出的刚烈性情，大家便把能驱鬼除恶的钟馗视为石榴花的花神，所以民间所绘的钟馗像，耳边往往都插着一朵艳红的石榴花，就是以钟馗火样的性格来当火样的石榴花神。

九、石榴花的性格

石榴具有独特的品格和气质。春天，红花品种新叶红嫩，白花品种新叶如宝石般的碧绿，"浓绿万枝红一点，动人春色不须多"，摘下刚抽嫩芽，制成甜茶，芳香止渴又防病；盛夏酷暑，仍花繁似锦，红的如火，白的晶莹剔透，昂首挺立在烈日中，"绿叶成阴子满枝""一朵佳人玉钗上，只疑烧却翠云鬟"，因兼花果之胜，被尊为农历五月的"花中盟主";秋天，是收获的季节，石榴果也笑开了口，露出玛瑙般的籽粒，"雾縠作房珠作骨，水精为醴玉为浆"，显示它的冰清玉洁和非同凡品的美味；冬天，万木凋零，它傲然立于严寒之中，北方地区冬天地上部分偶有冻死，但当春暖花开，基部又萌生出新枝，焕发出勃勃生机，显示出不屈不挠的强大生命力，鼓舞着人们积极向上，自强不息。

主要参考文献

蔡永立，节心国，朱立武，等，1993. '粉皮'石榴花芽分化研究［J］. 园艺学报（1）：23-26，107.

陈延惠，胡青霞，李岩，等，2010. 郑州地区石榴冻害及干腐病病情相关性调查［C］// 中国园艺学会石榴分会. 中国石榴研究进展（一）. 北京：中国农业出版社.

冯玉增，陈德均，2000. 石榴优良品种与高级栽培技术［M］. 郑州：河南科学技术出版社.

冯玉增，李玉英，邓旭先，2019. 石榴病虫草害诊治生态图谱［M］. 北京：中国林业出版社.

冯玉增，李战鸿，赵艳丽，等，2003. 石榴冻害与低温程度的关系［J］. 河北果树（1）：14，17.

郝庆，张大海，龚鹏，等，2006. 干果类果树优质丰产栽培技术［M］. 乌鲁木齐：新疆科学技术出版社.

河北农业大学，1987. 果树栽培学各论（北方本）［M］. 第二版. 北京：农业出版社.

河北农业大学，1985. 果树栽培学总论［M］. 第二版. 北京：农业出版社.

华北树木志编写组，1984. 华北树木志［M］. 北京：中国林业出版社.

李绍稳，张如锋，钟家煌，等，1996. 石榴花芽形态分化的研究［J］. 中国南方果树，25（3）：39-41.

曲泽洲，孙云蔚，1990. 果树种类论［M］. 北京：农业出版社.

邵则恭，迟玉建，侯乐峰，等，1983. 石榴花器构造的初步现象［J］. 山东果树，（3）：9-14.

孙劲，何孜，郑晓慧，2017. 凉山州石榴贮藏期病害病原菌的鉴定［J］. 果树学报，34（增刊）：161-167.

尹燕雷，苑兆和，冯立娟，等，2011. 山东20个石榴品种花粉亚微形态学比较研究［J］. 园艺学报（5）：955-962.

尹燕雷，苑兆和，冯立娟，等. 2010. 不同石榴品种花粉发芽率比较研究［C］// 中国园艺学会石榴分会. 中国石榴研究进展（一）. 北京：中国农业出版社.

张军，1989. 石榴［M］. 西安：陕西科学技术出版社.

张有林，张润光，2007. 石榴贮期果皮褐变机理的研究［J］. 中国农业科学，40（3）：573-581.

赵先贵，石玲，1996. 中国石榴科花粉形态的研究［J］. 西北植物学报，16（1）：52-55，95-96.

中国科学院中国植物志编辑委员会，1983. 中国植物志［M］. 北京：科学出版社.

周又生，陆进，朱天贵，等，1999. 石榴干腐病生物生态学及发生流行规律和治理研究［J］. 西南农业大学学报，21（6）：551-555.

附 录

附录一 波尔多液的作用与配制方法

1. 作用

波尔多液是目前使用最广泛的保护性杀菌剂，其杀菌力强，防病范围广，对农作物、果树、蔬菜上的多种病害，如霜霉病、褐斑病、黑痘病、锈病、黑星病、轮纹病、果腐病、赤斑病病菌等有良好的杀灭作用。

2. 配制方法

（1）1%等量式。硫酸铜、生石灰和水按1：1：100比例备好料，其配制方法如下。

① 稀硫酸铜注入浓石灰水法：用4/5水溶解硫酸铜，另用1/5水溶化生石灰，然后将硫酸铜液倒入生石灰水，边倒边搅即成。

② 两液同时注入法：用1/2水溶解硫酸铜，另用1/2水溶化生石灰，然后同时将两液注入第三容器，边倒边搅即成。

③ 各用1/5水稀释硫酸铜和生石灰，两液混合后，再加3/5水稀释，搅拌方法同前。

上述3种配制方法以第一种方法最好。

（2）非等量式。根据防治对象有目的的配制，用水数量根据施用作物的种类而异，一般在大田作物上用水100~150份，果树上200份，蔬菜上240份。

3. 注意事项

（1）选料要精，配料量要准，在混合时要等石灰乳凉后，再将硫酸铜液慢慢倒入石灰乳中，以保证产品质量。

（2）波尔多液为天蓝色带有胶状悬浊的药液，呈碱性反应。注意不能与酸性农药混用，以免降低药效。

（3）药液要随配随用，久置易发生沉淀，会降低药效。残效期一般为10~15 d。

附录二 石硫合剂的作用与熬制方法

1.作用

石硫合剂是常用的杀菌、杀螨、杀虫剂。适用于多种农作物和果树上的病、虫、螨害防治。

2.熬制方法

（1）配方与选料。生石灰1份、硫黄粉1～2份、水10份。生石灰要求为纯净的白色块状灰，硫黄以粉状为宜。

（2）熬制步骤。

①把硫黄粉先用少量水调成糊状的硫黄浆，搅拌越匀越好。

②把生石灰放入铁锅中，用少量水将其溶解开（水过多漫过石灰块时石灰溶解反而更慢），调成糊状，倒入铁锅中并加足水量，然后用火加热。

③在石灰乳接近沸腾时，把事先调好的硫黄浆自锅边缓缓倒入锅中，边倒边搅拌，并记下水位线。在加热过程中防止溅出的液体烫伤眼睛。

④然后强火煮沸40～60 min，待药液熬至红褐色、捞出的灰渣呈黄绿色时停火，其间用热开水补足蒸发的水量至水位线。补足水量应在撤火15 min前进行。

⑤冷却过滤出灰渣，得到红褐色透明的石硫合剂原液，测量并记录原液的浓度值。土法熬制的原液浓度一般为15～28波美度。熬制好后如暂不用装入带釉的缸或坛中密封保存，也可以使用塑料桶运输和短时间保存。

3.注意事项

（1）桃、李、梅、梨等蔷薇科植物和紫荆、合欢等豆科植物对石硫合剂敏感，应慎用。可采取降低浓度或选用安全时期用药以免产生药害。

（2）本药最好随配随用，长期贮存易产生沉淀，挥发出硫化氢气体，从而降低药效。必须贮存时应在石硫合剂液体表面用一层煤油密封。

（3）要随配随用，配置石硫合剂的水温应低于30℃，热水会降低药效。气温高于38℃或低于4℃均不能使用。气温高，药效好。气温达到32℃以上时慎用，稀释倍数应加大至1 000倍以上。

（4）石硫合剂呈强碱性，注意不能和酸性农药混用。忌与波尔多液、铜制剂、机械乳油剂、松脂合剂等农药混用。与波尔多液前后间隔使用时，必须有充足的间隔期。先喷石硫合剂的，间隔10～15 d后才能喷波尔多液。先喷波尔多液的，则要间隔20 d后才可喷洒石硫合剂。

4.使用方法

（1）使用浓度要根据植物种类、病虫害对象、气候条件、使用时期不同而定，浓度过大或温度过高易产生药害。树木、花卉休眠期（早春或冬季）喷雾浓度一般掌握在3～5波美度，生长季节使用浓度为0.1～0.5波美度。

（2）常用方法。①喷雾法。②涂干法：在休眠期树木修剪后，使用石硫合剂原液涂刷树干和主枝。③伤口处理剂：石硫合剂原液涂抹剪锯伤口，可减少病菌的侵染，防止腐烂病、溃疡病的发生。

（3）使用前必须用波美比重计测量好原液度数，根据所需浓度，计算出加水量加水稀释。

石硫合剂稀释可由下列公式计算：

重量稀释倍数＝（原液浓度－需用浓度）/需用浓度

容量稀释倍数＝原液浓度 ×（145-需用浓度）/需用浓度 ×（145-原液浓度）

石硫合剂稀释还可直接用查表法，见附表。

附表 石硫合剂稀释倍数表（按容量计算）

原液浓度（波美度）	使用浓度（波美度）																	
	稀释倍数（每千克石硫合剂稀释加水量/kg）																	
	0.1	0.2	0.3	0.4	0.5	0.6	0.7	0.8	0.9	1.0	1.5	2.0	2.5	3.0	3.5	4.0	4.5	5.0
10	106	53	31.7	25.8	20.4	16.8	14.2	12.4	10.8	9.7	6.1	4.32	3.23	2.51	1.96	1.62	1.31	1.08
13	142	70	46.5	35.6	27.4	22.7	19.3	16.7	14.7	13.2	8.5	6.1	4.62	3.66	2.98	2.47	2.07	1.76
15	166	82	56	40.7	32.5	26.8	22.7	20	17.4	15.6	10.1	7.6	5.6	4.46	3.66	3.07	2.6	2.24
17	191	95	64	47	37.3	30.9	26.3	22.9	20.2	18.1	11.7	8.5	6.6	5.3	4.37	3.68	3.14	2.72
20	231	114	77	57	45.1	37.5	31.9	27.8	24.6	22	14.4	10.5	8.1	6.6	5.5	4.65	3.99	3.49
22	248	128	86	64	51	42	35.8	31.2	27.6	24.7	16.2	11.8	9.2	7.5	6.2	5.3	4.58	4.03
25	300	150	101	77	59	49.1	42	36.5	32.3	29	18.9	13.9	10.9	8.9	7.4	6.4	5.5	4.84
26	315	157	106	78	62	52	44	38.4	33.9	30.4	19.9	14.7	11.5	9.3	7.8	6.7	5.8	5.1
27	330	165	110	82	65	54	46.1	40.2	35.6	31.9	20.9	15.4	12.1	9.8	8.3	7.1	6.1	5.42
28	345	172	116	86	68	57	48.4	42.1	37.2	33.3	21.9	16.2	12.7	10.3	8.7	7.4	6.5	5.7
29	361	179	120	89	71	59	50	44.1	38.9	34.8	23	16.9	13.3	10.8	9.1	7.8	6.8	6
30	377	188	126	93	74	62	53	46	40.7	36.5	24	17.7	13.9	11.3	9.5	8.2	7.1	6.3
31	393	196	131	97	77	64	55	48	42.5	38.1	25.1	18.5	14.5	11.9	9.9	8.6	7.5	6.6
32	409	204	137	101	81	67	57	50	44.2	39.7	26.2	19.3	15.2	12.4	10.5	9.0	7.8	7
33	426	212	142	106	84	70	60	52	46.1	41.4	27.3	20.2	15.8	12.9	10.9	9.4	8.2	7.3
34	442	221	148	110	87	73	62	54	48.6	43.7	28.4	21	16.5	13.5	11.4	9.8	8.6	7.6

附 图

彩图 3-1　花药和花粉

彩图 3-2　花蕾着生方式

彩图 3-3　石榴籽粒颜色

彩图 3-4　石榴花类型

（左.败育花　中.中间型花　右.完全花）

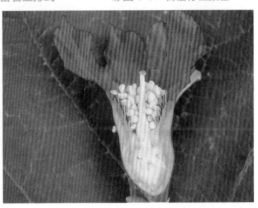

彩图 3-5　完全花纵剖面

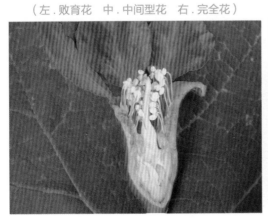

彩图 3-6　中间型花纵剖面

彩图 3-7　败育花纵剖面

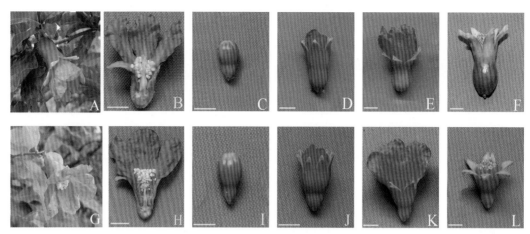

彩图 3-8　石榴花朵的形态发育

（A. 两性花完全开放时的花朵形态　B. 两性花纵切观察　C. 两性花的花蕾时期　D. 两性花萼片开裂，花瓣未展开　E. 两性花花瓣展开　F. 两性花花瓣凋落，果实开始膨大　G. 不完全花完全开放时的花朵形态　H. 不完全花纵切观察　I. 不完全花的花蕾时期　J. 不完全花萼片开裂，花瓣未展开　K. 不完全花花瓣展开　L. 不完全花花瓣凋落，花朵开败　比例尺：B-F=10 mm；H-L=10 mm）

彩图 3-9　枝条一强一弱对生　　　　彩图 3-10　果皮颜色　　　　彩图 3-11　果皮颜色

彩图 4-2　石榴冻害 -2

彩图 4-1　石榴冻害 -1　　　　　　彩图 4-2　石榴霜害

彩图 6-1　蜜宝软籽

彩图 6-2　蜜露软籽

彩图 6-3　甜宝软籽

彩图 6-4　墨玉果实

彩图 6-5　墨玉籽粒

彩图 6-6　豫石榴 1 号

彩图 6-7　豫石榴 2 号

彩图 6-8　豫石榴 3 号

彩图 6-9　突尼斯软籽果实

彩图 6-10　突尼斯软籽籽粒

彩图 6-11　中农红软籽

彩图 6-12　豫大籽

彩图 6-13　慕乐　　　　　　彩图 6-14　峄州红　　　　　　彩图 6-15　枣辐软籽 9 号

彩图 6-16　泰山红　　　　　　彩图 6-17　妃红　　　　　　彩图 6-18　酥籽

彩图 6-19　白玉石籽　　　　　彩图 6-20　玛瑙籽　　　　　彩图 6-21　青皮软籽

彩图 6-22　紫美　　　　　　彩图 6-23　甜绿子　　　　　彩图 6-24　火炮

彩图 6-25　糯石榴

彩图 6-26　净皮软籽甜

彩图 6-27　骊山红

彩图 6-28　彤欣

彩图 6-29　御石榴

彩图 6-30　江石榴

彩图 6-31　叶城大籽

彩图 6-32　南澳白籽冰糖

彩图 6-33　广西胭脂红

彩图 6-34　糖石榴

彩图 6-35　太行红

彩图 6-36　洒金丝

彩图 6-37　百日雪

彩图 6-38　红花千瓣

彩图 6-39　千瓣黄榴

彩图 6-40　白花重瓣

彩图 6-41　墨石榴

彩图 6-42　重台石榴

彩图 7-1　种植绿肥

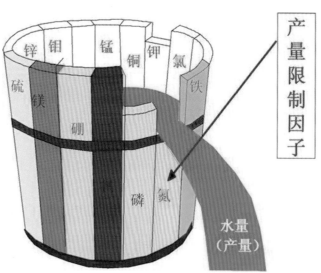

彩图 7-2　木桶原理（短板效应）

彩图 7-3　水肥一体化 -1

彩图 7-4　水肥一体化 -2

彩图 7-5　冬灌——封冻水

彩图 7-6　行灌

彩图 7-7　分区灌溉

彩图 7-8　滴灌

图 7-9　疏蕾花

（左 . 败育蕾　中 . 中间蕾　右 . 完全蕾）

彩图 7-10　人工授粉

彩图 7-11　疏果（丛生果）

彩图 7-12　套白色纸袋

彩图 8-1　直立枝

彩图 8-2　重叠枝

彩图 8-3　徒长枝

彩图 8-4　纤细枝

彩图 8-5　长结果枝

彩图 8-6　短结果枝

彩图 8-7　结果枝组

彩图 8-9 撑

彩图 8-8 基部萌蘖枝

彩图 8-10 拉

彩图 8-11 坠

彩图 8-12 单主干分层形

彩图 8-13 绑干培养主干

彩图 8-14　单主干纺锤形

彩图 8-15　单主干倒伞形

彩图 8-16　单主干篱架式

彩图 8-17　一穴双株篱架式

彩图 8-18　篱架式

彩图 8-19　单主干自然圆头形

彩图 8-20　单主干自然丛头形

彩图 8-21　双干分层树形

彩图 8-22　三干分层树形

彩图 8-23　多干树形

彩图 9-1　石榴干腐病——果

彩图 9-2　石榴干腐病——斑

彩图 9-3　石榴褐斑病——果

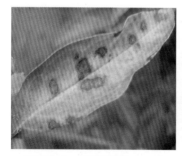
彩图 9-4　石榴褐斑病——叶

彩图 9-5　石榴果腐病——果

彩图 9-6　石榴蒂腐病——果

彩图 9-7　石榴焦腐病——果后期

彩图 9-8　石榴疮痂病——果

彩图 9-9　石榴麻皮病——果

彩图 9-10　石榴煤污病——果

彩图 9-11　石榴黑霉病——果

彩图 9-12　石榴茎基
枯病——干

彩图 9-13　石榴冠瘿病

彩图 9-14　石榴根结线
虫病——根

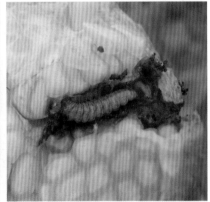
彩图 9-15　桃蛀螟幼虫为害

彩图 9-16　桃蛀螟幼虫为害石榴僵果状

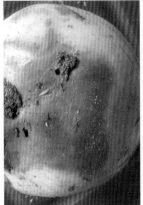
彩图 9-17　柑橘小食蝇
幼虫

彩图 9-18　柑橘小食蝇幼
虫为害状

彩图 9-19　金毛虫幼虫啃食石榴果皮

彩图 9-20　棉蚜为害石榴花蕾

彩图 9-21　绿盲蝽成虫
为害石榴花药

彩图 9-22　蓟马为害石榴枝嫩芽

彩图 9-23　石榴巾夜蛾幼虫

彩图 9-24　榴绒粉蚧及为害状

彩图 9-25　黄刺蛾幼虫

彩图 9-26　扁刺蛾幼虫

彩图 9-27　大袋蛾囊

彩图 9-28　茶蓑蛾囊

彩图 9-29　白囊蓑蛾囊

彩图 9-30　核桃瘤蛾幼虫

彩图 9-31　樗蚕蛾幼虫

彩图 9-32　绿尾大蚕蛾成龄幼虫
为害石榴叶

彩图 9-33　石榴小爪螨及为害状

彩图 9-34　枣龟蜡蚧雌蚧为害石榴枝

彩图 9-35　石榴茎窗蛾幼虫

彩图 9-36　豹纹木蠹蛾幼虫

彩图 9-37　黑蝉成虫

彩图 10-1　保鲜剂使用不当伤害

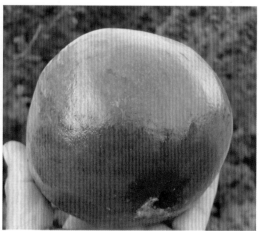
彩图 10-2　贮藏期果腐

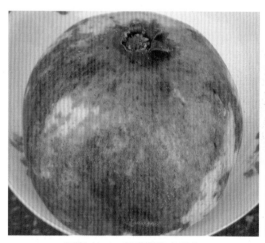
彩图 10-3　贮藏期果皮褐变

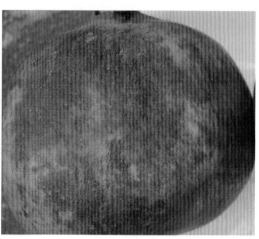
彩图 10-4　贮藏期冷害

彩图 11-1　庭院石榴

彩图 11-2　庭院盆栽石榴